茶艺培训教材

III

周智修 江用文 阮浩耕 主编

首批全国优秀出版社

中国农业出版社
农村读物出版社

图书在版编目（CIP）数据

茶艺培训教材. III / 周智修, 江用文, 阮浩耕主编. —
北京: 中国农业出版社, 2022.1（2025.9重印）
　ISBN 978-7-109-28016-8

Ⅰ. ①茶… Ⅱ. ①周…　②江…　③阮… Ⅲ. ①茶艺－
中国－职业培训－教材 Ⅳ. ①TS971.21

中国版本图书馆CIP数据核字（2021）第043091号

茶艺培训教材　III

CHAYI PEIXUN JIAOCAI III

中国农业出版社出版

地址：北京市朝阳区麦子店街18号楼
邮编：100125
策划编辑：李　梅　　　　责任编辑：李　梅　　文字编辑：李　梅　赵世元
版式设计：水长流文化　　责任校对：吴丽婷
印刷：北京缤索印刷有限公司
版次：2022年1月第1版
印次：2025年9月北京第3次印刷
发行：新华书店北京发行所
开本：889mm×1194mm　1/16
印张：17.25
字数：460千字
定价：98.00元

"茶艺培训教材"编委会

顾　问

> 周国富　中国国际茶文化研究会会长
>
> 陈宗懋　中国工程院院士，中国农业科学院茶叶研究所研究员、博士生导师，中国茶叶学会名誉理事长
>
> 刘仲华　中国工程院院士，湖南农业大学教授、博士生导师

主　编

> 周智修　中国农业科学院茶叶研究所研究员，国家级周智修技能大师工作室领办人，中华人民共和国第一届职业技能大赛茶艺项目裁判长
>
> 江用文　中国农业科学院茶叶研究所党委书记、副所长、研究员，中国茶叶学会理事长
>
> 阮浩耕　点茶非物质文化遗产传承人，《浙江通志·茶叶专志》主编，中国国际茶文化研究会顾问

副主编

> 王岳飞　浙江大学茶叶研究所所长、教授、博士生导师
>
> 于良子　中国茶叶学会茶艺专业委员会秘书长、高级实验师，西泠印社社员
>
> 沈冬梅　中国社会科学院古代史研究所首席研究员，中国国学研究与交流中心茶文化专业委员会主任
>
> 关剑平　浙江农林大学茶学与茶文化学院教授
>
> 段文华　中国农业科学院茶叶研究所副研究员
>
> 刘　栩　中国农业科学院茶叶研究所副研究员，中国茶叶学会茶叶感官审评与检验专业委员会副主任兼秘书长

编　委（按姓氏笔画排序）

> 于良子　中国茶叶学会茶艺专业委员会秘书长、高级实验师，西泠印社社员
>
> 王岳飞　浙江大学茶叶研究所所长、教授、博士生导师
>
> 方坚铭　浙江工业大学人文学院教授
>
> 尹军峰　中国农业科学院茶叶研究所茶深加工与多元化利用创新团队首席科学家、研究员、博士生导师
>
> 邓禾颖　西湖博物馆总馆研究馆员
>
> 朱家骥　中国茶叶博物馆原副馆长、编审
>
> 刘　栩　中国农业科学院茶叶研究所副研究员，中国茶叶学会茶叶感官审评与检验专业委员会副主任兼秘书长

刘伟华　湖北三峡职业技术学院旅游与教育学院教授

刘馨秋　南京农业大学人文学院副教授

关剑平　浙江农林大学茶学与茶文化学院教授

江用文　中国农业科学院茶叶研究所党委书记、副所长、研究员，中国茶叶学会理事长

江和源　中国农业科学院茶叶研究所研究员、博士生导师

许勇泉　中国农业科学院茶叶研究所研究员、博士生导师

阮浩耕　点茶非物质文化遗产传承人，《浙江通志·茶叶专志》主编，中国国际茶文化研究会顾问

邹亚君　杭州市人民职业学校高级讲师

应小青　浙江旅游职业学院副教授

沈冬梅　中国社会科学院古代史研究所首席研究员，中国国学研究与交流中心茶文化专业委员会主任

陈　亮　中国农业科学院茶叶研究所茶树种质资源创新团队首席科学家、研究员、博士生导师

陈云飞　杭州西湖风景名胜区管委会人力资源和社会保障局副局长，副研究员

李　方　浙江大学农业与生物技术学院研究员、花艺教授，浙江省花协插花分会副会长

周智修　中国农业科学院茶叶研究所研究员，国家级周智修技能大师工作室领办人，中华人民共和国第一届职业技能大赛茶艺项目裁判长

段文华　中国农业科学院茶叶研究所副研究员

徐南眉　中国农业科学院茶叶研究所副研究员

郭丹英　中国茶叶博物馆研究馆员

廖宝秀　故宫博物院古陶瓷研究中心客座研究员，台北故宫博物院研究员

《茶艺培训教材 Ⅲ》编撰及审校

撰　稿	于良子　马建强　王丽英　尹军峰　邓禾颖　叶汉钟　付国静　朱海燕　刘伟华
	刘　栩　刘馨秋　李　方　李亚莉　李依宸　李菊萍　杨　敏　何　洁　邹亚君
	沈冬梅　张　京　陈云飞　周智修　爱新觉罗毓叶　薛　晨
摄　影	王星宇　俞亚民　徐吉绿　爱新觉罗毓叶等
茶艺演示	艾渼霖　叶青青　向波涛　刘巧灵　吴浩驰　吴蔚卿　何　洁　周　虹　堵　茜
	蒙凯莉　薛　晨
审　稿	朱家骥　关剑平　江用文　鲁成银　陈　亮　阮浩耕　周智修
统　校	梁国彪　周星娣　周希劢

Preface

序一

中国是茶的故乡，是世界茶文化的发源地。茶不仅是物质的，也是精神的。在五千多年的历史文明发展进程中，中国茶和茶文化作为中国优秀传统文化的重要载体，穿越历史，跨越国界，融入生活，和谐社会，增添情趣，促进健康，传承弘扬，创新发展，演化蝶变出万紫千红的茶天地，成为人类仅次于水的健康饮品。茶，不仅丰富了中国人民的物质精神生活，更成为中国联通世界的桥梁纽带，为满足中国人民日益增长的美好生活需要和促进世界茶文化的文明进步贡献着智慧力量，更为涉茶业者致富达小康、饮茶人的身心大健康和国民幸福安康做出重大贡献。

倡导"茶为国饮，健康饮茶""国际茶日，茶和世界"，就是要致力推进茶和茶文化进机关、进学校、进企业、进社区、进家庭"五进"活动，营造起"爱茶、懂茶、会泡茶、喝好一杯健康茶"的良好氛围，使茶饮文化成为寻常百姓的日常生活方式、成为人民日益增长的美好生活需要。茶业培训和茶文化宣传推广是"茶为国饮""茶和世界"的重要支撑，意义重大。

中国茶叶学会和中国农业科学院茶叶研究所作为国家级科技社团和国家级科研院所，联合开展茶和茶文化专业人才培养20年，立足国内，面向世界，质量为本，创新进取，汇聚国内外顶级专家资源，着力培养高素质、精业务、通技能的茶业专门人才，探索集成了以茶文化传播精英人才培养为"尖"、知识更新研修和专业技能培养为"身"、茶文化爱好者普及提高为"基"的金字塔培训体系，培养了一大批茶业专门人才和茶文化爱好者，并引领带动着全国乃至世界茶业人才培养事业的高质量发展，为传承、弘扬、创新中华茶文化做出了积极贡献！

奋战新冠肺炎疫情，人们得到一个普遍启示：世界万物，生命诚可贵，健康更重要。现实告诉我们，国民经济和国民健康都是一个社会、民族、国家发展的基础，健康不仅对个人和家庭具有重要意义，也对社会、民族、国家具有同样重要的意义。预防是最基本、最智慧的健康策略。寄情于物的中华茶文化是最具世界共情效应的文化。用心普及茶知识、弘扬茶文化，倡导喝好一杯茶相适、水相合、器相宜、泡相和、境相融、人相通"六元和合"的身心健康茶，喝好一杯有亲情和爱、情趣浓郁的家庭幸福茶，喝好一杯邻里和睦、情谊相融的社会和谐茶，把中华茶文化深深融进国人身心大健康的快乐生活之中，让茶真正成为国饮，成为人人热爱的日常生活必需品和人民日益增长的美好生活需要，使命光荣，责任重大。

培训教材是高质量茶业人才培养的重要基础。由中国茶叶学会组织编撰的《茶艺师培训教材》《茶艺技师培训教材》《评茶员培训教材》，在过去的十年间，为茶业人才培训发挥了很好的作用，备受涉茶岗位从业人员和茶饮爱好者的青睐。这次，新版"茶艺培训教材"顺应时代、紧贴生活、内容丰富、图文并茂，更彰显出权威性、科学性、系统性、精准性和实用性。尤为可喜的是，新版教材在传统清饮的基础上，与"六茶共舞"新发展时势下的调饮、药饮（功能饮）、衍生品食用饮和情感体验共情饮等新内容有机融合，创新拓展，丰富了茶饮文化的形式和内涵，丰满了美好茶生活的多元需求，展现了茶为国饮、茶和世界的精彩纷呈的生动局面，使培训内容更好地满足多元需求，让更多的人添知识、长本事，是一套广大涉茶院校、茶业培训机构开展茶业人才培训的好教材，也是一部茶艺工作者和茶艺爱好者研习中国茶艺和中华茶文化不可多得的好"伴侣"。

哲人云：茶如人生，人生如茶。其含蓄内敛的独特品性、品茶品味品人生的丰富内涵和"清、敬、和、美、乐"的当代核心价值理念，赋予了中国茶和茶文化陶冶性情、愉悦精神、健康身心、和合共融的宝贵价值。当今，我们更应顺应大势、厚植优势，致力普及茶知识、弘扬茶文化，让更多的人走进茶天地，品味这杯历史文化茶、时尚科技茶、健康幸福茶，让启智增慧、立德树人的茶文化培训事业繁花似锦，为新时代人民的健康幸福生活作出更大贡献！

中国国际茶文化研究会会长 周国富

2021年2月 于杭州

Preface
序二

中国茶叶学会于1964年在杭州成立，至今已近六十载，曾两次获"全国科协系统先进集体"，多次获中国科协"优秀科技社团""科普工作优秀单位"等荣誉，并被民政部评为4A级社会组织。学会凝心聚力、开拓创新，举办海峡两岸暨港澳茶业学术研讨会、国际茶叶学术研讨会、中国茶业科技年会、国际茶日暨全民饮茶日活动等；开展茶业人才培养；打造了一系列行业"品牌活动"和"培训品牌"，为推动我国茶学学科及茶产业发展做出了积极的贡献。

中国农业科学院茶叶研究所是中国茶叶学会的支撑单位。中国农业科学院茶叶研究所于1958年成立，作为我国唯一的国家级茶叶综合性科研机构，深耕茶树育种、栽培、植保及茶叶加工、生化等各领域的科学研究，取得了丰硕的科技成果，获得了国家发明奖、国家科技进步奖和省、部级的各项奖项，并将各种科研成果在茶叶生产区进行示范推广，为促进我国茶产业的健康发展做出了重要贡献。

自2002年起，中国茶叶学会和中国农业科学院茶叶研究所开展茶业职业技能人才和专业技术人才等培训工作，以行业内"质量第一，服务第一"为目标，立足专业，服务产业，组建了涉及多领域的专业化师资团队，近20年时间为产业输送了5万多名优秀专业人才，其中既有行业领军人才，亦有高技能人才。中国茶叶学会和中国农业科学院茶叶研究所凭借丰富的经验与长久的积淀，引领茶业培训高质量发展。

"工欲善其事，必先利其器"。作为传授知识和技能的主要载体，培训教材的重要性毋庸置疑。一部科学、严谨、系统、有据的培训教材，能清晰地体现培训思路、重点、难点。本教材以中国茶叶学会发布的团体标准《茶艺与茶道水平评价规程》和中华人民共和国人力资源和社会保障部发布的《茶艺师国家职业技能标准》为依据，由中国茶叶学会、中国农业科学院茶叶研究所两家国字号单位牵头，众多权威专家参与，强强联合，在2008年出版的《茶艺师培训教材》《茶艺技师培训教材》的基础上重新组织编写，历时四年完成了这套"茶艺培训教材"。

中国茶叶学会、中国农业科学院茶叶研究所秉承科学严谨的态度和专业务实的精神，创作了许多的著作精品，此次组编的"茶艺培训教材"便是其一。愿"茶艺培训教材"的问世，能助推整个茶艺事业的有序健康发展，并为中华茶文化的传播做出贡献。

中国工程院院士、中国农业科学院茶叶研究所研究员、中国茶叶学会名誉理事长

陈宗懋

2021年6月

Preface

序三

中国现有20个省、市、自治区生产茶叶，拥有世界上最大的茶园面积、最高的茶叶产量和最大消费量，是世界上第一产茶大国和消费大国。茶，一片小小树叶，曾经影响了世界。现有资料表明，中国是世界上最早发现、种植和利用茶的国家，是茶的发源地；茶，从中国传播到世界上160多个国家和地区，现全球约有30多亿人口有饮茶习惯；茶，一头连着千万茶农，一头连着亿万消费者。发展茶产业，能为全球欠发达地区的茶农谋福利，为追求美好生活的人们造幸福。

人才是实现民族振兴、赢得国际竞争力的重要战略资源。面对当今世界百年未有之变局，茶业人才是茶产业长足发展的重要支撑力量。培养一大批茶业人才，在加速茶叶企业技术革新与提高核心竞争力、推动茶产业高质量发展与乡村人才振兴等方面有举足轻重的作用。

中国茶叶学会作为国家一级学术团体，利用自身学术优势、专家优势，长期致力于茶产业人才培养。多年来，以专业的视角制定行业团体标准，发布《茶艺与茶道水平评价规程》《茶叶感官审评水平评价规程》《少儿茶艺等级评价规程》等；编写教材、大纲及题库，出版《茶艺师培训教材》《茶艺技师培训教材》及《评茶员培训教材》，组编创新型专业技术人才研修班培训讲义50余本。

作为综合型国家级茶叶科研单位，中国农业科学院茶叶研究所荟萃了茶树育种、栽培、加工、生化、植保、检测、经济等各方面的专业人才，研究领域覆盖产前、产中、产后的各个环节，在科技创新、产业开发、服务"三农"等方面取得了一系列显著成绩，为促进我国茶产业的健康可持续发展做出了重要的贡献。

　　自2002年开始，中国茶叶学会和中国农业科学院茶叶研究所联合开展茶业人才培训，现已培养专业人才5万多人次，成为茶业创新型专业技术人才和高技能人才培养的摇篮。中国茶叶学会和中国农业科学院茶叶研究所联合，重新组织编写出版"茶艺培训教材"，耗时四年，汇聚了六十余位不同领域专家的智慧，内容包括自然科学知识、人文社会科学知识和操作技能等，丰富翔实，科学严谨。教材分为五个等级共五册，理论结合实际，层次分明，深入浅出，既可作为针对性的茶艺培训教材，亦可作为普及性的大众读物，供茶文化爱好者阅读自学。

　　"千淘万漉虽辛苦，吹尽狂沙始到金。"我相信，新版"茶艺培训教材"将会引领我国茶艺培训事业高质量发展，促进茶艺专业人才素质和技能全面提升，同时也为弘扬中华优秀传统文化、扩大茶文化传播起到积极的作用。

中国工程院院士　湖南农业大学教授

刘仲华

2021年6月

Foreword

前言

中华茶文化历史悠久，底蕴深厚，是中华优秀传统文化的重要组成部分，蕴含了"清""敬""和""美""真"等精神与思想。随着人们对美好生活的需求日益提升，中国茶和茶文化也受到了越来越多人的关注。2019年12月，联合国大会宣布将每年5月21日确定为"国际茶日"，以赞美茶叶的经济、社会和文化价值，促进全球农业的可持续发展。这是国际社会对茶叶价值的认可与重视。学习茶艺与茶文化，可以丰富人们的精神文化生活，坚定文化自信，增强民族凝聚力。

2008年，中国茶叶学会组编出版了《茶艺师培训教材》《茶艺技师培训教材》，由江用文研究员和童启庆教授担任主编，周智修研究员、阮浩耕副编审担任副主编，俞永明研究员等21位专家参与编写。作为同类教材中用量最大、影响最广的茶艺培训参考书籍，该教材在过去的10余年间有效推动了茶文化的传播和茶艺事业的发展。

随着研究的不断深入，对茶艺与茶文化的认知逐步拓宽。同时，中华人民共和国人力资源和社会保障部2018年修订的《茶艺师国家职业技能标准》和中国茶叶学会2020年发布的团体标准《茶艺与茶道水平评价规程》均对茶艺的相关知识和技能水平提出了更高的要求。为此，中国茶叶学会联合中国农业科学院茶叶研究所组织专家，重新组编这套"茶艺培训教材"，在吸收旧版教材精华的基础上，将最新的研究成果融入其中。

高质量的教材是实现高质量人才培养的关键保障。新版教材以《茶艺师国家职业技能标准》《茶艺与茶道水平评价规程》为依据，既紧扣标准，又高于标准，具有以下几个方面特点：

一、在内容上，坚持科学性

中国茶叶学会和中国农业科学院茶叶研究所组建了一支权威的团队进行策划、撰稿、审稿和统稿。教材内容得到周国富先生、陈宗懋院士、刘仲华院士的指导，为本套教材把握方向，并为教材作序。编委会组织中国农业科学院茶叶研究所、中国社会科学院古代史研究所、北京大学、浙江大学、南京农业大学、云南农业大学、浙江农林大学、台北故宫博物院、中国茶叶博物馆、西湖博物馆总馆等全国30余家单位的60余位权威专家、学者等参与教材撰写，80%以上作者具有高级职称或为一级茶艺技师，涉及的学科和领域包括历史、文学、艺术、美学、礼仪、管理等，保证了内容的科学性。同时，编委会邀请俞永明研究员、鲁成银研究员、陈亮研究员、关剑平教授、梁国彪研究员、朱永兴研究员、周星娣副编审等多位专家对教材进行审稿和统稿，严格把关质量，以保证内容的科学性。

二、在结构上，注重系统性

本套教材依难度差异分为五册，分别为茶艺Ⅰ、茶艺Ⅱ、茶艺Ⅲ、茶艺Ⅳ、茶艺Ⅴ，逐级提升，分别对应《茶艺师国家职业技能标准》要求的五级至一级，以及《茶艺与茶道水平评价规程》要求的一级至五级。为了帮助读者更快速地建立一个较为完善的知识框架体系，每一册又按照领域和学科特点分成科学篇、文化篇、艺术篇、技能篇、礼仪篇、服务篇、管理篇、休闲产业篇等若干板块。这些板块相对独立又相互关联，同一板块的知识要点在各个等级中层层递进，而目录中的三级提纲恰似一张逻辑严谨清晰的思维导图，将知识点巧妙地串联在一起，便于读者阅读和学习，更有利于知识的梳理与记忆。此外，与旧版教材相比，本套教材延展了茶学专业知识和茶文化知识的深度和广度，增加了茶事艺文、传统礼仪、美学等方面的内容，使内容更为丰富。

茶艺培训教材与茶艺师等级、茶艺与茶道水平等级对应表

教材名称	茶艺师等级	茶艺与茶道水平等级
茶艺培训教材Ⅰ	五级/初级	一级
茶艺培训教材Ⅱ	四级/中级	二级
茶艺培训教材Ⅲ	三级/高级	三级
茶艺培训教材Ⅳ	二级/技师	四级
茶艺培训教材Ⅴ	一级/高级技师	五级

三、在形式上，增强可读性

参与教材编写的作者多是各学科领域研究的带头人和骨干青年，更擅长论文的撰写，他们在文字的表达上做了很多尝试，尽可能平实地书写，令晦涩难懂的科学知识通俗易懂。教材内容虽信息量大且以文字为主，但行文间穿插了图、表，形象而又生动地展现了知识体系。根据文字内容，作者精心收集整理，并组织相关人员专题拍摄，从海量图库中精挑细选了图片3000余幅，图文并茂地展示了知识和技能要点。特别是技能篇，对器具、茶艺演示过程等均精选了大量唯美的图片，在知识体系严谨科学的基础上，增强了可读性和视觉美感，不仅让读者更快地掌握技能要领，也让阅读和学习变得轻松有趣。茶叶从业人员和茶文化爱好者们在阅读本书时，可得启发、收获和愉悦。

历时四年，经过专家反复的讨论、修改，新版"茶艺培训教材"（Ⅰ~Ⅴ）最终成书。本套教材共计200余万字。全书内容丰富、科学严谨、图文并茂，是60余位作者集体智慧的结晶，具有很强的时代性、先进性、科学性和实用性。本教材不仅适用于国家五个级别茶艺师的等级认定培训，为茶艺师等级认定的培训课程和题库建设提供参考，还适用于茶艺与茶道水平培训，为各院校、培训机构茶艺教师高效开展茶艺教学，并为茶艺爱好者、茶艺考级者等学习中国茶和茶文化提供重要的参考。

由于本套教材的体量庞大，书中难免挂一漏万，不足之处请各界专家和广大读者批评指正！最后，在本套教材的编写过程中，承蒙许多专家和学者给予高度关心和支持。在此出版之际，编委会全体同仁向各位致以最衷心的感谢！

茶艺培训教材编委会
2021年6月

Contents
目录

科学篇

文化篇

艺术篇

技能篇

第十六章
代表性地方特色茶艺

第十七章
茶席设计

服务篇

科学篇

第一章
代表性名茶的品质特征

中国的名茶众多，每个产茶区、每个茶类中均有代表性的产品。每种享有盛名的茶叶均体现出精工细作、品质优良、特色明显的共性。

第一节　代表性绿茶的品质特征

中国绿茶类代表性名茶出现时间早、生产地域广，外形多样，造型富有特色。绿茶类名茶以风味清新、鲜美为佳，香气陈闷则表明品质低下。

一、扁平形绿茶

外形扁平是扁炒青类绿茶的典型特征。中国出产扁平形绿茶的地域甚广，浙江、安徽、江西、广西、贵州、四川、陕西、湖北、山东等地生产较多，其中以浙江产量最高，而龙井茶堪称扁平形绿茶的典型代表。这类茶能让消费者从外形就直观地了解茶叶的嫩度水平，有利于消费者做出判断。

扁平形炒青绿茶亦是当前采用机械化智能加工水平最高的茶叶。由于需要经过压平、理直、磨光等工序处理，大部分细嫩原料上的茸毫被磨掉，扁平形绿茶具有外形扁平、光滑、挺直的特点，同时，炒制处理也使干茶的颜色绿中透黄，具有更好的光泽感。若用白化、黄化品种新梢加工成扁平形高档绿茶，其色泽的明快、鲜润感更为突出。

从内质来看，由于有炒制的工序处理，与其他外形风格的绿茶相比，扁平形名优茶的汤色以黄绿居多，亮度好；香气视品种和工艺处理程度，能呈现出相应的毫香、清香、花香、嫩香、栗香等风格；其滋味与茶树品种、原料嫩度和加工工艺等相关，优质的扁平形绿茶具有嫩鲜、鲜醇、鲜爽、醇厚等特征，尤其以白化、黄化品种加工的产品滋味鲜醇度最高；叶底则呈现嫩匀、完整、显芽、明亮的特点，以白化、黄化品种新梢加工成的绿茶叶底颜色更为鲜亮。

代表性的名茶有：西湖龙井茶（图1-1）、千岛玉叶（图1-2）、乌牛早茶、老竹大方茶和越乡龙井（图1-3）、金山翠芽（图1-4）、湄潭翠芽等。

图1-1　西湖龙井茶

图1-2　千岛玉叶

图1-3　越乡龙井

图1-4　金山翠芽

二、卷曲形绿茶

卷曲形绿茶亦是名优绿茶中的一大特色类型。从江南到西南，从华南到江北，四个茶区都出产卷曲形名优绿茶，其中的典型代表当属碧螺春。

此类名茶外形因揉捻做形的特定制法而卷曲，形态大小则随品种和揉捻力度的不同而有差别，从纤细、细秀、细紧、紧结到紧实，视茶而定。同时因为揉捻做形，茶的细紧程度与颜色亮度相对立——外形细紧，则茶颜色多偏深；要求色绿，则难以做细。生产者按各自要求，把控颜色与细紧度。由于外形做紧，卷曲形茶叶的嫩度难以直接显现，而展现更多的是茸毫的丰富程度。茸毫越多，茶叶嫩度越好，所以用多茸毫的品种加工卷曲形茶具有优势。

在内质表现上，卷曲形绿茶的汤色相对而言较多地呈现绿黄色。需注意，漂浮在茶汤中的茸毫可能干扰光线的穿透和反射，影响茶汤的亮度和清澈感，称为"毫浑"，审评时应注意此特征；结合品种、地域、季节和工艺，卷曲形绿茶的香气具有不同的特征，毫香、清香、花香、嫩香、栗香等风格均有，总之以清新为佳、熟闷为次；滋味多具有醇爽的特征，以甘鲜为上；叶底则强调嫩匀、完整、明亮。如果通过重揉追求外形细紧，则叶底的完整度会受到明显的影响。

代表性的名茶有：碧螺春（图1-5）、狗牯脑茶（图1-6）、都匀毛尖（图1-7）、蒙顶甘露（图1-8）和奉化曲毫（图1-9）等。

图1-5　碧螺春

图1-6　狗牯脑茶

图1-7　都匀毛尖

图1-8　蒙顶甘露

图1-9　奉化曲毫

三、兰花形绿茶

兰花形绿茶多为烘青类绿茶，其外形具有舒展自然、弯曲自如、色泽翠绿的特点。此类茶在安徽、浙江、广东、山东等地均有生产。

兰花形绿茶在做形和干燥阶段，茶条相互挤压受力程度轻，呈现茶叶的形态多样、显芽（毫）和色绿等特点。此类茶做形工序相对弱化，生产中需把握好内质成分的转化。

　　良好的兰花形绿茶内质大多汤色绿亮清澈；香气以清香带花香居多，佳品有嫩香和花香；滋味具有鲜醇清爽的特征；叶底绿亮成朵。此类茶容易因追求色绿而导致加工时间缩短，芽叶组织破碎率不足，致使香味生青。此外，加工后还需注意包装和贮运，否则易出现颜色变黄和碎茶增多等情况，影响品质。

　　代表性的名茶有：黄山毛峰（图1-10）、岳西翠兰（图1-11）、舒城小兰花（图1-12）、沿溪山白毛茶（图1-13）和凤形安吉白茶（图1-14）等。

图1-10　黄山毛峰

图1-11　岳西翠兰

图1-12　舒城小兰花

图1-13 沿溪山白毛茶

图1-14 凤形安吉白茶

四、针形绿茶

针形名优绿茶具有外形紧直似针的特色，其关键的工序是做形。针形绿茶是一类对外形制作技术要求较高的产品，这类茶在江苏、湖北、河南、四川、湖南、云南等地均有生产。针形绿茶通常原料要求较嫩，常有显毫的特征。由于依靠外力揉紧，茶条挺直，外形或扁或圆，颜色以深绿、苍绿、墨绿居多。外形的缺陷大多因为追求细直，做形中施力不当导致茶条断碎或出现弯条，同时颜色易偏深暗。

针形名优绿茶的内质表现也有其独特性，汤色以黄绿、绿黄居多，品质优异者可达到嫩绿水平；香气有清香、毫香、花香、嫩香、栗香、木香等，以生青或熟闷为次；滋味常以清鲜、醇厚为优，大、中叶种针形茶也有浓爽的表现，茶叶呈味物质转化不足会导致生青，长时加热、重揉产生的闷熟也是容易出现的滋味缺陷；叶底以色绿明亮、匀整为佳，茶叶断碎是其常见的缺陷。

代表性的名茶有：南京雨花茶（图1-15）、恩施玉露（图1-16）、信阳毛尖（图1-17）、永川秀芽（图1-18）和古丈毛尖（图1-19）等。

图1-15 南京雨花茶

图1-16 恩施玉露

图1-17 信阳毛尖

图1-18 永川秀芽

图1-19 古丈毛尖

五、颗粒形绿茶

近年来，颗粒形名优绿茶生产在增多，浙江、贵州、福建、四川、广西、山东、云南等地均有生产。

颗粒形名优绿茶弱化对原料嫩度的要求，茶的外形扬长避短，从盘曲到圆结，利于分级，加工后容易展现匀整的特征，色泽从绿润、深绿到墨绿，多具光润感，部分揉炒不重的产品有显毫的特征。颜色花杂、颗粒大小不一是颗粒形绿茶常见的外形缺陷。

此类茶的内质汤色从浅绿、黄绿到黄均有，与品种和工艺有关；汤色要求明亮，汤底出现渣末为常见缺陷；香气以清香、栗香居多，重在高长，出现老火或者带焦气为质量缺陷；滋味以醇爽、浓厚为典型风格，以老火、带焦味为次；叶底强调芽叶完整，嫩度均匀。

代表性的名茶有：羊岩勾青（图1-20）、涌溪火青（图1-21）、绿宝石、泉岗辉白和龙珠茶（图1-22）等。

图1-20　羊岩勾青

图1-21　涌溪火青

图1-22　龙珠茶

六、束压形绿茶

束压形名优绿茶是一类强调造型工艺的产品。加工中，茶叶通过择料、扎线、压模等处理，最终形成独特的造型。由于需要逐一制作，同时又有精细的造型要求，此类茶的生产效率不高，产量有限，安徽、福建、云南、贵州、湖南、广西等地有生产加工。

束压形绿茶外形以菊花形、小球形、耳环形居多，其他的造型也不少。对这类茶总的要求是形态匀称完整，色泽呈绿润、深绿、墨绿，部分产品中还会配上干花，增加视觉美感。

此类茶的内质，要求以汤色绿亮、香气清新、滋味鲜醇爽口、叶底绿亮整齐为佳。部分产品，尤其是配花的产品，冲泡后突出了观赏性，但需注意茶、花的香气应协调，如香味不协调、口感欠佳，反而影响风味品质。

代表性的名茶有：黄山绿牡丹、龙须茶、安化银币茶、银球茶（图1-23）和女儿环等。

图1-23　银球茶

七、其他形状绿茶

在漫长的茶叶加工历史中，总是有一些制茶者别具匠心，以奇思妙想和独特的工艺，创制出独特的绿茶，成就经典的茶品。它们的内质具有绿茶的代表性特征：汤绿亮，香清高，味鲜醇，而外形表现则各有特色。

太平猴魁和六安瓜片就是其中的典型代表。太平猴魁外形壮实挺直，芽叶并拢，匀整平伏，干茶色泽从翠绿到传统的苍绿，上品的猴魁茶具有突出的兰花香。六安瓜片以单片嫩叶加工，经过特有的做形、拉老火工序处理后，形似瓜子，色泽以绿中带霜为佳。

需要特别注意的是，虽然产业的发展鼓励、倡导创新，但茶叶品质是多种要素的综合体现，如果一味强调造型独特，却忽视了品质的重心在于风味，生产中可能会误入歧途，对产品品质非常不利。

第二节　代表性红茶的品质特征

源于中国的红茶，是当今世界生产地域最广的茶类，以亚洲和非洲产量居多。红茶依制作工艺可分为条形的小种红茶、工夫红茶和颗粒形的红碎茶，各种红茶在红茶类共性品质特征的基础上，又具有不同的色、香、味、形特点。

一、小种红茶

小种红茶是条形红茶中的一种，分为正山小种和外山小种。

正山小种产自福建省武夷山市，又称桐木关小种、星村小种，以产地得名。其外形粗壮紧实，身骨重，无茸毫，色泽褐红，汤色尚红；茶叶因以武夷山油松燃烧熏干而具有松烟香，并伴有桂圆香，滋味甘甜厚实；叶底暗红。正山小种之"正山"表明该茶产自真正的核心高山地区。小种红茶中带松烟香，部分消费者往往不能适应，这也是小种红茶在国内市场上销售受限的原因之一。但小种红茶冲泡后，在茶汤中加入适量的牛奶调味，能很好地调整风味。

外山小种，别名人工小种、烟小种，为核心产区之外周边地区的产品。干茶外形较松，色泽黑而枯；汤色红褐；具有树枝燃烧不完全的烟熏气；滋味醇厚，带桂圆香味。

二、工夫红茶

工夫红茶多以产地命名。其中具有代表性的工夫红茶是"祁红工夫"和"滇红工夫"，分别是以中小叶种和大叶种茶树鲜叶为原料制成的红茶。此外，广东英德，四川宜宾，江西修水、浮梁，湖北宜昌，广西凌云，福建宁德、政和、武夷山，海南五指山，贵州遵义、普安，江苏宜兴等地，都出产品质优良的工夫红茶。

1. 祁红工夫

祁红工夫主产于安徽祁门等地，品质特点为外形细秀，苗锋良好，色泽乌黑油润；汤色红亮；香气浓郁带花果香；滋味醇和回甘；叶底红匀细软。祁红工夫尤其强调细嫩度与条索的紧实程度。有身骨空松轻飘、色泽枯灰、汤色浅薄、香气粗糙、滋味薄涩、叶底青暗等缺陷者为劣质茶。不同茶季的产品，其品质也有差异，春茶嫩度好，色泽乌润，香味鲜甜，品质较好；夏、秋茶汤色、叶底较为红亮，但香味的鲜醇度不如春茶，总体品质比春茶差（图1-24）。

图1-24　祁红工夫

2. 滇红工夫

滇红工夫主产于云南临沧。其品质特点是外形肥壮，色泽棕褐，金毫显露；汤色红艳；香气浓郁；滋味浓醇回甘；叶底肥软，红匀明亮。滇红工夫原料茶多酚含量高，茶味浓而耐泡，经多次冲泡仍有滋味。滇红工夫很注重嫩度、净度（图1-25）。

图1-25 滇红工夫

3. 宁红工夫

宁红工夫主产于江西省修水县。宁红工夫的品质与祁红工夫相近,高档茶外形紧结,苗锋修长,色泽乌润;汤色红亮;甜香高长;滋味甜醇;叶底红亮。

4. 浮红工夫

浮红工夫主产于江西景德镇市浮梁县,九江市彭泽县也有少量生产。此茶产区与祁红工夫产地接壤,品质也与祁红工夫接近。历史上在外销时,常将宁红工夫、浮红工夫归入祁红工夫。

5. 宜红工夫

宜红工夫主产于湖北宜昌、恩施地区,属中小叶种工夫红茶。其外形细紧带金毫,色泽乌润;汤色红亮;甜香高长;滋味浓醇;叶底红亮(图1-26)。

图1-26 宜红工夫

6. 川红工夫

川红工夫主产于四川宜宾,于1950年开始生产,其中的珍品早白尖品质优异。川红工夫属中小叶种工夫红茶,外形紧实,滋味较厚实。

7. 英红工夫

广东英德自20世纪50年代开始生产红茶,当时以生产红碎茶供外销为主。随着'英红9号'等无性系良种于1990年开始推广,英红工夫应运而生,品质上佳。其外形紧结弯曲,色泽乌润,金毫显露;茶汤红亮;甜香、花香高锐;滋味浓厚甘爽;叶底红亮厚软(图1-27)。

图1-27　英红工夫

8. 闽红工夫

传统闽红工夫有政和工夫、白琳工夫、坦洋工夫等，金骏眉是在福建武夷山开发的工夫红茶新品。政和工夫产于福建政和县，其中以政和大白茶鲜叶加工的政和工夫品质良好，外形肥壮，多金毫，色泽乌棕，香味甜爽厚实。以小叶种鲜叶加工的产品条索紧结，香味甜和。白琳工夫产于福建福鼎市，外形细长弯曲，色泽乌中带黄，汤色浅红，香味甜纯。坦洋工夫产于福建福安、柘荣、寿宁、霞浦等地，历史上因品质上乘、特色突出而蜚声海外，外形细紧弯曲，乌润带金毫，汤色橙红，香味甜爽。

9. 海南工夫

海南有中国最南端的茶园，可全年产茶。以大叶种加工的海南工夫外形紧结壮实，色泽乌褐油润；汤色红艳清澈带金圈；香气高甜而经典；滋味浓爽；叶底红匀软亮。其中，以五指山红茶最为有名，其干茶外形紧结壮实，色泽棕褐油润；汤色金红明亮，呈红琥珀色；香气高甜带奶香；滋味醇厚甘爽；叶底红匀软亮，具有独一无二的"琥珀汤、奶蜜香"品质特色。

10. 黔红工夫

贵州具有低纬度、高海拔的地理环境优势，茶叶品质形成了独有的特色。当地所产工夫红茶外形紧结弯曲，色泽褐润；汤色橙红明亮；甜香高长透果香；滋味甜醇；叶底匀嫩。

11. 宜兴工夫

江苏宜兴古称阳羡，是历史上有名的产茶区。受当地饮茶习俗的影响，宜兴生产红茶有传统、重品质。宜兴工夫红茶的品质特点是外形条索细紧弯曲，色泽乌润显金毫；汤色红亮；甜花香显；滋味甘鲜；叶底显芽明亮。

三、红碎茶

红碎茶通过揉切工序加工而成，分为CTC（Crush, Tear, Curl，意为切碎、撕裂、卷曲，是一种红碎茶加工方法，简称"CTC"）红碎茶和传统红碎茶（转子揉切），总体的品质强调滋味的浓、强、鲜。红碎茶主产国中，肯尼亚和印度生产的大多是CTC红碎茶，而斯里兰卡以传统红碎茶为主。

当前，我国的CTC红碎茶以云南临沧为主产区，用云南大叶种鲜叶制作。其品质特点是外形重实，叶茶露金毫，碎茶颗粒紧结，色泽棕褐；汤色红亮；香气浓郁；滋味浓醇；叶底红匀。红碎茶以茶汤色暗、香味钝熟为次。云南大叶种红碎茶嫩度好，滋味浓，亦耐冲泡，其香味个性较强，可凸显云南红碎茶的独有特征（图1-28）。

图1-28 红碎茶

第三节 代表性乌龙茶的品质特征

乌龙茶强调品种特性，原料成熟度高，特定工艺的参数选择多样，造就了不同产品丰富的特色。乌龙茶的传统产区包括福建、广东和台湾，故依产地主要分为闽南乌龙、闽北乌龙、广东乌龙和台湾乌龙。随着品种、工艺的传播和发展，目前我国中西部不少地区也开始了乌龙茶的生产。

一、闽北乌龙茶

闽北地区是乌龙茶的起源地。武夷山被列入世界自然与文化遗产名录，丹霞地貌、九曲溪流，奇山秀水间自有好茶，尤以岩上之茶为佳，谓之岩茶。闽北乌龙茶中的大红袍、铁罗汉、水金龟、白鸡冠、半天腰等名丛历史悠久，当家品种肉桂与水仙品质卓然，而新品种则香味别具特色、辨识度高。闽北乌龙茶工艺特点为重做青，重烘焙，不包揉，由此造就了闽北乌龙特色：外形壮实紧结扭曲，色泽由褐绿至乌润；汤色橙黄明亮；香气浓郁持久，不同品种的茶香气各有特色，其中水仙具有突出的清花香，肉桂带乳香、蜜桃或桂皮香；滋味强调"岩韵"分明，浓厚甘爽；叶底肥厚软亮、匀齐，红边明显。

闽北乌龙茶注重烘焙火工，差异只在分秒之间。为形成馥郁的花果香，其烘焙程度不可偏轻，岩茶香气青涩是大忌；但烘焙过急过重，徒留火气，也会损伤岩茶风味。

闽北乌龙茶以武夷岩茶为代表。

武夷岩茶产于武夷山，武夷山多岩石，茶树生长在岩缝中，山间岩岩有茶，故出产的茶称武夷岩茶。武夷岩茶的名称与茶树品种、生长环境特点、采摘时间、品质特点等之间有一定的联系，故花色名称颇多。其总体品质特征是：外形条索肥壮紧结匀整，带扭曲条形；叶背起蛙皮状砂粒，俗称"蛤蟆背"；色泽油润带宝光。武夷岩茶内质香气馥郁隽永；滋味醇厚回甘，润滑爽口，具有特殊的"岩韵"；汤色橙黄，清澈艳丽；叶底柔软匀亮，边缘朱红或起红点，中央叶肉浅黄绿色，叶脉浅黄色。岩茶较耐泡，一般能冲泡5次以上。

现行的国家标准GB/T 18745—2006《武夷岩茶》，将种植武夷岩茶良种（即岩茶原料）的武夷山2798平方公里行政区域划分为两个产区，即武夷岩茶名岩产区和武夷岩茶丹岩产区。武夷岩茶中主要的特色品种如下。

1. 大红袍

大红袍既是茶树品种名，又是茶叶商品名，产品含括传统大红袍和区域公共品牌大红袍。其传统大红袍采用无性繁殖的大红袍茶树新梢，以适合的制作技术（用武夷岩茶传统的做青、焙制方法）加工，它既保持母树大红袍茶叶的优良特性，又有其特殊的香韵品质，即市场上所谓的纯种大红袍。大红袍的品质特征是条索扭曲、紧结、壮实，色泽青褐油润带宝色；香气馥郁，有锐、浓长、清、幽远之感，杯底余香持久；滋味浓而醇厚，顺滑回甘，岩韵明显；汤色深橙黄，清澈艳丽；叶底软亮、匀齐，红边鲜明。而作为区域公共品牌产品的大红袍，则是以武夷山的主产品种茶叶经过风味筛选、拼配加工而成（图1-29）。

图1-29　大红袍

2. 武夷水仙

在武夷山地区用水仙品种鲜叶制成的岩茶即为武夷水仙。水仙为传统的外引品种，种植在武夷茶区有近百年时间。武夷水仙品质特性优良稳定，外形条索肥壮、重实、叶端扭曲，主脉宽大扁平，色泽绿褐油润或青褐油润；香气浓郁清长，有特有的兰花香；滋味浓厚、甘滑清爽，喉韵明显；汤色清澈明亮，呈深金黄色；叶底肥厚软亮，红边鲜明。

3. 武夷肉桂

武夷肉桂是20世纪80年代选育推广的品种，以香气辛锐浓长似桂皮香而得名。肉桂外形条索匀整卷曲，色泽褐绿，油润有光；香气浓郁持久，以辛锐见长，有蜜桃香或桂皮香，佳者带乳香；滋味醇厚鲜爽口，回甘快且持久；汤色橙红清澈；叶底黄亮柔软，红边明显（图1-30）。

图1-30　武夷肉桂

4. 武夷奇种

以菜茶或其他品种鲜叶制成的岩茶称为武夷奇种。菜茶是指武夷山原产的有性群体茶树品种。奇种为成品茶产品名，成茶的品质特征是条索紧结、重实，叶端稍扭曲，色泽乌褐较油润；香气清高细长；滋味清醇甘爽，喉韵较显；汤色橙黄明亮；叶底柔软较匀齐，红边稍显。

5. 武夷名丛

在名岩产区，如天心、慧苑、竹窠、兰谷等地选择优良茶树单独采制成的茶叶称为"单丛"，品质在奇种之上。单丛加工品质特优的称为武夷名丛，如铁罗汉、白鸡冠、水金龟等。其基本的特征是：外形条索紧结、壮实，色泽油润稍带宝色；香气较锐、浓长、清幽，杯底有余香；滋味醇厚，回甘快，岩韵显；汤色呈深橙黄，清澈明亮；叶底软亮匀齐，红边显。

二、闽南乌龙茶

福建南部产茶地区多，特色产品亦多，如泉州的安溪、永春等地，漳州的平和、诏安、华安，三明的大田，以及龙岩的漳平等地。经过包揉处理的闽南乌龙茶精制后外形呈半球形，不同品种的外形大多相似。

1. 铁观音

铁观音既是茶名，又是茶树品种名。铁观音茶因身骨沉重如铁，形美似观音而得名，是闽南乌龙茶中的代表产品。其品质特征是：外形紧结匀净，多呈螺形，身骨重实，色泽砂绿油润，青腹绿蒂，俗称"香蕉色"；内质香气清幽细长，兰花香显；滋味醇厚、甘爽，颊齿留香，"音韵"明显；汤色金（蜜）黄清澈；叶底开展，肥厚、软亮、匀整。铁观音耐冲泡，七泡尚有余香，其优异的风味源于香气成分种类丰富，其中尤以橙花叔醇、顺－茉莉内酯和二氢茉莉内酯的含量居多（图1-31）。

图1-31 铁观音

2. 黄棪

黄棪也称黄金桂，品质具有"一早二奇"的特点，一早即萌芽、采制、上市早，二奇即外形"黄、匀、细"，内质"香、奇、鲜"。黄棪成茶条索紧结卷曲，色泽黄绿油润，细秀、匀整、美观；内质香气高、强、清长，香型优雅，俗称"透天香"；滋味清醇鲜爽；汤色金黄明亮；叶底柔软，黄绿明亮，红边鲜亮。

3. 本山

本山的外形较肥壮、结实，略沉重，枝尾部稍大，枝骨细、红、亮，称"竹仔枝"，色泽乌润，具有青蒂、绿腹、红边的三节色，砂绿细；内质香气高长，带兰花香、桂花香；滋味醇厚鲜爽，有回甘，轻微带酸甜味；叶底叶张略小，叶尾稍尖，主脉略细，稍浮白。

4. 毛蟹

毛蟹的外形结实，弯曲，呈螺状，头大尾小，芽部白毫显露，称为"白心尾"，色泽乌绿，稍有光泽；内质香气高而清爽，称"清花味"，或似茉莉花香；滋味清醇、略厚；叶底叶张椭圆形，叶齿深、密、锐，如锯齿向下钩，叶脉主脉稍浮，叶略薄，红边尚明。

5. 梅占

梅占的外形肥壮卷曲（圆结），色泽乌绿稍润；香气浓郁；滋味浓厚醇和；汤色橙黄；叶底红边较显，叶张硬挺。

6. 奇兰

奇兰的外形条索细瘦，稍沉重，叶蒂小叶肩窄，枝身较细；色泽黄绿、乌绿，尚乌润，内质香气清高，似兰花香，有的如杏仁茶，具果仁香；滋味清醇，稍甘鲜；汤色清黄、橙黄；叶底叶脉浮白，稍带白龙骨，叶身头尾尖如棱，叶面清秀。

7. 大叶乌龙

大叶乌龙的外形条索肥壮，圆结沉重，叶蒂稍粗，叶梗枝长，梗身曲节，枝皮绿微紫色，砂绿粗糙；内质香气高浓，带焦糖香味或栀子香；滋味醇浓，稍鲜爽；叶底肥厚，叶面光滑，叶长椭圆形，部分呈倒卵形。

8. 闽南水仙

闽南水仙的主产区是永春，具有"汤黄亮、香气足、泡水长"的特点。优良的茶树品种，加上精心采摘及精湛的制作工艺，形成了闽南水仙的独特品质。其外形条索肥壮紧结，略卷曲，色泽砂绿，油润间蜜黄，匀整美观；内质香气清高，兰花香显露；滋味醇厚甘滑；汤色金黄，清澈明亮；叶底肥厚、软亮，红边鲜明匀整。

9. 永春佛手

佛手品种别名香橼、雪梨，原产安溪金榜骑虎岩，系灌木大叶型无性繁殖系品种，是我国特有的茶树良种，目前以永春的种植面积最大。永春佛手成茶外形肥壮，紧卷似牡蛎干，沉重，色泽青褐乌、油润；内质香气浓长，品种特征近似香橼香，显幽长；滋味醇甘厚；汤色橙黄明亮；叶底柔软黄亮，红边明显，叶张圆而大。

10. 平和白芽奇兰

平和白芽奇兰的外形紧结，匀整，色泽青褐油润；其兰花香清、锐、幽长，品种特征香突出；滋味醇爽，具山骨风韵；汤色橙黄明亮；叶底软亮。

11. 诏安八仙茶

福建南部的诏安县气候温暖如春，采茶时间早，上市早，亦出产冬片。诏安八仙茶条索较紧直、壮结、色泽青褐、油润露黄；香气独特，似杏仁香；滋味浓爽带苦回甘；汤色橙黄明亮；叶底软、黄、亮。

12. 漳平水仙茶饼

传统的水仙茶饼外形呈正方形，边长约为5厘米，厚约1厘米，形似方饼，色泽绿褐油润；内质汤色橙黄，清澈明亮；香气高爽，具花香，且香型优雅，有兰花香型、桂花香型等；滋味醇正甘爽，且味中透香；叶底肥厚、黄亮，红边鲜明。现行的漳平水仙茶饼标准中茶饼尺寸规格为边长约3.8厘米，以方便冲泡。

13. 大田美人茶

大田美人茶主产区为福建大田县，以受茶小绿叶蝉刺吸的一芽一叶至一芽二三叶新梢为原料，经独特工艺加工制成。其外形自然卷缩似花朵，色泽红、黄、褐、白、绿五色相间；内质香气具天然果蜜香；滋味甘甜、带蜜韵；汤色呈琥珀色；叶底柔软舒展。

三、广东乌龙茶

广东地区的乌龙茶以单丛为主，主要产于潮安、饶平、丰顺、蕉岭、平远、揭东、揭西、普宁、澄海、梅州市大埔等地区。该区域的茶树品种丰富多样，为乌龙茶优异品质形成提供了良好的物质基础，成品茶多具有天然的花果香。这一地区的主要产品有凤凰单丛、岭头单丛、凤凰水仙、饶平色种、石古坪乌龙、大叶奇兰等。

（一）单丛茶

单丛茶分为凤凰单丛和岭头单丛（又名白叶单丛）。

1. 凤凰单丛

凤凰单丛是以凤凰水仙群体品种中优异单株采制而得名。当地群众习惯以茶树叶型、树型及其成茶香型来对各种单丛予以冠名，如黄枝香单丛、桂花香单丛、玉兰香单丛、蜜兰香单丛等（图1-32）。

凤凰单丛品质特点是：条索紧结较直，色泽黄褐呈鳝鱼皮色，油润有光，并有朱砂红点；内质具有独特的自然花香；滋味浓醇甘爽，山韵突出；汤色清澈黄亮，叶底边缘朱红，叶腹黄亮，耐冲泡。凤凰单丛几种主要香型的特点是：桂花香单丛具桂花香山韵；黄枝香单丛具黄枝花香山韵，耐冲泡；芝兰香单丛具芝兰香山韵，耐冲泡；玉兰香单丛具玉兰花香山韵，耐冲泡。

图1-32　凤凰单丛

2. 岭头单丛

岭头单丛出自凤凰水仙群体品种。1961年，在潮州市饶平县岭头村，茶农在该村1957年种植的凤凰水仙茶园中，发现一棵萌发特早、芽叶黄绿的茶树，以后连续3年对这株茶树单独采制，后成茶样品经审评鉴定，认为茶叶质量稳定，具有花蜜香特点，品质达单丛级别，可与凤凰单丛媲美。1981年经广东省农业厅审定，将该株茶树单列为一个品种，定名为'岭头单丛'，1988年被审定为省级良种，2002年通过全国农作物品种审定委员会审定，成为国家级品种。因其叶色浅，岭头单丛也被称为白叶单丛。

岭头单丛茶品质特点是：外形紧结尚直，色泽黄褐油润；具有独特的蜜香，高扬持久；滋味醇厚，鲜爽，回甘力强；汤色橙黄，清澈明亮；叶底黄绿腹朱边，耐冲泡，耐储藏。

（二）石古坪乌龙

石古坪乌龙产自潮州市凤凰镇石古坪村，以当地群体品种鲜叶加工而成。该茶区海拔高，茶叶品质独具特色。古坪乌龙条索细紧结，色乌润带青。其内质香气清高持久，有特殊的花香；滋味醇爽甘滑，有独特山韵；汤色浅黄清澈；叶底青绿，叶缘一线红。

四、台湾乌龙茶

台湾乌龙茶从福建传入，是当前台湾主产茶类。台湾有五大茶区，分别为：北部、桃竹苗、中南部、东部、高山茶区。其中高山茶区是指台湾地区各产茶区内海拔高度1000米以上的地区，如阿里山、玉山、雪山、中央山脉和台东山脉。目前台湾种植较多、品质较优的茶树品种有青心乌龙、青心大冇、硬枝红心、四季春、铁观音、武夷种、阿萨姆种和台茶7号、台茶8号、台茶12号、台茶13号等。

1. 冻顶乌龙

冻顶乌龙茶属半球形包种茶，主产于南投县鹿谷乡。其外形呈半球形或球形，色泽青绿润；内质香气显花香；滋味滑润甘醇，喉韵感觉好，有特别的山韵。典型冻顶乌龙茶的特征是喉韵十足，带明显的人工焙火韵味与香气，饮后回味无穷（图1-33）。

此外，还有松柏长青茶、竹山（或杉林溪）乌龙茶、梅山乌龙茶、玉山乌龙茶、阿里山珠露、阿里山乌龙茶、金萱茶、翠玉茶、四季春、高山茶等，其外形均呈紧结墨绿的半球状。

图1-33　冻顶乌龙

2. 金萱

金萱选用台茶12号制作。其外形紧结，呈半球状或球状，色泽翠润；内质香气具有特殊的品种香，其中以呈现牛奶糖香者为上品；滋味甘醇；汤色蜜绿明亮。

3. 翠玉

翠玉茶园分布在坪林、宜兰、台东和南投一带，茶叶选用台茶13号制作。其外形紧结，呈半球状或球状，色泽翠润；内质香气似茉莉花和玉兰花香，以后者居多；滋味醇；汤色蜜绿明亮。

4. 文山包种

文山包种茶主产于台北文山地区。文山是古地名，现为坪林、石碇、深坑等地。文山包种茶园位于山凹，采摘精细，属轻发酵茶类。其外形条索自然弯曲，色泽深绿油润；内质香气清新，似花香；滋味爽口活泼，入口清香飘逸，口鼻感受强烈，先苦后回甘。文山包种讲究香气务必清扬，滋味要甘醇活泼。

5. 白毫乌龙

白毫乌龙茶又名椪风茶、东方美人茶、香槟乌龙。白毫乌龙产于新竹县北埔、峨眉及苗栗县头份等地，用手工采摘青心大有品种鲜叶加工，其中经小绿叶蝉叮食过的茶鲜叶制成的白毫乌龙茶品质尤佳，是台湾新竹、苗栗特产。典型的白毫乌龙品质特征是：外观艳丽多彩，红、白、黄、褐、绿五色相间，形状自然卷缩宛如花朵；内质香气带有明显的天然熟果香，滋味似蜜，甘甜；茶汤橙红鲜艳；叶底淡褐有红边，叶基部呈淡绿色，叶片完整，芽叶连枝（图1-34）。

图1-34　白毫乌龙

第四节　代表性黑茶的品质特征

黑茶生产历史悠久，在中国茶叶发展史中占有重要的位置。当前黑茶主产地区包括湖南、湖北、四川、云南、广西、浙江、陕西、贵州等地。

一、湘鄂黑茶

1. 湖南黑茶

湖南黑茶始于安化，而安化黑茶生产又始于苞芷园，后沿资水向上游发展。安化黑茶以高家溪、马家溪出产的品质最有特色,其次为资水北岸的香烟山、黄茅冲、白岩山、湖南坡等地出产的黑茶。明、清时期,雅雀坪、黄沙街、硒州、江南、小淹等地相继发展并以江南为集中地。邻近安化的桃源、沅陵、溆浦、新化、汉寿、益阳等县也仿制黑茶,统称"外路茶"。20世纪50年代,桃江、宁乡、临湘等地黑茶也有发展。

湖南黑茶传统主销新疆、甘肃、青海、宁夏等地。

传统湖南黑毛茶按嫩度分为四档:一档毛茶用于加工天尖、贡尖;二档毛茶用于加工贡尖和生尖;三档毛茶用于加工花砖和特制茯砖,四档毛茶用于加工普通茯砖和黑砖。

湖南黑茶的主要压制产品包括茯砖、花卷(砖)(图1-35)和黑砖三类。黑砖、花卷(砖)蒸压越紧越好,茯砖压制不宜过紧,松紧要适度。压制茶外形应形态端正,棱角整齐,模纹清晰,无起层脱面,厚薄、大小一致;茯砖以金花茂盛、普遍、颗粒大者为好。内质表现,花砖汤色呈橘黄色,茯砖以橙黄或橙红为正常;香味以陈醇、不显青、涩、馊、霉等杂味为宜;叶底色褐,按品质标准允许含有一定比例当年生嫩梗,不得含有隔年老梗。

图1-35 千两茶(花卷,已锯片)

2. 湖北黑茶

湖北黑茶主要为青砖茶(图1-36)。传统青砖茶系以老青茶为原料,经筛拼、汽蒸、压制而成。

加工青砖茶的原料称为老青茶,分为里茶和面茶两种。用于砖片表层的茶坯称为"面茶",用于砖片里层的茶坯称为"里茶"。青砖外形要求紧实致密,形态以端正、棱角整齐、纹理清晰为佳,洒面分布均匀,无包心外露、起层落面等缺陷,色泽乌绿油润;内质香味纯正,带粗涩感;汤色橙黄。

图1-36 青砖茶

二、川陕黑茶

1. 四川黑茶

四川黑茶，传统称四川边茶。四川边茶按产地分为南路边茶和西路边茶两大类。

（1）南路边茶

南路边茶是四川边茶的大宗产品。"南路"是指从成都出发向南的通道，南路边茶以雅安、乐山为主产区，集中在雅安、宜宾、重庆等地压制。

南路边茶将毛茶分为两种：一种是鲜叶采割下来，经杀青后还要经过较复杂的蒸揉和渥堆做色等工艺再进干燥的，称为"做庄茶"；另一种是鲜叶采割下来，只经过杀青，而后直接进行干燥，未经蒸揉，称为"毛庄茶"，又称为"金玉茶"。毛茶品质要求：外形卷折成条；色泽棕褐油润；香气纯正，有老茶香；滋味醇和；汤色黄红明亮；叶底棕褐。

南路边茶成品茶现包括康砖和金尖两个花色，砖形要求平整，洒面均匀，松紧适度，无起层脱面；汤色红亮，香气平正，滋味醇和，叶底暗褐较粗。康砖品质高于金尖。

目前，在雅安地区加工紧压的"藏茶"，通过提升原料嫩度后销售至全国大中城市。

（2）西路边茶

"西路"即成都出发向西北方向的古大路，包括都江堰、平武等地。西路边茶鲜叶较南路边茶更粗老，其成品有茯砖和方包两种，现集中在邛崃、都江堰、平武、北川等地加工。

茯砖以杀青后直接干燥而成的"毛庄金玉茶"为主要配料，由于在鲜叶加工中未进行揉捻，茶汁不易渗出，色泽枯黄。方包茶则以采割后晒干，放置1～2年的茶树枝条为主要原料。成品茶品质要求：

① 茯砖：砖形完整，松紧适度，黄褐显金花；香气纯正；滋味纯和；汤色红亮；叶底棕褐均匀，含梗20%左右。

② 方包：篾包方正，四角稍紧，色泽黄褐；稍带烟焦气；滋味醇正；汤色红黄；叶底黄褐，含梗量可达60%。

2. 陕西茯茶

茯茶原产于陕西咸阳一带，以输入的湖南安化黑毛茶经发花、压制而成。20世纪50年代因生产布局调整而停产，目前已恢复生产。陕西茯茶（图1-37）品质要求砖形完整，松紧适度，色黄褐显金花；内质香气陈纯；滋味醇和；汤色橙红明亮；叶底棕褐均匀。

图1-37　陕西茯茶

三、滇桂黑茶

1. 云南黑茶

云南黑茶传统集中在下关、西双版纳和昆明等地生产，目前以西双版纳、普洱、临沧为主产地。云南黑茶以普洱茶（熟茶）为代表，包括散茶、紧茶、七子饼茶（图1-38）、方茶、圆茶等花色。其品质要求汤色红浓，香味陈醇浓厚回甘，叶底厚软。

2. 广西六堡茶

广西六堡茶因源于梧州苍梧的六堡乡而得名。传统六堡茶采用篓装，作为侨销产品销往海外。六堡茶（图1-39）的品质特征是：色泽黑润光泽；香气陈纯；滋味陈醇回甘；汤色红浓；叶底呈现铜褐色。传统六堡茶以带有槟榔香为特色。

图1-38 七子饼茶（熟茶）

图1-39 六堡茶

第五节 代表性白茶的品质特征

白茶的传统产区在福建北部，但目前已有多个省、自治区生产。其加工的工序虽然相对较少，但技术要求较高。传统白茶产品内质的基本品质强调清甜、柔和，目前市场上的"老白茶"产品，以陈醇为品质特点。

一、福建白茶

福建白茶依原料嫩度不同，分为白毫银针、白牡丹、贡眉和寿眉。但以往生产的贡眉嫩度不低于白牡丹，仅是茶树品种有差别，以菜茶品种加工，芽叶相对瘦小。白毫银针（图1-40）外形芽针肥壮，满披白毫，色泽银亮；内质香气清鲜，毫香显；滋味清鲜甘爽；汤色清澈晶亮，呈浅杏黄色。白牡丹（图1-41）外形自然舒展，二叶抱芯，色泽灰绿；内质香气清甜、毫香显；滋味鲜醇甘爽；汤色橙黄、清澈明亮，叶底芽叶成朵，肥嫩匀整。寿眉（图1-42）以抽针的新梢加工，干茶黄褐或暗绿；香气尚浓稍粗淡；汤色深黄或泛红；叶底尚嫩，断张破张多，有暗绿叶或泛红叶。

图1-40　白毫银针

图1-41　白牡丹

图1-42　寿眉

从产地来看，产于福鼎的北路银针芽头肥嫩，茸毛疏松，呈银白色，滋味清鲜；产于政和的西路银针，芽壮毫显，呈银灰色，滋味浓厚。

白牡丹按品种分为大白、小白、水仙白。①大白叶张肥嫩，毫心壮实，茸毛洁白，叶尖上翘，叶面波状隆起，梗、叶脉微红，色泽黛绿；毫香高长；汤色橙黄清澈；香味清鲜甜醇。②小白叶张细嫩，舒展平伏，毫心细秀，色泽灰绿；毫香鲜纯；汤色杏黄清明；滋味醇和爽口。③水仙白叶张肥厚，毫芽长壮，茸毛粗密，色泽灰绿微带黄红；毫香浓显；汤色黄亮、明净；香味清芳甜厚。

为适应外销市场需求，福建开发了新工艺白茶，即加工中应用了揉捻工艺。新工艺白茶外形卷缩，略带条形，色泽灰绿泛褐，尚匀整；内质香气纯正，稍浓，有毫香；滋味甘和；汤色深橙黄、明亮；叶底嫩软，色泽绿微黄泛红。

二、粤桂白茶

粤桂白茶主要产品为广东仁化白茶和广西白茶。

1. 仁化白茶

仁化白茶产于广东省仁化县，以当地品种中筛选的'丹霞1号'和'丹霞2号'鲜叶加工。茶芽肥硕，银毫满披，光泽鲜亮。内质香气清甜，毫香显，带兰花香；滋味鲜爽、甘醇；汤色浅亮清澈；叶底嫩绿肥软。

2. 广西白茶

广西近年开始以当地凌云白毫茶品种加工白茶，品质特征为外形茶芽肥壮，白毫显露，形似银针；内质香气清新持久，显毫香；滋味浓醇甘爽；汤色杏黄清澈；叶底壮硕，柔软明亮。

三、其他地区白茶

1. 湖南白茶

湖南白茶以张家界桑植县出产的品质为佳。桑植白茶外形芽叶舒展，显毫；内质特色花香显露；滋味醇厚、回甘；汤色黄亮；叶底匀软、明亮。

2. 云南白茶

云南白茶以普洱景谷出产的"月光白"为代表。其芽叶壮硕，茸毫显露，有"银背铁面"之感；内质具独特的品种甜香；滋味浓厚爽口；汤色橙黄、明亮；叶底肥嫩、柔软。

第六节　代表性黄茶的品质特征

黄茶主产于我国北纬30°的长江流域，因独特的闷黄工艺造就了醇和的风味。虽然生产规模不大，但黄茶中的名优茶已久享盛誉。

一、黄芽茶

1. 蒙顶黄芽

蒙顶黄芽产于四川雅安市蒙顶山，生产历史悠久。蒙顶黄芽外形扁直，芽叶匀整，色泽嫩黄；嫩香悠长，上品显花香；滋味醇爽、回甘；汤色绿黄、清亮；叶底嫩黄显芽。

2. 君山银针

君山银针产于湖南岳阳君山，由未展开的肥嫩芽头制成，外形肥壮挺直，满披茸毛，色泽金黄、光亮，称为"金镶玉"；内质香气清鲜，带花果香；滋味甘醇爽口；汤色浅黄明亮，叶底嫩黄、匀齐（图1-43）。

图1-43　君山银针

二、黄小茶

1. 远安黄茶

远安黄茶产于湖北远安县，外形条索呈环状（俗称"环子脚"），白毫显露，色泽金黄，带鱼子泡；内质香气高长；滋味醇厚；汤色黄、明亮；叶底嫩黄匀整。

2. 霍山黄芽

霍山黄芽产于大别山麓的安徽霍山县。其外形条直、微展，色泽黄绿披毫；香气清香持久；滋味醇厚、回甘；汤色黄绿、明亮；叶底杏黄、明亮（图1-44）。

图1-44　霍山黄芽

3. 平阳黄汤

平阳黄汤产自浙江温州平阳县，外形匀整，色泽黄绿显毫；香气清甜带玉米清香；滋味甘醇爽口；汤色杏黄清亮；叶底嫩黄明亮匀齐；具有独一无二的"杏黄汤、玉米香"品质特征。

4. 莫干黄芽

莫干黄芽产于浙江德清县莫干山，外形紧细卷曲显毫，色黄油润；内质香气清鲜，滋味醇爽带鲜；汤色杏黄明亮；叶底明亮，细嫩显芽（图1-45）。

图1-45　莫干黄芽

第七节　代表性花茶的品质特征

花茶又称熏花茶、香花茶、香片，是独特的一类再加工茶叶产品。茶引花香、增益香味，花促茶味、相得益彰，使花茶具有特殊的品质特征。

可用于窨制花茶的香花有数十种，配以不同的茶类窨制，形成了丰富的花茶产品，如茉莉银毫、茉莉大方、玫瑰红茶、大花色种等。其中，茉莉花茶馥郁芬芳，珠兰花茶清雅幽长，白兰花茶浓厚强烈，玳玳花茶香清温和。各地以绿茶窨制的花茶也各具特色，但总的品质要求是花香茶味协调。高级花茶均要求香气鲜灵，浓郁持久；滋味醇厚鲜爽；汤色清澈明亮；叶底匀亮。

一、茉莉花茶

茉莉花茶是花茶中的主要产品，由茶叶和茉莉花窨制而成，目前在广西、福建、四川和云南均有生产。茉莉花茶的外形有针芽形、松针形、扁形、珠圆形、卷曲形、圆环形、花朵形、束形等形态，还有强调观赏价值的工艺造型花茶。

高品质的茉莉花茶具有香气鲜灵浓郁、滋味鲜醇或浓醇鲜爽、汤色嫩黄或黄亮明净的特点（图1-46）。但不同花色的茉莉花茶因窨制过程的配花量和付窨次数的不同而香味有所差异。

图1-46　茉莉花茶

二、玫瑰花茶

玫瑰花茶由茶叶和玫瑰鲜花窨制而成。玫瑰花的香型属于甜香，且花香浓郁，因此适宜的茶叶类型以红茶为多。玫瑰红茶具有甜香浓郁，滋味甜醇的风味特点。

三、桂花茶

桂花茶由茶叶和桂花窨制而成。桂花香味浓而高雅、持久，窨制绿茶、红茶、乌龙茶均能取得较好的效果。桂花绿茶香气浓郁持久；滋味醇香适口；汤色绿黄明亮；叶底嫩黄明亮。桂花乌龙外形壮实、色泽褐润；香气高雅隽永；滋味醇厚回甘；汤色橙黄明亮，叶底深褐柔软。桂花红茶色泽乌润；香气浓郁；甜爽适口；汤色红亮；叶底红匀。

四、兰花茶

近年市场上出现以蕙兰窨制的花茶，其汤色清澈，清幽、高雅、持久的兰香与浓爽的茶味相得益彰，此类产品广受市场关注。

第二章
茶叶感官审评术语演变与特点

茶叶感官审评术语是表述茶叶感官品质的专用词汇。感官审评术语在人们品茶的基础上提炼出来，并不断丰富，是一个动态发展的过程。从已知感受的对应比较，到想象的具象化，再到特定词汇的赋义，并达成共识，最终这个共识体现在术语标准中。

第一节　茶叶感官审评术语的演变

茶叶感官审评术语包括定性描述的术语、名词和副词，分别应用在外形、汤色、香气、滋味和叶底审评中。其中部分术语基于茶叶品质表现的共性，可以在多个茶类的审评表述中出现，也可以在多个审评项目中出现。但是，某些审评术语在不同的茶类中使用时，会具有不同的品质意义。

一、感官审评术语的演变

茶叶感官审评术语来自评茶人员对茶叶色、香、味、形的感官感受，但又强调专门性、简明性和系统性，这些特点最终通过术语标准予以体现。

1982年，国际标准化组织（ISO）发布了关于茶叶感官审评术语的第一个国际标准ISO 6078:1982 *BLACK TEA-VOCABULARY*（红茶——术语）。该标准中的术语用英、法两种语言对应编写。正如标准的名称所指，此标准是以当时国际茶叶生产和销售的主要产品——红茶的感官品质为对象来定义的，除了个别术语指明可用于表述乌龙茶感官品质，对于其他茶类几乎均无涉及。

1993年，中国发布了关于茶叶感官审评术语的国家标准GB/T 14487—1993《茶叶感官审评术语》，随后在2008年和2017年分别进行了修订。这是我国第一部规范化的茶叶感官审评术语集，这些术语涵盖了我国各茶类的外形、汤色、香气、滋味、叶底等五个方面，基本做到了对审评术语的完全收集。目前《茶叶感官审评术语》标准也是我国现有最为完备的食品单类术语集。由于中国茶叶品种丰富、风味各异，标准汇集的术语也具有鲜明的中国特色。当然，术语标准强调简练，审评术语在使用过程中仍然会出现调整，既有扩增，也有删减。

中国茶叶产品虽然种类、花色众多，表现各有特色，但对茶叶品质的要求是一致的。先以具有广泛通用性的术语为基础，再划分出具体的绿茶、白茶、黄茶、黑茶、乌龙茶、红茶和花茶、紧压茶等各茶类专用术语，随后再根据各茶类干茶外形、干茶色泽、汤色、香气、滋味和叶底等感官表现，对审评术语进一步细分，这是茶叶感官审评术语标准的应用方法。

二、感官审评术语的要点

要应用好茶叶感官审评术语，必须理解好术语的含义，掌握好术语的特点，领会好术语的用途。

（一）审评术语要求

茶叶感官审评术语固然有其独特的内涵和使用方式，但与其他领域使用的术语一样，它具备术语的基本属性。

① 单名单义性：在创立新术语之前应先检查有无同义词。

② 顾名思义性：透明性，准确扼要地表达定义的要旨。

③ 简明性：尽可能地简明，以提高效率。

④ 派生性：基本术语越简短，构词能力越强。

⑤ 稳定性：使用频率较高、范围较广，对于已经约定俗成的术语，如没有重要原因，即使是有不理想之处，也不宜轻易变更。

⑥ 合乎习惯：术语要符合语言习惯，用字遣词务求不引起歧义，不带有褒、贬等感情色彩。

（二）审评术语特点

基于应用的方式，茶叶感官审评术语可归于一种定性描述。少数审评评语内容单一，使用时有明确的指向性，而部分评语涉及的使用范围和表述对象较广，如涉及品质的多个方面，则可以在多个审评项目中使用。此外，不同茶（类）的相似品质表现，可能代表不同的品质含义，例如香气、滋味表述中的"新"与"陈"，在绿茶和黑茶中，会出现截然不同的评价定义。

（三）审评术语应用难点

① 由于审评术语的含义可能存在变化，因此，术语的程度定位会受到制约，需要进行认识和感知上的统一。

② 由于茶叶产品的多样性和市场对特色的追求，新的茶叶感官品质特征会继续出现，审评术语的含义必然会相应增加，需要对新产品和新特点保持关注。

③ 审评术语讲求简练，但修饰性描述一直存在，对审评要求而言，需要把握一个度。

④ 在审评术语的使用中，如果审评人员自身的水平有差异，则评价尺度的统一性需要进行修正。

⑤ 由于不同国家、地域等文化背景不同，因此交流中对审评术语的翻译需要考虑语境及使用习惯。

⑥ 茶叶品种丰富多样，审评术语含义的定量化（即与评分的对应）一直因茶叶的品种、品质要求等的差异而受较大制约，需要逐步完善，构建统一评判体系。

第二节　外形审评术语的特点

外形审评术语用于表述干茶的形态、色泽等特征。由于茶叶外形是产品特征、嫩度水平的直观体现，也是等级规格划分的基础，审评外形需要从形态（包括嫩度）、色泽、整碎、净度等方面进行判别。茶叶形态的大小首先取决于品种和原料的嫩度，其次不同的制作工艺造就了各异的形态。干茶的颜色构成主体既有脂溶性色素，如叶绿素等，也有以黄酮类为主体的水溶性色素。而干茶的光泽度反映着茶叶的新鲜程度和工艺特征。整碎度指的是茶叶的完好与破碎状况和比例。净度是指茶叶的洁净程度，包括茶类夹杂物和非茶类夹杂物。对于具体的茶叶外形表现，需要从上述各审评点切入，使用相应的审评术语加以说明。

一、形态审评术语

　　形态审评术语涉及形状、嫩度等方面，表述方式也具有多样性。一种是直接采用比拟性描述，即利用形状相似性的物品加以参照的方式表述，例如："舒展如兰"（图2-1）"形似瓜子"（图2-2）等；另一种是在具体的一个茶类中以不同的程度术语，表述长短、粗细、大小、松紧等形状中其一特定的特征，如纤细、细紧、壮硕等。此外，在审评中，利用相关的程度副词，如较、尚等进行比较说明，也是一种常用的形态评价方法。

图2-1　外形形态—舒展如兰　　　　　　　　　图2-2　外形形态—形似瓜子

二、色泽审评术语

　　外形审评的色泽术语涉及颜色和光润度。不同茶类的外形颜色各不相同，彼此间不存在尤劣的比较。为避免审评出现误差，评茶人员应对相应颜色体系的分类进行了解。光润度对部分茶类而言，如绿茶、黄茶、红茶、乌龙茶等，体现的是新陈程度，有重要的价值体现，因此在这些茶类外形审评中需要强调。

三、匀度审评术语

　　匀度审评术语反映产品的整齐度和均匀性。茶叶在加工和贮运过程中不可避免地会出现碎茶。此外，为调剂产品品质，茶叶拼配过程中合规使用下段茶和上段茶，是提升品质的有效手段，但对匀度会产生影响。匀度这一指标直观体现了产品的价值，是审评中不可或缺的内容。

四、净度审评术语

　　茶叶外形的净度从质量安全角度看是一个基本要求。由于涉及茶类和非茶类夹杂物，审评时也不可忽视，对高品质茶叶尤其需要重视。对茶类夹杂物而言，直接使用名词说明，并配以数量的程度副词表述即可。

第三节 汤色审评术语的特点

茶汤是茶味的载体，但茶汤本身也具有判断、评价品质表现的特征。汤色审评术语一般描述色度、亮度和清浊度等方面的评审结果。色度，即颜色种类；亮度，即明暗程度；清浊度，主要指茶汤的洁净程度。汤色审评术语分别体现了加工工艺、产品的新鲜程度和采制环节的安全卫生水平。

一、颜色审评术语

茶汤颜色是基本茶类命名的依据之一，因此，不同茶类的茶汤颜色各有不同，而同一茶类因为制作工艺的差别，或者包装贮存方式的不同，茶汤的颜色都可能有变化。总体来看，茶汤颜色一是与茶汤中浸出物含量有关；二是茶多酚的氧化程度越高，反射的光波越长，茶汤显现的颜色越深：从近乎无色到浅绿、浅黄，从绿到黄绿、黄，从橙黄到橙红，从红到褐（图2-3）。

图2-3 不同茶类汤色对比图

二、亮度审评术语

茶汤的亮度体现着浸出物新鲜或陈化的程度。对品质强调新鲜的茶叶产品而言，明亮类的术语表明茶叶品质好；而品质以陈化为佳的茶叶产品，表述汤色亮度低的术语并不是缺陷。

三、清浊度审评术语

体现茶汤洁净程度的审评术语反映着生产过程的卫生程度和加工精细度，以清澈、洁净为佳。审评术语描述茶汤浑浊表明品质低下，但"毫浑"和"冷后浑"这两个术语是例外。

第四节 香气审评术语的特点

茶叶香气审评术语涉及香气类型、浓度、持久度、新陈度以及纯异度等方面。由于茶叶中香气物质的种类多，成分彼此间的相互影响大，而且沸点不同，茶叶冲泡后随温度下降，茶叶香气变化很大。因此，香气审评强调动作迅速，需多次感知。在审评中需要结合感知，综合使用香气审评术语。

一、香型审评术语

香型是茶叶风味的重要表现。不同茶类的香气表现类型既存在相似性，例如嫩香、毫香等，也会有各自的特征，如绿茶的清香、小种红茶的松烟香，六堡茶的陈香等。香型有特定的偏好性，愉悦、协调、自然的气味表现容易被广泛接受，而一些茶叶中特有的气味，则存在明显的针对性，即受众的喜好或排斥表现明显。香型通常以类比的方式表述，使用的审评术语也大多选择常用的词汇，以易体验的气味感知来表达，但不能以个人喜好或厌恶感受作为判断香气优劣的依据。

二、纯异度审评术语

香气纯异与否是整个香气审评项目的基础指标。"异"的表现大多来自外源的气味被吸附或茶叶已经劣变，重点是出现了不协调感。使用审评术语也多采用相似气味类比的方式表述。需注意的是，不同茶类间，对香气纯异的判断应根据工艺特征进行评定，同样不能以喜好度作为判断优劣的依据。

三、浓度和持久度审评术语

香气浓度体现的是茶叶冲泡后释放香气物质的种类和数量的多少。香气物质浓度越高，嗅觉感知越明显，香气特征也就越突出，审评术语常用高锐、浓郁、显露等表述。持久度体现着香气物质释放的持续状况和扩散的时间长短。冷后有余香是茶香持久度优良的表现，意味着低沸点的香气成分丰富，术语中多用"长""持久"表述，与之相对的是"短""贫""薄"。

四、新陈度审评术语

香气的新陈表现是风味审评的指标之一。但是，优劣的判别必须依茶类本身的品质要求而定，不可凭个人喜好度来确定优劣。

第五节　滋味审评术语的特点

作为茶叶品质的核心之一，滋味的表述术语涉及浓度、新陈度、醇涩度和纯异度等多个方面。

一、浓度审评术语

浓度是滋味审评的基础指标。与茶汤中的浸出物含量相关，受品种及工艺的影响极大。尽管不同茶类对滋味浓度的品质要求有所不同，但在审评中，必须以茶类整体的浓度梯度来构建滋味浓度审评术语的定位，不同地区茶叶不宜各自设定。

二、新陈度审评术语

与香气术语相似，滋味的新陈度术语，其表述的特征是可以清晰划分的，但优劣的判别必须依茶类本身的品质要求而定。

三、醇涩度审评术语

滋味的醇涩，体现着多种呈味物质的综合感受特征，一是受品种、季节等差异的影响，二是反映制茶的工艺水准。用于表述醇涩度的审评术语，以表现协调、刺激适度为佳。

四、纯异度审评术语

纯异也是滋味品质判定的前置要素，其感受与香气表现往往相伴，甚至可以相互验证。表述"异常"的术语，多采用有相似感知性的味道特征进行类比，尤其是对外源污染和劣变造成的风味不当。同样地，即使用相同的术语表述了不同茶类的滋味纯异状况，对纯异的优劣判定也需依据品质要求本身来下结论，而非依个人喜好偏向进行确定。

第六节　叶底审评术语的特点

叶底审评术语包括了对冲泡后茶叶的嫩度、颜色、匀度和净度等特征的表述。虽然叶底对品质的贡献度相对较小，但叶底是最适宜进行品质溯源分析和生产管理控制的审评项目。因此，叶底术语的应用要求准确而全面。

一、嫩度审评术语

相对于众多茶叶，因外形受做形工艺的影响会难以直接评判嫩度，冲泡后的叶底，尤其是在漂盘后，嫩度表现是直观的。故对叶底嫩度的审评，直接使用表述芽叶状况的术语即可，必要时可用术语强调不同原料的嫩度比例情况。此外，通过手的感触，描述叶底软硬程度的术语，也是嫩度术语的构成部分。

二、颜色审评术语

叶底的颜色，也是茶类划分的指标之一。除了表述色泽的术语外，亮暗程度同样需要用术语进行说明。不同茶类对颜色和亮度的要求各不相同，反映在品质的优劣中会有差别，在使用判定性术语时应予以注意。

三、均匀度审评术语

叶底审评中对均匀度的判断最为直观，包括芽叶的完整性、嫩度和颜色的一致性，是由品种和制作工艺的水平决定的，审评时需要用相应术语进行表述。大多数情况下，可以使用组合的术语简练地表述完整性和一致性。

四、净度审评术语

叶底审评也有利于判断净度。叶底审评中有时会省略净度审评术语，其含义在于表明品质的正常要求是基本的、应该的，并非未进行审评。若出现了杂质，则需要使用审评术语明确指出。

第三章
多元化茶产品

茶树鲜叶通过不同的加工工艺可以形成六大类初制茶叶及其再加工茶产品。除此之外，为了适应不同消费者的多样化需求，20世纪50年代之后出现了花果茶、固态和液态茶饮料、茶食品、茶日化品等一大批多元化茶产品，不仅显著提高了茶叶的附加值和利用率，同时也适应了不同人群的消费需要。

第一节　花果茶产品

　　花果茶是由水果、花卉和茶叶等天然材料搭配和再加工精制而成的一类混配茶产品，不仅色、香、味、形品质独具特色，还具有多种保健功效。

一、概况

　　花果茶的发展历史悠久，从广义上讲，再加工花茶也属于这类产品，茉莉花茶在中国已经有1000多年的历史。在国际上，欧洲人特别是德国人除了喜欢喝咖啡，花果茶也是他们饮食生活中重要的部分，德国老人、妇女视花果茶为一种不可或缺的美容养颜佳品，饮用花果茶有数百年的历史（图3-1）。

图3-1　花果茶

多数传统花果茶产品以植物的果实、花叶、根茎等经干燥而成，大多含有各种维生素、果酸与矿物质，在冲泡后仍能保持原有花果的浓郁风味，加入冰糖、蜂蜜等饮用，可以舒缓情绪、调和脾胃、美容养颜、辅助治疗感冒等，具有养生保健效果。因此，花果茶一直受到国际市场消费者的喜爱，国际上一些大型茶叶公司都开发过以菊花、柑橘、莓果和茶叶等为主要材料的复合风味花果茶产品。近些年，随着人们生活水平和品质需求的提高，花果茶受到了国内消费者，特别是年轻人和女性消费者的喜爱，得以快速发展，甚至成为多个电商平台茶叶消费的主角，还出现了"小青柑""小金柑"等茶叶与水果相结合的产品。

二、主要花色品种

花果茶产品因采用的原料非常多，配方各不相同，因此，花色、品种众多。传统的花果茶分为有茶叶和没有茶叶的产品，其中多数为无茶叶产品。传统花果茶中，有巴黎香榭、放肆情人、倾国梦幻、出水芙蓉、欧陆风情、清秀佳人、黑森林、夏日情怀、蓝莓深情等多种口味产品，产品特色各不相同。产品搭配有以玫瑰花、菊花、蔷薇花、薰衣草等花草为主的产品，也有以葡萄、苹果、番木瓜、柑橘皮等水果为主的产品。依保健功效可分为美容美体花果茶、健康花果茶等；从包装角度，可分为袋泡、小袋包装、罐（瓶）装等不同类型。

三、加工方法

传统花果茶是以干花、干果、干茶等为主要原料配制而成，其关键加工技术为花、果、茶等原料的生产技术和拼配技术两个部分。

1. 花果茶原料加工技术

不同花果的品质特性各不相同，根据其特点一般采取不同的加工方法和工艺参数。但不论哪种花果，一般都需要一个干燥的过程，干燥是花果原料加工的关键。花果原料干燥主要包括烘干、炒干、晒干、冷冻（低温）干燥等方法，应根据品种需要和物料干燥特性采用不同的干燥方法。通常传统风味产品多采用晒干或烘干，风味特色鲜明，加工成本较低，但色泽和外观一般不够鲜艳和吸引人。冷冻（低温）干燥可以保持较好的外观和色泽，特色鲜明，易吸引消费者，但品质风味和保健特点与传统产品存在较大的差异，加工成本相对较高。茶叶原料的加工可参考茶叶传统加工工艺。

2. 拼配包装技术

花果茶产品除原料材质特色外，关键是产品的配伍和拼配加工技术。首先应明确目标产品在风味、品质上的设计要求，然后根据目标要求，筛选合适的茶叶、花果类型进行配伍，并进行小样的拼配对比和确认，最后根据原料外观情况，确定产品的包装形式，形成成套加工技术，交相关企业拼配和加工生产。

花果茶产品的配伍是核心。主要应根据产品的目标设计要求，考虑茶叶与花果的风味、品质的协调，以及花果间风味和健康品质的协调。①茶叶与花果品性之间的风味协调，如绿茶、白茶风味淡雅，以配茉莉花、柠檬、橙子等淡雅的花果为佳；乌龙茶香味特色鲜明，以配桂花、枣子、枸杞等花果较好；红茶风味浓郁，配以玫瑰、蔷薇花、苹果、柠檬等风味浓郁的花果较佳。②茶与水果的功效协调。绿茶、白茶、轻发酵乌龙茶等性味偏凉性，红茶、重发酵乌龙茶和焙火较重的茶叶偏热性。水果的性味差异也较大，如葡萄味甘、性平，可补肝肾，益气血，生津液，利小便；苹果味甘、性凉，可生津止渴，清热除烦，益脾止泻，同时还能缓解大便干燥；番木瓜、柑橘皮消食健胃，可增进食欲；蔷薇花味苦、性凉，可清热除湿、祛风、活血、解毒；玫瑰花味甘、性温，可行气解郁，和血止痛。

第二节　末茶产品

末茶是以遮阳覆盖的茶树鲜叶为原料，采用蒸汽杀青、冷却散茶、烘焙干燥、去梗除杂、足干提香等工艺制成半成品茶叶，再经研磨加工而成的一种微粉状茶产品，具有与传统绿茶不同的色香味品质。

一、概况

末茶（图3-2）源自中国，兴起于唐代，鼎盛于宋代。公元1191年，日本僧人荣西禅师回国，将蒸青末茶制作工艺带回日本，而后末茶在日本得以保留并发扬光大。现代末茶在欧洲、美洲各国和亚洲的日、韩等国备受推崇。2014年，我国开始将末茶应用在食品、饮料生产上，带动了国内末茶生产的快速发展。2019年，我国末茶产量达到5000吨左右，广泛应用于食品、饮料和化妆品等行业。

图3-2　末茶粉

二、产品特点及应用

末茶产品特色鲜明，深受大众喜爱，尤其受年轻人欢迎，已被广泛应用于食品饮料等行业，衍生出多样化的产品。

1. 主要品质特色与化学成分

末茶具有色泽鲜绿、滋味鲜醇和覆盖香等特殊的色泽和风味，外观颗粒均匀，末茶粒度D60（样品总量的60%）必须小于等于18微米，明显不同于传统中国绿茶。末茶富含人体所需的多种营养成分和微量元素，主要成分为茶多酚、咖啡因、游离氨基酸、叶绿素、蛋白质、芳香物质、纤维素、维生素C、B族维生素及维生素E、维生素K等，以及钾、钙、镁、铁、钠、锌、硒、氟等近30种微量元素。末茶因带茶饮用，是全成分利用，因此，末茶比传统冲泡的全叶绿茶具有更全面的保健功效。

2. 主要应用

因具独特的色、香、味品质特征和保健功效，末茶已广泛应用于食品、饮料和化妆品、医药等行业中。目前，70%的末茶被作为食品添加剂使用，以强化其营养保健功效，并赋予各类食品天然鲜绿的色泽和特有的茶叶风味；20%的末茶用于饮料生产和茶道活动；10%的末茶应用于医药和化妆品行业。食品类产品主要包括加入末茶的月饼、饼干、瓜子、冰激凌、面条、巧克力、蛋糕（图3-3、图3-4）、面包、果冻、糖果、布丁等，饮料类产品主要包括添加末茶的罐装饮料、固体饮料、牛奶、酸奶、拿铁等，化妆品类产品主要包括美容产品如末茶面膜、粉饼、肥皂、香波等。

图3-3 末茶巧克力

图3-4 末茶蛋糕

三、加工技术

传统末茶主要包括碾茶加工和研磨粉碎两个加工过程。经覆盖过的茶鲜叶通过特殊加工，形成末茶的基本原料——碾茶，然后经过研磨、粉碎形成末茶（图3-5）。

图3-5 末茶主要加工工艺流程图

1. 碾茶加工技术

传统碾茶无揉捻工序，加工工序主要为蒸汽杀青、冷却散茶、烘焙干燥、去梗除杂、足干提香等。

① 蒸汽杀青。碾茶应采用覆盖到期后采下的新鲜茶叶为原料，及时进行蒸汽杀青。蒸汽杀青是一种杀青过程最快、最彻底、最均匀的方式之一，可以更好地保全叶绿素，固定茶叶的天然绿色。

② 冷却散茶。茶叶经过蒸汽杀青后，迅速用冷风吹散、冷却，除去表面水分。

③ 烘焙干燥。采用碾茶炉，通过烘干工序将茶叶叶片部分的含水量降到10%。

④ 去梗除杂。含水量为10%的叶片极易压碎，但梗部含水量仍为50%～55%，韧性尚存，不易折断，便于梗叶分离机进行梗叶分离，去掉茶梗、叶脉。

⑤ 足干提香。以60～70℃的热风干燥10～15分钟烘至足干，这样制成的是粗制碾茶。经过风选机除掉黄叶片，再经过切断机切成0.3～0.5厘米的碎片，就成为末茶研磨加工的前体——碾茶。

2. 研磨粉碎技术

按中国国家标准（GB/T 34778—2017《抹茶》）规定，末茶D60≤18微米，因此末茶必须将茶叶进行研磨粉碎处理。传统末茶一般采用石磨等研磨加工而成，但效能较低，不能适应规模化生产的需要。为适应现代规模化产业的需要，现代末茶生产中采用了气流粉碎、球磨粉碎（图3-6）、电动石磨等一

气流粉碎机

球磨粉碎机

石磨粉碎机

图3-6　三种典型末茶研磨机械

些新型的超微粉碎技术。利用球磨机进行球磨粉碎是目前我国大多数末茶加工企业所采用的方式。球磨机的工作原理是在桶体罐中利用惯性和自身的重力，以高速旋转时相互撞击的作用使物料粉碎，有常规球磨机和旋转式球磨机，以及连续式球磨机三种。

第三节　罐（瓶）装液态茶饮料

液态茶饮料是指用水浸泡茶叶，经抽提、过滤、澄清等工艺制成的茶汤或在茶汤中加入水、糖液、酸味剂、食用香精、果汁或植（谷）物抽提液等调制加工而成的瓶装或罐装茶饮品，具有天然、快捷、方便和保健等诸多特点，已成为传统茶叶消费之外的第二种茶叶消费模式。

一、概况

具有工业化生产规模的液态茶饮料最早于20世纪70年代在美国出现，主要采用速溶茶或浓缩茶汁以及香料和甜味剂等原料开发生产瓶装或罐装充气冰茶饮料，但当时仅仅作为软饮料的一个品种，并不特别引人注目。20世纪80年代初，日本首先成功开发罐装乌龙茶饮料，成为现代液态茶饮料的里程碑，产销量得到快速而持续的增长。随后罐装茶饮料在中国台湾地区以及东南亚、欧美等地逐渐得到发展，使得具有天然、快捷、方便和保健特色的茶饮料成为颇受消费者欢迎和发展前途广阔的软饮料新品种。

进入21世纪以来，中国茶饮料产量以年均超过20%的增长率快速增长，2009年产销量超过800万吨，2012年突破1400万吨，产销量占软饮料总量的10%。目前，中国茶饮料产销量基本维持在1500万吨左右，已成为国际上规模最大的茶饮料生产国，但与日本等茶饮料发展较好的国家相比，还存在以下问题：①人均消费量不高，日本每年人均消费茶饮料达到40升，而中国目前每年人均茶饮料消费量不足11升，还有很大的提升空间。②中国高品质无糖茶饮料产品较少，无糖茶饮料近几年才开始出现，但是整体占比较低，特别是高品质的纯茶饮料则更少。日本则主要生产无糖茶饮料，特别是高品质的纯茶饮料，只有少量的调味型茶饮料。

二、主要产品

目前国际上液态茶饮料市场的花色品种繁多，不下几百种，主要分为纯茶饮料、调味茶饮料和保健型茶饮料等几类产品。由于茶饮料发展阶段、消费水平和习惯等差异，不同国家茶饮料产品的种类、数量也各不一样。目前日本有各类茶饮料200多种，其中纯茶饮料超过70%。近年来，在日本具有保健作用的茶饮料产销量增长较快，而欧美国家茶饮料品种仍以风味多样的混合调味茶为主。茶饮料包装主要有纸塑无菌包装、PET（聚酯）塑料包装和金属罐装等，产销量以PET塑料包装最大，规格主要有350毫升、500毫升、1200毫升、1500毫升等。

中国茶饮料按产品风味主要可分为茶饮料（茶汤）、调味茶饮料、复（混）合茶饮料、茶浓缩液等几大类。其中茶饮料（茶汤）分为红茶饮料、绿茶饮料、乌龙茶饮料、花茶饮料、其他茶饮料；调味茶饮料分为果汁茶饮料、果味茶饮料、奶茶饮料、奶味茶饮料、碳酸茶饮料和其他调味茶饮料。目前，中国茶饮料仍以调味混合茶饮料为主，但近年来纯绿茶饮料的消费增长最快（图3-7、图3-8）。

图3-7　茶饮料

图3-8　茶饮料

三、加工方法

不同茶饮料的工艺流程基本相同，采用茶叶直接提取加工方法时，纯茶饮料的生产主要包括茶汤制备（提取、冷却）、澄清过滤、调配、杀菌、包装、检验、装箱等作业工序，但应用控制参数略有不同。纯茶饮料的主要生产工艺流程如图3-9所示。

第四节 茶食品

茶食品是以茶叶提取物、末茶等茶制品为材料，与冷冻制品、烘焙制品、乳制品、休闲产品等食品加工相结合生产出来的特色食品，茶的应用不仅可以赋予食品更多的风味特色和保健功效，还可以延长食品的保质期。

一、概况

茶作为食品食用的习惯古已有之。早在春秋时期，人们就有用茶掺和其他食材，调制成茶菜肴、茶粥饭等食用的方式，之后逐渐出现了品种繁多而富有创意的茶食品。如"玉磨茶"就是混合研磨紫笋茶与炒米，经调拌食用的；再如"枸杞茶"，是混合枸杞和雀舌茶之后研磨成粉，倒入酥油，辅以温酒食用。

日本一直保留饮用末茶的吃茶习惯，并逐渐开发出了花色品种繁多的各类现代茶食品。中国民间虽然仍保留一些茶食的制作和食用习惯，但规模化商业开发生产现代茶食品则始于2000年。2010年以后，茶食品生产快速发展，市场需求以每年10%的速度递增，并在全国范围内得到广泛的关注，形成了多个国内知名的茶食品品牌。中国茶食品产业虽起步较晚，但整体的销售呈上升趋势。

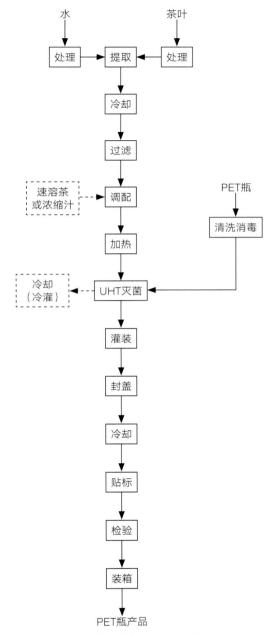

图3-9 纯茶饮料主要生产工艺流程

二、主要产品

茶制品可以添加到各种食品中，不仅可以提高这些食品的风味多样性和营养、健康价值，还可以增加这些食品的保鲜时间。茶叶及其制品具有以下几个方面的特点：

① 茶叶富含一些其他食品中并没有的氨基酸以及矿物质，可以很好地起到营养互补的作用，能够有效提升其食品营养价值。

② 茶叶中含有茶多酚、茶氨酸、茶多糖、γ-氨基丁酸等许多功能性成分，能够增加食品的保健功效。

③ 茶叶中的多酚类物质，能够作为食品天然抗氧化剂，延长食品的保质期。

④ 茶或茶提取物的添加，可以赋予食品特殊的茶风味。

用于茶食品的茶制品可以采用茶叶冲泡后的茶汁进行添加，也可以采用茶提取物、末茶等（超微茶粉）直接添加使用。目前适合茶制品应用的食品主要包括冷冻制品、烘焙制品、乳制品、休闲食品等，形成了茶叶雪糕、棒冰、冰激凌等茶叶冷冻食品和含茶的蛋糕、饼干、月饼、曲奇、榴梿酥等烘焙食品，以及茶叶酸奶、拿铁等含茶乳品和各类茶叶糖果等，越来越受到人们的喜爱。

三、几种茶食品加工方法

下面简单介绍末茶冰激凌、茶蛋糕和末茶饼干的制作方法。

1. 末茶冰激凌

茶叶冷饮制品主要包括茶叶雪糕、棒冰、冰激凌等，以末茶冰激凌（图3-10）为多。茶叶冰激凌的主要原料为茶叶浸提液、速溶茶粉或末茶粉、乳与乳制品、蛋与蛋制品、乳化剂、稳定剂、香料、甜味剂等。

末茶冰激凌的主要工艺流程为：原料混合→灭菌→高压均质→冷却→老化（成熟）→凝冻→灌装（成型）→硬化→包装→检验→成品。

用于冰激凌的末茶粉应色泽翠绿、新鲜，添加量以0.6%～0.8%为佳，色泽、香气和滋味较为协调。

末茶添加于冰激凌可改善冰激凌的品质，使其口感不黏，且末茶是一种很好的天然色素，可代替化学色素赋予冰激凌特别的颜色。

2. 茶蛋糕

茶蛋糕（图3-11）是一种在传统蛋糕的生产中加入一定量的茶粉末而制成的产品。茶粉的加入，既能改善蛋糕的风味品质，又可增加其相应的保健功能。

图3-10　末茶冰激凌

图3-11　末茶蛋糕

茶蛋糕的主要原料为茶粉或末茶粉、面粉、泡打粉、蛋糕油、白砂糖、鲜鸡蛋、牛奶等。茶蛋糕的加工工艺包括原、辅料预处理、搅打、混料、注模、烘烤、脱模等。末茶蛋糕制作工艺流程如图3-12所示。

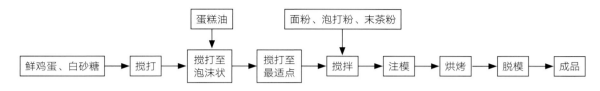

图3-12　末茶蛋糕制作工艺流程图

① 原辅料预处理。将茶叶粉碎后，经100目筛过筛，然后均匀混合到面粉中。也可以直接用末茶粉。

② 搅打。搅打是蛋糕加工过程中最为重要的环节之一。其主要目的是通过对鸡蛋和糖的强烈搅打，将空气卷入其中，形成泡沫，为蛋糕多孔状结构奠定基础。

③ 混料。面粉中加入泡打粉和茶叶粉。混合均匀后需过筛再加入蛋糊中，边加边搅拌至不见粉面为止。

④ 注模。混合结束后，应立即注模成型。注模操作应该在15～20分钟之内完成，防止蛋糕糊中的面粉下沉，使成品质地板结。

⑤ 烘烤。烘烤的目的是使蛋糕糊受热膨胀，形成蛋糕膨松结构；蛋白质凝固，形成蛋糕膨松结构的骨架；淀粉糊化，即蛋糕的熟化；某些成分在高温时发生反应而形成蛋糕的色、香、味。烘烤时，应注意面火及底火的使用，一般先用底火加热；数分钟后，开启面火，同时加热；最后，关闭底火，用面火上色。

⑥ 脱模冷却。烘烤结束，自模具中取出蛋糕，自然冷却至常温。

3. 末茶饼干

制备末茶饼干的主要原料为末茶粉、低筋面粉、糖粉、鸡蛋、黄油，其制作工艺流程通常如图3-13：

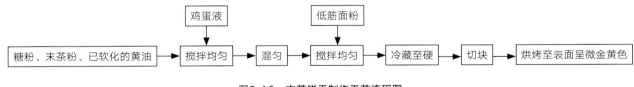

图3-13　末茶饼干制作工艺流程图

影响末茶饼干感官品质的因素主要有末茶粉添加量、烘烤温度、烘烤时间。一般来讲，末茶的添加量越大，饼干的绿色光泽、茶香等越好，但对饼干坯的可塑性、面团成形能力和烘烤性能的影响也较大。研究表明，制作饼干时，末茶的添加量应小于1.5%。

在饼干中加入末茶，第一，可使饼干具有淡淡的末茶香，沁人心脾，口感松脆细腻、甜而不腻；第二，可使末茶饼干在原有的风味和营养基础上，又增加了末茶的风味与营养，是一种营养、颜色、风味俱佳的新型饼干（图3-14）。

图3-14　末茶饼干

第五节　茶日化用品

茶日化用品是以茶叶提取物或末茶等茶制品为材料，经特殊的制造工艺加工而成的茶护肤品、茶纺织品、茶牙膏等日常生活用品，具有抗菌消炎、抗衰老等多种健康功效。

一、概况

茶叶中富含茶多酚、茶氨酸、茶皂素等具有抗氧化、抗衰老、提高免疫力和乳化等作用的生物活性物质，可广泛应用于日常洗涤用品、洁肤护肤化妆品和口腔护理品等各类日化用品。20世纪70年代开始，随着人们对茶叶中茶多酚、茶氨酸、茶皂素等功效成分的深入研究，开始开发和应用各类含茶日化用品，特别是近几年，各类含茶日化用品因为其天然、高效的特点逐渐为市场所接受，得到了快速的发展。

二、主要产品

含茶日化用品主要包括日常洗涤用品、洁肤护肤化妆品和口腔护理品等三类。日常含茶洗涤用品为各类手工皂、洗发水、洗手液等；含茶洁肤护肤化妆品主要有洗面奶、卸妆水、清洁霜、面膜、浴液、花露水和护肤膏霜、乳液、化妆水等；含茶口腔护理品主要有牙膏、漱口水、口腔清洁水等产品。

茶日化产品主要利用茶叶中茶多酚、茶氨酸和茶皂素等成分，主要作用如下：

① 茶多酚具有强紫外线吸收能力和抗菌、消炎等功效。

茶多酚在波长200～330纳米处有较高的吸收峰值，有"紫外线过滤器"之美称。添加茶多酚的防晒霜可有效吸收紫外线，保护皮肤，减少因紫外线引起的皮肤黑色素形成；茶多酚还具有抗菌、消炎等功效，对皮炎和蚊虫叮咬和杀灭口腔中各种有害细菌、清洁牙齿、预防口臭等有一定效果。

② 茶皂素具有良好乳化性能和消炎、镇痛药理作用。

茶皂素是茶树种子中提取出来的一类糖苷化合物，是一种性能良好的天然表面活性剂，具有良好的乳化、分散、发泡、湿润等功能，并且具有消炎、镇痛、抗渗透等药理作用，在各类日化产品生产上具有广泛的应用价值。

三、几种茶日化品加工方法

下面简单介绍茶叶洗面奶和末茶面膜的加工方法。

1. 含茶洗面奶

含茶洗面奶一般采用末茶或茶叶提取物（如茶多酚）等作为主要材料，添加至传统洗面奶中加工而成，主要利用茶多酚、氨基酸、维生素、矿物质、蛋白质等营养成分增进皮肤机能、清除自由基，从而达到美容养颜的目的。

洗面奶是由油相物、水相物、表面活性剂、营养剂以及香精、防腐剂等成分构成的乳液状产品。下面以一种含有茶多酚和茶皂素的洗面奶为例，介绍茶叶洗面奶产品的基本工艺（图3-15）。

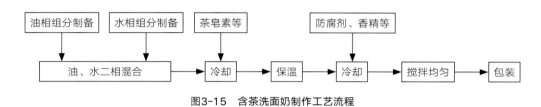

图3-15 含茶洗面奶制作工艺流程

① 油相组分制备。准确称量油相组分，按一定比例混合均匀，在78℃保温。

② 水相组分制备。依次将EDTA-2Na（乙二胺四乙酸二钠）、甘油、丙二醇或聚乙二醇400等加入去离子水中，加热至78℃搅拌至完全分散，然后加入茶多酚提取物，搅拌均匀于78℃保温即可。

③ 油、水二相混合。机械搅拌好油相组分后，将水相组分均匀流速加入，保持搅拌约5～10分钟，升高温度至85℃，保温60分钟。

④ 加入表面活性剂。将油、水二相混合液冷却温度至75℃，加入茶皂素等表面活性剂保温一定时间，使之被皂基吸收。

⑤ 其他配料。所有物料冷却至40℃，加入防腐剂、香精等调配物料，按单一方向搅拌至形成均匀的洗面奶即可。

⑥ 包装。

2. 末茶面膜

面膜是一种敷在脸上，具有补水保湿、美白、抗衰老、平衡油脂等功能的脸部美容保养产品。面膜的原理，就是利用覆盖在脸部的短暂时间，暂时隔离外界的空气与污染，提高肌肤温度，扩张皮肤毛孔，促进面部皮肤新陈代谢，使肌肤含氧量上升，有利于肌肤排除表皮细胞新陈代谢的产物和积累的油脂类物质，促进面膜水分渗入表皮的角质层，从而使皮肤变得柔软、自然、有光亮和弹性。面膜的形式主要有泥膏型、撕拉型、冻胶型、湿纸巾型四种。

末茶或茶提取物中的茶多酚、茶氨酸、维生素、矿物质、蛋白质等功效成分具有增进皮肤机能、清除自由基等美容养颜的功效。下面以末茶为原料的泥膏型面膜为例，介绍一种末茶面膜的制备工艺，如图3-16。

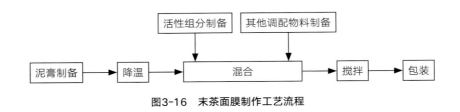

图3-16　末茶面膜制作工艺流程

① 泥膏体系的制备。首先称取聚乙烯醇，加入少量乙醇润湿，静置10～15分钟，然后加入适量70～80℃的热水，置于（80±5）℃水浴中充分搅拌，直至全部溶解；然后称取钛白粉、羧甲基纤维素钠和甘油等加入适量水中，置于（80±5）℃水浴中充分混匀，直至全部溶解；最后，趁热将上述两种溶液混合均匀，得到黏性溶液。

② 活性组分体系的制备。称取末茶粉，用少量冷水浸泡20分钟，搅拌均匀或采用超声得到均匀的悬浊液。

③ 其他调配物料制备。称取适量的防腐剂和香精等调配物料，溶于乙醇中。

④ 物料混合。待泥膏体系降温至40～50℃时，加入活性组分和调配物料，充分搅拌均匀即可。

⑤ 包装。

文化篇

第四章
唐代茶文化概述

唐代政治、经济、文化的发展与繁荣为茶文化的形成奠定了丰厚的物质和文化基础。茶利大兴，茶道大行，茶文化达到空前兴盛。本章从唐代茶文化的形成、茶与社会经济、茶与文化艺术等多个角度，简要介绍唐代茶文化。

第一节 唐代茶文化全面形成

纵观我国茶文化的发展历程，唐代是中国茶文化的兴盛之始。茶逐渐从贵族阶层进入了平民百姓家，日益增长的消费需求也带动了茶叶生产、贸易的发展。中国乃至世界上第一本茶的专著——《茶经》也在这一时期诞生，这是中国茶文化全面形成的一个重要标志。

一、唐代茶文化形成的历史背景

隋代虽然是中国历史上一个短暂的朝代，但在茶文化发展的历史上却有着不容忽视的历史地位。

1. 大运河通航促进茶叶消费

隋代凿通大运河南北通航，大大降低了运输成本，使得原本在北方只有社会上层和中上之家才能享用的茶叶日渐进入普通民众的消费品之中。

至唐朝，茶叶通过大运河源源不断地从南方运往北方。

2. 禅宗的倡导推动茶饮需求增大

唐高宗、武周、中宗时期，禅宗渐兴，玄宗开元时传至大江南北。坐禅务于不寐，又有不夕食的传统，但允许饮茶，这使得修禅者在坐禅、修禅过程中对茶的需求量大增。因大运河的开通，南北物货流通更快捷、便利，以及禅宗坐禅修禅的倡导，茶饮在中国北方极大地流行开来，成为全社会各阶层的通用饮品，"穷日尽夜，殆成风俗。"饮茶的盛况如陆羽《茶经·六之饮》所记："滂时浸俗，盛于国朝，两都并荆渝间，以为比屋之饮。"又如封演《封氏闻见记》（图4-1）卷六《饮茶》载："开元中，泰山灵岩寺有降魔

图4-1 《封氏闻见记》

师，大兴禅教。学禅务于不寐，又不夕食，皆许其饮茶。人自怀挟，到处煮饮，从此转相仿效，遂成风俗。自邹、齐、沧、棣，渐至京邑，城市多开店铺，煎茶卖之，不问道俗，投钱取饮。其茶自江、淮而来，舟车相继，所在山积，色额甚多。"

3. 陆羽《茶经》应时而出

在此背景下，陆羽《茶经》（图4-2）应时而出。这部百科全书式的著作，全方位地推动了唐代茶业的发展和茶文化的兴盛，为此后中国乃至世界茶业与茶文化的发展奠定了雄厚的基础。"楚人陆鸿渐为《茶论》，说茶之功效并煎茶炙茶之法，造茶具二十四事，以都统笼贮之。远近倾慕，好事者家藏一副……于是茶道大行，王公朝士，无不饮者。"（《封氏闻见记》）《茶经》开启了普遍喜好饮茶的时代，人们日常已经离不开茶饮，"难舍斯须，田间之间，嗜好尤切"，甚至有"茶为食物，无异米盐"的说法。

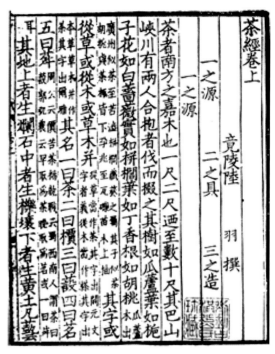

图4-2　宋本《茶经》

4. 茶叶生产大发展，茶叶贸易日益兴盛

茶饮需求的扩大促进了唐代茶叶生产的发展。陆羽《茶经·八之出》中记录，唐代山南、淮南、浙西、浙东、剑南、黔中、江南、岭南8道共43州郡产茶，除了当时不在唐朝界内的南诏国（今云南）外，基本与现今我国的产茶地区相一致。

（1）首现官茶园贡茶制度

唐代自义兴（今江苏宜兴）专门置茶舍，制造贡茶阳羡紫笋茶，我国贡茶历史上首度出现官茶园贡茶的制度。其后因义兴茶不足以满足贡茶需求，"分山析造"，又在湖州顾渚设置贡茶院，制造贡茶顾渚紫笋茶。贡茶制度以及文人对于特定茶品的推崇，使得唐代名茶辈出，"风俗贵茶，茶之名品益众矣"，《唐国史补》等史料记录了唐代的名茶20余种，以蒸青团饼茶为主，也有少量散茶。

（2）茶税开征

唐代茶叶贸易也达到了相当的规模，如集散地浮梁茶叶年交易量甚至达到"七百万驮"。安史之乱以后，唐代财政制度发生重大变化，政府开辟新税源，贸易量巨大的茶叶进入新征税的名目之中。建中三年（782）首次诏征天下茶税，十取其一，开创了中国茶业史上茶税的记录。《旧唐书·德宗本纪》载："乃于诸道津要置吏税商货，每贯税二十文，竹木茶漆皆什一税之，以充常平之本。"贞元九年（793）起，税茶之法正式成立，初期每年茶税有40万贯。此后税茶之法经历了从全面禁榷（专卖）到民制官收商运商销的部分禁榷的变化。

（3）茶马贸易开启

茶叶通过贸易到达周边少数民族地区，如西藏吐蕃、西北回纥等地。贞元年间（785—805），"回纥入朝，始驱名马市茶。"茶马贸易自此开始。

5. 茶与茶文化的传播

茶在唐代通过商贸和文化交流传到了日本和朝鲜半岛。630年，日本就开始向中国派遣唐使、遣唐僧，至890年止，日本先后派出19批遣唐使、遣唐僧来华。遣唐僧都永忠、最澄和空海等将中国茶与茶文化传入日本。而据《三国史记·新罗本纪》载，兴德王三年（828）"冬十二月，遣使入唐朝贡，唐文宗召见于麟德殿，入唐回使金大廉持茶种子来。王使植地理山（今韩国智异山），茶自善德王时有之，至此盛矣。"这是中国茶及茶文化传入朝鲜半岛的记录。

二、唐代茶文化发展的体现

唐代茶文化的发展，呈现在文学、艺术、器具等几乎所有与茶有关的形式和方面。

1. 唐代茶书的创作开历史风气之先河

茶书的撰著肇始于陆羽《茶经》，它奠定了中国古典茶学的基本构架，创建了一个较为完整的茶文化学体系。此后各种茶书相继而出，从不同的角度、层面对茶文化作了更为深入细致的探索与记录，为茶文化更广泛深入的发展铺垫了道路。

2. 茶文学繁荣兴盛

唐代是诗歌繁盛的时代，饮茶习俗的普及和流行，使茶与文学结缘，唐代众多著名诗人都写有茶诗，其中许多茶诗更是脍炙人口，茶诗中传达的精神与意境成为此后文学与文化传统中的典型意象。

3. 茶书画艺术兴起

唐代书法、绘画作品中大量涉及茶事生活，其题材广泛、风格多样、意境深远，为我们留下宝贵的精神财富。后文将专题介绍。

4. 从唐代起茶具开始了专门化发展

茶具从此前的与酒食共器，到陆羽《茶经》问世后开始独立发展，出现专门化的趋势，越窑和邢窑南北辉映，成为中国陶瓷文化中的一个重要组成部分。唐懿宗咸通十五年（874），赏赐法门寺的茶具系列中有鎏金的银茶碾子、茶罗盒、琉璃茶碗、秘色瓷茶碗等，为我国古代早期专门茶具。

正是因为唐代茶文化在几乎所有方面都有了起步与较大发展，所以被明人王象晋《群芳谱·茶谱小序》评价为茶文化的全面起始时期，"兴于唐，盛于宋，始为世重矣。"

三、陆羽与《茶经》

陆羽（733—约804）（图4-3），字鸿渐，一名疾，字季疵。天宝十一年（752）起，与被贬为竟陵司马的礼部郎中崔国辅交游3年，相与较定茶、水之品，成为文坛佳话，"……交情至厚，谑笑永日。又相与较定茶、水之品……雅意高情，一时所尚。"（《唐才子传》）天宝十四年（755）安禄山叛乱，陆羽与北方移民一道渡江南迁。上元初，陆羽隐居湖州，与释皎然、玄真子张志和等名人高士为友，"结庐于苕溪之湄，闭关对书，不杂非类，名僧高士，谈燕永日。"同时撰写了大量的著作，其中，《茶经》这部茶文化历史上具有里程碑意义的著作，对唐代及后世茶业与茶文化的发展有着持续与深刻的影响。

图4-3 五代陆羽像

1．提出茶叶种植、生产的基本要素

陆羽《茶经》提出了茶叶种植、生产、制造的一些基本要素，如：植产之地，以朝阳且有树木遮阴、土壤为风化充分"砾壤"的山崖为上；茶叶原料以紫者、笋者、叶卷为上；采茶要在春季、晴天。陆羽《茶经》使春茶的观念深植人心，"凡采茶在二月、三月、四月之间"，改变了魏晋以来春、秋茶皆重，甚至因为秋茶是在粮食生产完成之后不妨农事而更为受到重视的情况，认为春茶更利于茶叶物性的发挥和品质的保证。陆羽《茶经》重视春茶，使茶叶生产成为一项独立的经济作物的生产，而不再附尾于粮食生产，这种独立性使得茶叶独立迅速发展成为可能。

2．倡导清饮，确立茶道形式

陆羽《茶经》的另一重大影响，是将茶的清饮方式从当时的多种饮用方式中单独提炼出来，并加以隆重推介，即以末茶煮饮的方式，配之以成套茶具、相关程式和理念，确立茶饮之有道的茶道形式。

3．提升茶叶的文化品性，首次把"品行"引入茶事之中

《茶经·一之源》对茶叶的源流——"南方之嘉木"、秉质——"茶之为用味至寒"的探究阐述，特别是将茶叶寒敛简约之性与"精行俭德之人"之性相提并论，提升了茶叶的文化品性。"茶之为用，味至寒，为饮，最宜精行俭德之人"，首次把"品行"引入茶事之中。

在《茶经》中，茶不只是一种单纯的嗜好物品，茶的美好品质与品德美好之人相配，强调事茶之人的品格和思想情操，把饮茶看作"精行俭德"之人自我修养、锻炼志趣、陶冶情操的方法。从此，茶就一直以"精行俭德""风味恬淡""清白可爱"的君子形象长驻于中华的文化传统之中。

4．《茶经》的影响——"茶"字与"茶道"

《茶经》的重要影响是"茶"字使用的确立，并由他人引用提出了"茶道"一词。

"茶道"首见于陆羽至交诗僧皎然所作的《饮茶歌诮崔石使君》中的诗句："孰知茶道全尔真，唯有丹丘得如此。"封演《封氏闻见记》卷六"饮茶"载："楚人陆鸿渐为《茶论》……有常伯熊者，又因鸿渐之《论》广润色之。于是茶道大行，王公朝士无不饮者。"

5．风靡中华，泽被后世，远播四海

茶在唐代成为风靡全中国的饮品，并富含文化特性，引来周边国家和地区的向往，茶"始自中地，流于塞外。往年回鹘入朝，大驱名马市茶而归，亦足怪焉"（《封氏闻见记》）。在唐中后期，茶通过茶马贸易等途径传播到中国的少数民族地区，并远传日本列岛和朝鲜半岛。

陆羽在世时被人称为"茶仙"，去世不久即被奉为"茶神"。李肇《唐国史补》记载当时人们已将陆羽作为茶神供奉，"江南有驿吏以干事自任。典郡者初至，吏白曰：驿中已理，请一阅之……又一室署云茶库，诸茗毕贮。复有一神，问曰：何？曰：陆鸿渐也。"陆羽被人们视为茶业的行业神，经营茶具、茶叶的人们将陆羽像制成陶像，用来供奉和祈祀，以求茶叶生意的顺利，"巩县陶者多瓷偶人，号陆鸿渐，买数十茶器得一鸿渐，市人沽茗不利，辄灌注之。"

陆羽《茶经》影响了宋代茶文化与茶业的发展，使之达到农耕社会的鼎盛。对此，宋人有明确的认知，宋欧阳修《集古录跋尾》提到"后世言茶者必本陆鸿渐，盖为茶著书自其始也"。梅尧臣《次韵和永叔尝新茶杂言》中有"自从陆羽生人间，人间相学事春茶。"宋人肯定了陆羽开创的一种全新的茶文化的引领作用。

据不完全统计，自南宋咸淳百川学海本《茶经》起，至20世纪中叶，《茶经》有70多个版本，海外有日、韩、德、意、英、法、俄、捷克等多种语言文字版的《茶经》译本。从中我们既可看到茶业与茶文化历史的繁荣，也可得知《茶经》的深远影响。

第二节　茶与唐代社会经济

茶产业和茶文化的发展与社会经济有着密不可分的联系。本节着重介绍唐代与茶相关的各项制度、茶马贸易等。

一、唐代贡茶、赐茶制度的形成与影响

唐代，初为产茶之地各自贡茶。开元（713—741）之前，文献记录各地贡茶甚少，只有四例：峡州茶250斤（唐制1斤为661克），金州茶芽1斤，吉州茶，溪州茶芽100斤，贡茶量有的极少，最多的是峡州茶，吉州茶则无数量记载。《新唐书·地理志》记载，在唐代15道中，8道17州郡有贡茶，与陆羽《茶经》卷下《八之出》所记有8道43州郡产茶之数相去甚远。当今研究统计，唐代产茶地区最多时达8道98州郡。

1. 唐中期，土贡方物的贡茶行为开始发生质的变化

代宗大历年间，常州、湖州相继开始贡茶，"遂为任土之贡，与常赋之邦侔矣"。地方政府在二地设置茶舍、贡茶院制茶入贡，贡茶成为二州刺史的主要职责之一。设官茶园贡茶开始于常州，在义兴县设置茶舍，所贡之茶称为"阳羡茶"，"每岁选匠征夫至二千余人"，最初贡茶数量为万两，以每斤16两计，约625斤。此后因为常州之贡不敷所需，遂以与常州相接的湖州长兴共同贡茶。至大历五年（770），"代宗以其岁造数多，遂命长兴均贡，自大历五年始分山析造，岁有客额（岁各有额），鬯有禁令。诸乡茶芽，置焙于顾渚，以刺史主之，观察使总之。"（《嘉泰吴兴志》）湖州长兴顾渚设置贡茶院，最盛时役工有3万人，制茶18000多斤。

唐代湖、常二州官茶园贡茶发运制度严格。茶叶制成、包装好后要以白泥封裹，泥上加盖赤印，用驿递快马加鞭送往长安。《嘉泰吴兴志》中记载，当时每年的贡茶分为五等次第贡，"第一陆递，限清明到京，谓之急程茶"，要赶上清明节时的清明宴，"到时须及清明宴，其余并水路进，限以四月到"。每年及时贡奉新茶成为湖、常二州地方官的重要事务。

唐代除湖州、常州二州官茶园之外，另有多处茶产地贡茶："宇内为土贡实众，而顾渚、蕲阳、蒙山为上，其次则寿阳、义兴、碧涧、灉湖、衡山，最下有鄱阳、浮梁。"其中多种茶叶一直为我国名茶。

2. 唐中期以后，茶叶进入了赐物的行列

就像贡茶之风一样，赐茶在唐代也蔚然成习。据《蔡宽夫诗话》记载，唐茶"惟湖州紫笋入贡，每岁以清明日贡到，先荐宗庙，然后分赐近臣"。

对大臣、将士有岁时之赐和不时之赐，受赐者所写，或由著名文人代为撰写的谢赐茶之文现在仍可见。从现存众多的谢赐茶文中可知，当时所赐之茶大抵来自贡茶。

赐茶有多种情形，最大的一项为节令赐茶，如清明节赐大臣新火及茶，社日赐茶，上巳曲江宴赐茶

果及晦日、上巳、重阳三节翰林学士赐茶，皇帝生辰节日赐茶等。唐代改火，在寒食节时禁火，到清明节再取得新火。而在清明节赐近臣新火，是唐代帝王荣宠大臣的礼节之一。在湖州、常州二州的紫笋茶入贡成为制度后，清明节岁时之赐，则又增加了新茶之赐，这与诗人们所记的紫笋茶贡制相一致："十日王程路四千，到时须及清明宴。"

二、税茶制度与榷茶制度

安史之乱以后，军费等开支繁多，国库经常空虚，唐代"量入为出"的财政制度发生重大变化，朝廷为了开辟新税源，贸易量巨大的茶叶进入新征税的名目之中。

1. 税茶制度

建中三年起，朝廷始实行茶税制度。建中三年（782）以户部侍郎赵赞奏议，首次诏征天下茶税，十取其一，开创了中国茶业史上茶叶征税的制度。《旧唐书·德宗本纪》记载："乃于诸道津要置吏税商货，每贯税二十文，竹木茶漆皆什一税之，以充常平之本。"即自唐德宗建中三年九月，开始征收茶叶商税，十税其一，税率为百分之十。不久，德宗因战乱外逃，西逃奉天，为平息商人及民间怨愤，诏罢包括茶叶在内的商货税。建中四年六月，赵赞"复请行常平税茶之法"。

兴元元年（784）因朱泚之乱，曾暂停包括茶税的杂税。此后"贞元八年，以水灾减税"，而国用"须有供储"，于是作为大宗商品的茶再次进入财臣的视野，贞元九年（793）正月，首次开始单独税茶。"诸道盐铁使张滂奏曰：'伏以去岁水灾，诏令减税。今之国用，须有供储。伏请于出茶州县，及茶山外商人要路，委所由定三等时估，每十税一，充所放两税。其明年以后所得税钱，外贮之。若诸州遭水旱，赋税不办，以此代之。'诏可之，仍委滂具处置条奏。自此，每岁得钱四十万贯。然税无虚岁，遭水旱处亦未尝以钱拯赡。"贞元九年起，税茶之法正式成立，初期每年茶税有40万贯。

因为国家用度不足，穆宗于元和十五年（820）五月下诏："以国用不足，应天下两税、盐利、榷酒、税茶……并每贯除旧垫陌外，量抽五十文。"从地方抽取两税、茶税等以至各种杂税的5%，以助国用。

2. 榷茶制度（茶叶专卖制度）

由于用度始终不足，文宗大和九年（835）九月"盐铁使王播图宠以自幸"，再度奏请加税"旧额百文更加五十文"，税率增加了50%，增幅较大。并于文宗大和九年十月至十二月间短暂实行了"榷茶法"。文宗采纳郑注建议榷茶，"其法，欲以江湖百姓茶园，官自造作，量给直分，命使者主之。帝惑其言，乃命王涯兼榷茶使。"

此茶法的关键点在于由官府买下百姓茶园的茶，再由官府役工制作，再由官府卖给商人，官府垄断了全部的茶利。而当王涯奏请实施时，又有过之，"王涯表请使茶山之人移植根本，旧有贮积，皆使焚弃"，居然要采取"令百姓移茶树就官场中栽，摘茶叶于官场中造"这样"有同儿戏，不近人情"的做法。至十一月二十一日，甘露事变，郑王集团在政治上彻底失败，继任盐铁使兼榷茶使令狐楚，在请求罢除已经臭名昭著的榷茶使额的同时，将茶法改为民制官收、商运商销的部分专卖，并且此茶法直至唐末未有实质性变动。至宣宗大中六年（952）裴休订立茶法十二条，只是更细化了对私茶的查处，以保证茶税的收入。

三、茶马贸易

茶马贸易始见于唐代。茶在唐初曾经通过唐蕃通婚传入吐蕃，太宗贞观十五年（641），文成公主和亲松赞干布，中土礼仪、文物、工艺、特产随之输入吐蕃，茶叶亦随之输入。唐德宗建中二年（781）十二月，常鲁作为入蕃使判官，随行出使吐蕃。常鲁曾在营帐中烹茶，吐蕃赞普问他所烹为何物，常鲁说：是茶。赞普说，他也有唐境所产各种名茶。李肇《唐国史补》卷下记此事甚详："常鲁公使西蕃，烹茶帐中。赞普问曰：此为何物？鲁公曰：涤烦疗渴，所谓茶也。赞普曰：我此亦有。遂命出之，以指曰：此寿州者、此舒州者、此顾渚者、此蕲门者、此昌明者、此澔湖者。"可知当时中土所产的名茶有很多已经远播到吐蕃。

茶叶又通过贸易到达西北少数民族地区，如回鹘。封演《封氏闻见记》卷六记曰："古人亦饮茶耳，但不如今人溺之甚，穷日尽夜，殆成风俗。始自中地，流于塞外。往年回鹘入朝，大驱名马市茶而归，亦足怪焉。"中土的饮茶风俗传播到了塞外，塞外民族回鹘以所产名马与唐朝贸易茶叶，开启了茶马贸易。只是此时以茶易马尚未形成定制，西北少数民族一般仍以贡马的形式获取以金帛为主的回赐。

中唐后，在茶叶传播到塞外的同时，还顺着古代丝绸之路从陆路源源不断地进入中亚、西亚地区各国，并继续往西传播。

第五章
茶事艺文的价值
与赏析要点

茶事艺文是茶文化最生动的体现，其最大的特点在于形式生动，它能使人欣赏时通过视觉、听觉等产生审美感觉，从而使茶文化中蕴含的种种美感与精神内涵潜移默化地影响欣赏者的思想。茶文化正是通过这些艺术形式的承载，才得以经久不衰地流传。学习和欣赏茶事艺文对茶事工作十分有益。

通过本章赏析经典的茶事艺文作品，我们可以纵览中国茶文化的丰富内容，了解中国传统文化对茶文化的影响及在茶事中的体现，有助于促进茶文化的研究，更可从中体会到饮茶给予我们的愉悦，进而对我们传承文化产生积极的意义。

第一节　茶事艺文的价值

茶事艺文作为茶学文献中的一类重要内容，具有丰富的信息量，无论是在科技还是文化方面，均具有特别的地位。在茶文化历史中积累起来的茶叶文献，它所具有的历史性，也决定了它具有丰富的"信息库"的意义，在这个信息库中蕴藏着的各种"奇珍异宝"有待于进一步的探索和开发。

一、历史价值

历史具有不可重复性，但在某些时候，历史会有惊人的相似性。因此了解和研究历史，对现实来说也就具有了特定的意义。茶事艺文的历史价值主要体现在史料性和借鉴性两方面。

1. 史料性

史料性是历史价值最直接的体现。从《荈赋》中可知当时茶叶生产中有秋茶的采制，还可知当时饮茶所用茶具的材质；唐代刺史袁高的《茶山诗》与杜牧的《茶山诗》角度不一样，正好反映了贡茶地区民生的两个侧面；刘禹锡的《西山兰若试茶歌》中明显地出现了炒青茶制法的端倪；而宋代审安老人所著的《茶具图赞》又呈现出在当时社会的政治文化背景下，文人对茶具的审视角度。

2. 借鉴性

茶事艺文中的历史信息具有相当重要的借鉴价值，所谓"古为今用""以史为鉴"。中国茶文化历史悠久，在这条历史长河中，社会的每一个波动或转折，往往会有标志性的作品出现，这些作品又多以书籍著作等文化形式留存下来。同时，在不少具有标志性的作品中，有相当一部分是以茶事艺文的形式存在的，因此，这些作品就具有史料和艺术的双重价值。如晋代杜育的《荈赋》，唐代袁高的《茶山诗》，宋代蔡襄的《茶录》和审安老人的《茶具图赞》等。另外，除一些标志性的作品外，在某些专题方面，通过茶事艺文可以看出其历史性的沿革演变、得失成败的过程和教训。

二、技术价值

茶事艺文作为茶叶文献的一个组成部分，具有重要的技术信息和很好的开发价值。作为艺文作品，它所具有的形象性，可以极大地帮助我们理解以往在纯文字的理论著作中"语焉不详"的一些重要内容，也可以补充在一些专著中没有或者无法记载到的技术信息。如对茶业历史上一些重要的科技问题的研究，对历史名茶的开发、复原，对不同地区、不同时代茶饮风俗的探索研究，对古代茶具的恢复、研究、制作等，均能在茶事艺文中找到一定的线索和答案。

1. 参考性

许多有价值的技术因为各种各样的原因，在历史的长河中被湮没。历史不可重复，技术也未必能永远传承，但这些被湮没的技术信息的一鳞半爪又往往会在不经意中，以不同的语言、不同的形式甚至在不同的领域中出现，包括茶事艺文作品。例如李白的《答族侄僧中孚赠玉泉仙人掌茶并序》一诗，是唐代历史名茶"仙人掌茶"的唯一参考；再如在宋代诗文中可以得到不少当时除贡茶之外的各地名茶的参考信息。

2. 开发性

茶事艺文对文创产品的研制具有特别价值。如根据历代有关图谱、绘画作品等，我们可以很直观地研发出相关产品；通过对历代的饮茶图和有关唐诗宋词的解读，当时的茶饮生活得以重现，我们可以据此创造或恢复具有中华民族传统特色的品茶艺术。

三、人文价值

茶事艺文中的人文信息具有很好的参照价值。在历代的茶事艺文作品中，人文信息是重要的内容之一，它对于欣赏者和研读者的意义在于可提供极好的人文参照性。这些作品往往能体现出当时的文化背景、社会生活动态和茶饮在人们经济和文化生活中的存在方式，进而帮助我们理解茶饮在不同历史时期、不同条件下的人文意义。

1. 参照性

时光流逝，过往的历史一去不复返，过往时代的文化不可复制。茶事艺文的存在，可以帮助我们进入"时光隧道"，例如通过唐代诗人的作品，我们可以了解那时的茶人和文人对"品茶"的各种理解；通过对宋人作品的欣赏，我们又能了解到从"品茶"向"斗茶"的变化；再看看明清时代文人的作品，可知"烹茶"在那时又成了文人内省的独特方式等。这使我们当代人可以各时代为参照，有利于我们汲取传统文化的精华，光大中华传统优秀文化。

2. 启发性

相对于参照性，启发性对现代人们的学习思考而言更为可贵。在茶事艺文作品中，有许多线索可以作为我们思考和探索的路径。如茶饮从生活之饮食走向文化之饮品，茶叶的质量鉴评与品饮艺术的关联，茶艺的广泛性与精专性的关系，以及品茶与人文素质的提升等。

四、审美价值

茶事艺文中的艺术信息往往有着很高的审美价值。艺术信息包括艺术创作手法、艺术形式、艺术语言和艺术境界，而这些信息都汇聚成为艺术价值。艺术价值最明显的是审美价值。艺术价值通过审美价值、人文价值等得以实现。审美价值对一件艺术作品而言至关重要，审美价值虽有相对独立性，但其与艺术的感染力与生命力密切相关。

1. 鉴赏性

审美价值的判断中，鉴赏是必经之路，而鉴赏既是理解作品的思想、情趣的过程，同时，在鉴赏过程中，我们往往又能判断和提升作品的审美价值。因此，经常赏读茶事艺文作品，不仅有利于我们进一步提高对茶艺的理解和创作水平，更重要的是可以提高我们的综合审美水平和艺术鉴赏能力。

2. 愉悦性

艺术作品的主要功能就是通过美的构图、美的色彩、美的形态、美的意境，使人产生美的感受、美的联想，从而陶冶心灵，净化思想。同时，作为独特题材的一类艺术，茶事艺文在整个艺术领域里的地位及审美价值具有专业上的独特性。通过欣赏茶事艺文作品，我们从形式美中感到茶的多样性的美，在愉悦的心境下，再将茶的美感延伸为更有意义的美育。

第二节　赏析茶事艺文的基本要求

茶事艺文的欣赏与一般的艺术欣赏有共同点，也有其特殊性。共同点是，作为艺术作品，茶事艺文具有一般的艺术作品的性质，如作品的结构、章法、表现手法、主题、意境等。不同的是，茶事艺文的内容具有特定性，即表现的内容或多或少都与茶有关，题材有其独特性。无论采取何种艺术形式，茶事艺文都不同程度地、以不同方式表现了"茶"这一主题。因此，欣赏茶事艺文首先要具备以下一些基本条件。

一、了解茶文化发展的历史脉络

我们要了解中国历史的发展过程，朝代的更替顺序，重要的历史阶段和转折阶段，以及中国茶叶生产发展和茶文化的基本概况。作为中国历史的一部分，茶的历史与整个社会的经济、政治、人文同步生存与发展，我们了解茶文化发展的历史脉络，有利于梳理茶文化各种现象之间的联系与区别，有利于明晰茶文化发展的基本逻辑性。

1. 了解历史茶事

茶事艺文的欣赏首先要有一个历史的观点，才有利于准确切入茶事的历史定位，鉴别茶事的文史价值。如历代各种茶的制作工艺演变，历代主流饮茶方式包括茶具等的变化，历代主要的茶事、有影响的人物，包括茶人和文人，历代有关茶的主要著作及其作者等。

2. 了解茶文化的发展轨迹

茶文化与茶业发展基本同步，但是所包含的内容不一样。茶业着重于生产技术和产品层面，茶文化则着重于饮茶方式、审美思想和精神层面的发展脉络。同时，茶文化的发展离不开大背景——即中国文化的发展。因此，了解茶文化的发展轨迹，在一定程度上也是了解中国文化的发展轨迹。

二、理解茶事艺文作品的文化地位

茶事艺文所表现的内容，反映了作者在当时社会经济政治背景下的思想，和对茶的审美认知。对于作品的分析，需要具有一定的理论基础。理论基础的建立，需要我们进行大量而有益的阅读，如茶叶专业典籍和传统文化典籍。以此为基础，了解作者的背景、创作背景和作品的文化影响。

1. 作者背景

茶事艺文的作者是作品的创作人，其生活地域、生活经历、家庭和社会关系、所处时代以及创作思想、创作动机和创作手法都是影响作品创作的因素。因此，我们对作者了解得越深入、越全面，对作品的思想性和艺术性的理解也会越准确、越深刻。

2. 创作背景

创作背景是对作品创作比较直接的影响因素，也是一件作品产生的各种驱动力。作品内容和表现手法有时候往往直接或间接反映那个背景。了解了创作背景后，我们就可以把作品还原于真实的场景中，能更准确定位作品的多种信息及相互之间的关系，当然也更有助于对作品意义的解读。

3. 文化影响

作品的文化影响力有多大，也体现了作品的价值，包括如前所述的历史价值、技术价值、人文价值、艺术价值等。如果我们面对的是一件知名的茶事艺文作品，往往这件作品已具有一定的文化影响，其价值已经过前人的研究而得到公认。因此，我们在鉴赏时不应忽视前人已有的研究成果。

三、把握艺术形式与审美特征

把握茶文化的民族性和艺术表现形式，是赏析茶事艺文的基本素养，即感悟茶事的民族性特征，理解茶事艺文作者的文化情操，把握通俗与高雅、写实与写意的关系，特别是我们对中国传统艺术中的关于神形、气韵、骨肉、残全、虚实等的理解，对理解作品、感受作品之美都很有帮助。

1. 艺术表现手法

茶事艺文的艺术表现手法与艺术门类、艺术表现形式密切相关，虽然各具特点，但也有共同性。艺术表现手法是非常丰富的，如文学中的托物言志、借景抒情、叙事抒情、寓情于景、托物起兴、虚实结合、欲扬先抑等；以及中国传统绘画创作中的疏可走马、密不透风；书法中的计白当黑、徐疾相间、大小穿插、枯润映照等。所有作品的艺术表现手法既是作者的个性使然，同时也是为主题思想服务的，所产生的效果，其目的均在于引人入胜，使欣赏者产生联想和共鸣。

2. 作品审美意境

所谓意境，是指作品中描绘的图景与所表现的思想情感融为一体而形成的艺术境界，也就是常说的"情景交融"。凡能感动欣赏者的艺术，总是在反映"境"的同时，相应也表达出作者的"意"。为实现某种意境，艺术境界的表现与欣赏者的参与缺一不可。前者由作者的审美观念和审美评价水平决定，有真与假、有与无、大与小、深与浅之别，后者因欣赏者的审美观念和审美评价不同而有高低和深浅之分。

意境是中国传统美学中一个非常重要的范畴，在大量的文论和画论中，古往今来的艺术家对此都有充分的论述。回顾有关意境这个美学概念的来龙去脉，有助于我们更好地理解艺术作品，更加充分地认识艺术与人生之间的联系。

意境是一件作品的综合结果，也是作品价值的核心所在。对一件作品意境的把握，也是对艺术作品核心价值的把握。

四、力求独立思考与准确表达

独立思考与准确表达是欣赏作品的基本要求。只有独立思考才能让我们有自己的创造性收获，而准确表达则是我们对思考的梳理与表现。

1. 独立思考

独立思考不是孤立思考，不是不能参考和倾听他人的意见，而是要有自己真实的判断。独立思考是要求在欣赏作品的时候把自己的思想融入作品中，感受作者的艺术手法带来的意境。将自己融入作品中，独立思考才更容易做到。

2. 准确表达

除了对茶事艺文的作品欣赏以外，我们还应该经常练习表达，即把欣赏中的感受用文字或语言表达出来。这样有利于我们对欣赏过程进行梳理与反思，或对欣赏中不准确的地方及时进行矫正提高，从而加深对作品的理解，为更好地传播茶文化打好基础。

第六章
唐代茶事诗书画赏析

唐代的茶事诗书画从艺术的角度表现了唐代茶文化的思想与审美，也表现了茶文化与唐代人们生活的密切关联性。从唐代茶事诗书画艺术作品中，我们可以感受到茶文化在这个时代的历史风貌与贡献。

第一节　唐代茶事诗书画概述

唐代是中国茶叶生产和茶文化发展史上的第一个高峰。在这一时期，产茶地区扩展，茶叶的产量和质量较前代都有了提升和飞跃。第一部茶叶专著——陆羽的《茶经》应运而生，标志着茶叶的经济、文化地位得到了确立。唐代的文学艺术等方面也进入到相当繁荣的时期，反映茶文化方面的作品都非常有代表性。特别是关于茶的生产和品饮，不少优秀的诗、书、画作品中都有所表现。唐、五代茶诗有660多首；有关茶事的书画传世的虽不多，但都很有典型意义。对于唐代茶事诗书画作品，我们可从文化背景和艺术特征两方面来赏析。

一、唐代茶事诗书画产生的背景

诗书画等作品的产生都与时代社会、经济、文化背景密切相关，尤其是文化背景。品茶激发了文人士大夫的创作灵感和创作热情，各类诗书画作品记录和反映了唐代的茶饮生活。

1. 茶与唐代人的生活日益密切

茶与唐代人的生活越来越密切，原因有几点：一是茶产量大。唐代茶饮是一个从食用、药用过渡到饮用为主的时代，但在日常生活中，三者共存，并不偏废。不仅中原地区的百姓，就是边疆少数民族地区，饮茶量也日益增加，产生了"茶马互易"的交易模式。从唐代茶的产区和产量的骤然增加即可印证当时茶的消费量之大。二是茶饮成为日常饮品，随时可以品饮，所谓"夜后邀陪明月，晨前命对朝霞"，茶饮与百姓的生活关联已十分密切，正如陆羽《茶经》所说，茶"滂时浸俗，盛于国朝，两都并荆渝间，以为比屋之饮"，人文交流日益频繁。不仅是社会高层，一般百姓、朝野文士都将茶作为日常饮品。三是由于产量大、饮茶普及，茶饮也不断深入文化圈，为艺文人士所青睐。从唐代的艺文作品中可以感受到，文人士大夫对品茶非常倾心，品茶活动大大激发了他们的创作热情和创作灵感，而艺文作品又为茶饮的宣传和推广起到了其他方式所无法替代的作用。

此外，唐代佛教大盛，茶具有提神静虑的功能，对僧人的修行大有裨益，同时，茶饮又随僧人讲经说法得以快速的推广。

2. 唐代诗书画概况

（1）唐代的诗歌

在中国历史上，唐代的诗歌壮丽浑雅，诗人如繁星闪耀。

唐代诗人之众和作品之多都超过了以往各代，仅《全唐诗》所收录的，就有2300多位诗人的近5万首诗。唐诗反映了唐代社会各阶层人物的生活状况和精神面貌，以及重大的政治事件和丰富的社会生活与风俗，同时也尽情地描绘了大自然的风景。

唐诗在艺术上达到高度成熟的境界。李白、杜甫成为浪漫主义和现实主义诗人的代表，像两个屹立并峙的高峰。除此之外，如陈子昂、孟浩然、王维、高适、岑参、白居易、韩愈、孟郊、李贺、杜牧、李商隐等，也都各具风格，形成了百花齐放的繁荣局面。

（2）唐代的书法

魏晋南北朝之后，中国书法艺术到隋唐又出现了一次新的繁荣局面。一方面，大唐兴盛强大，人们以立碑刻石的方式来记录功勋渐成风气，因此，书法家也有了更多的用武之地。另一方面，书法是最为普及的一种艺术，又非常实用，日常生活、经济往来、文人雅集、诗歌唱和、抄经阅卷、官府文牍、书信草稿等都会大量、频繁地使用书法，在这种大背景下，书法家辈出，他们创造出了丰富多彩的唐代书法艺术。

唐代的书法艺术基本上是以晋代书法艺术所取得的成就为起点。唐代的极盛时期社会安定，励精图治，文治武功，艺术上就形成了一种以刚健雄强为美的风格。爱好书法的唐太宗《论书》就很强调书法的骨力，对王羲之的书法非常欣赏。唐代各大书法家大都学王羲之的书法，但最终形成了自己的风格。唐代著名的书法家欧阳询、虞世南、褚遂良、薛稷、张旭、贺知章、李邕、徐浩、颜真卿、张旭、怀素、李阳冰、柳公权等，他们留下了许多经典的书法艺术作品。唐代的书法理论也有很高建树，如孙过庭《书谱》、陆羽《怀素传》等。

唐代的草书大家有两位特别突出，即张旭和怀素，并称"颠张醉素"。张旭，在草书中追求着一种"孤蓬自振，惊沙坐飞"的境界，也就是追求一种雄强有力、奇伟飞动的境界，这显示了唐代书法艺术对美的追求的特色。其传世作品有《郎官石记》《古诗四帖》。怀素的草书被称为"狂草"，尽情挥写，变化多端，但又不失节制与含蓄，符合草书艺术的规律。传世作品有《苦笋帖》《自叙帖》《食鱼帖》《小草千字文》等。

在唐代的书法作品中，颜书最能代表唐代书法刚健有力、气势雄强的特色，并且充分地显示了一种不为魏晋书法所拘束的大胆独创的精神。颜书作品非常多，在魏晋书法之后开创了一种新的美的境界，丰富了中国的书法艺术，并对后世产生了深远的影响。传世作品除了行书《祭侄稿文》外，还有《多宝塔》《勤礼碑》《麻姑仙坛记》等。

（3）唐代的绘画

唐代绘画和书法一样，也是魏晋南北朝之后的又一重要时期。初唐的绘画承袭了隋朝的风尚，崇尚法度。盛唐时，绘画风格趋向于健美飞动。以吴道子为代表的人物画（包括宗教画）与山水画，展现了唐代绘画的卓越成就，风格雄强有力，在人物画方面取得了不俗的成就。唐代花鸟画也成为一个独立画科。盛唐时期宗教绘画则更趋世俗化。以"丰肥"为时尚的现实妇女形象进入画面，此类画作代表画家为吴道子、张萱等。山水画在此时已经获得了独立画科地位，代表的画家有李昭道、吴道子和张璪，风格有工细和豪放两种。牛马画方面也名家辈出，代表画家如并称"牛马二韩"的韩干、韩滉，以及曹霸、陈闳、韦偃等。此外，著名的画家王维、卢稜伽、梁令瓒等也名重于时。

初唐最著名的画家还有阎立德、阎立本等。阎立本的作品有《历代帝王图卷》《萧翼赚兰亭图》等。中晚唐的绘画，一方面完善了盛唐的风格，另一方面又开拓了新的领域。以周昉为代表的仕女人物画及宗教画更见完备。而山水画则盛行树石题材，渐用重墨，泼墨山水也开始出现。

唐代以后的五代十国历时73年，山水画出现了由荆浩开创的北方山水画派和以董源为代表的江南山水画派；人物画有周文矩、顾闳中等名家出现；花鸟画也由于宫廷贵族的喜好逐渐扩散发展起来。

二、唐代茶事诗书画的艺术特征

狭义的茶事诗、茶书画，是指"咏茶"的诗词和以茶事为题材的绘画，即主题是茶；广义的茶诗、茶书画则不仅包括以茶为主题的作品，还有主题虽然不是茶，但是作品中咏及或表现了茶的作品。

下面从题材、风格、意境三个方面简要概述唐代茶诗书画作品的艺术特征。

1. 唐代茶事诗书画题材

中国古代茶事诗书画内容，与中国茶业发展历史有关联，且与中国传统艺术创作有密切关联。中国茶事诗书画的历史，可说是一部中国茶文化史。从现有作品看，有关茶的诗书画反映的内容主要有：茶叶生产、赋贡，茶人生活、交游，茶品茶类，烹煮技艺，茶会等。各种艺术形式中，茶诗所反映的内容最为广泛。

2. 茶事诗书画风格

据不完全统计，唐、五代约有茶诗词660多首，题材广泛，意境深远，诗体有古诗的古体诗、乐府诗、律诗、宫词、绝句、联句等，主题几乎包含了与茶有关的各种内容。诗的风格以田园诗居多，现实主义和浪漫主义兼而有之，既有丰富的美学内涵和文学艺术价值，对研究古代茶业史有一定历史价值。唐代茶的书法作品不多，但形式多样，有手札、碑版等；书体有草书、楷书、行书，隶书；风格有沉稳、激荡、雅致；作者中有高官、僧人及布衣文人；题材以日常茶生活为主。此时期的事茶绘画作品存世不多，主要是工稳、细腻、绮丽的人物画表现社会高层的茶饮与音乐等文化生活场景。

3. 茶事诗书画意境

意境是作品蕴含的内在价值。艺术形式有自身的美，与茶的题材结合以后，有其特别的意境。作品所蕴意境的高低、深浅，是作品的艺术手法和作者的文化修养的综合反映。

第二节　唐代经典茶诗词

在诗歌发展鼎盛的唐代，随着茶事活动的普及与发展，文人饮茶队伍逐渐庞大，大唐文人中稍有名者无不饮茶。高层次的饮茶者奉献出高层次的茶诗作品，成为唐代茶文化重要内容。特别是唐代中期以后，许多著名诗人都有咏茶之作。

唐代茶诗主要内容包括：①咏名茶，如咏紫笋茶（张文规《湖州贡焙新茶》）、蒙顶茶（白居易《琴茶》）、剡溪茗（僧皎然《饮茶歌诮崔石使君》）等；②咏茶人，陆羽友人和后人咏陆羽的诗，如孟郊的《题陆鸿渐上饶新开山舍》；③咏名泉，如皮日休《题惠山二首》；④咏茶具，如徐夤《贡余秘色茶盏》；⑤以煎茶为题或为内容的诗，如刘言史《与孟郊洛北野泉上煎茶》等；⑥以饮茶（尝茶、啜茶、茶会、吃茗粥、试茶）等为题或为内容的诗，数量相当多；⑦其他内容，如采茶之诗、造茶之诗、茶园之诗、茶饮功效之诗及其他诸方面茶诗词。

一、李白《答族侄僧中孚赠玉泉仙人掌茶并序》

余闻荆州玉泉寺，近清溪诸山，山洞往往有乳窟，窟中多玉泉交流。其中有白蝙蝠，大如鸦。按仙经，蝙蝠一名仙鼠，千岁之后，体白如雪，栖则倒悬，盖饮乳水而长生也。其水边处处有茗草罗生，枝叶如碧玉。惟玉泉真公常采而饮之，年八十余岁，颜色如桃花。而此茗清香滑熟异于他者，所以能还童振枯扶人寿也。余游金陵，见宗僧中孚，示余茶数十片，拳然重叠，其状如手，号为"仙人掌茶"，盖新出乎玉泉之山，旷古未觌。因持之见遗，兼赠诗，要余答之，遂有此作。后之高僧大隐，知仙人掌茶，发乎中孚禅子及青莲居士李白也。

常闻玉泉山，山洞多乳窟。

仙鼠白如鸦，倒悬清溪月。

茗生此中石，玉泉流不歇。

根柯洒芳津，采服润肌骨。

丛老卷绿叶，枝枝相接连。

曝成仙人掌，似拍洪崖肩。

举世未见之，其名定谁传。

宗英乃禅伯，投赠有佳篇。

清镜烛无盐，顾惭西子妍。

朝坐有余兴，长吟播诸天。

李白（701—762），字太白，唐代著名诗人，我国伟大的浪漫主义诗人。天宝三载（744），李白因在长安遭权贵谗毁，抱负不得施展，离长安，开始第二次游历。后来李白在金陵与他的族侄中孚禅师相遇，蒙其赠诗与玉泉寺茶，诗人以此诗为谢。

此诗状写当阳玉泉仙人掌茶，全诗采用白描的手法，对仙人掌茶的生长环境、品质和神奇功效等作了细腻描述，风格雄奇豪放，系名茶入诗的最早诗篇。在序里，李白介绍了仙人掌茶的产地、自然环境、茶树生长规模、及仙人掌茶的外形特征、命名缘由。从"曝成仙人掌，似拍洪崖肩"文句来看，李白笔下的仙人掌茶当属蒸制压平之后，经过日晒干燥的散叶茶。该诗是研究唐代茶叶历史的重要资料。

二、皎然《饮茶歌诮崔石使君》

越人遗我剡溪茗，采得金芽爨金鼎。

素瓷雪色缥沫香，何似诸仙琼蕊浆。

一饮涤昏寐，情思朗爽满天地。

再饮清我神，忽如飞雨洒轻尘。

三饮便得道，何须苦心破烦恼。

此物清高世莫知，世人饮酒多自欺。

愁看毕卓瓮间夜，笑向陶潜篱下时。

崔侯啜之意不已，狂歌一曲惊人耳。

孰知茶道全尔真，唯有丹丘得如此。

　　皎然（704—785），俗姓谢，名昼，吴兴（今浙江湖州）人，南朝宋山水写实诗人谢灵运十世孙。"幼负异才，性与道合""子史经书各臻其极"，是唐代著名诗僧、茶僧，自号茶事上人。晚年居湖州乌程杼山妙喜寺。皎然与陆羽结识，成为忘年之交。这首古体茶歌，是皎然与时任湖州刺史的友人崔石共品越州剡溪茶时即兴所作，对唐代中后期我国咏茶诗歌的创作和发展产生了潜移默化的积极影响。

　　"一饮涤昏寐，情思朗爽满天地。再饮清我神，忽如飞雨洒轻尘。三饮便得道，何须苦心破烦恼。"诗人生动描述了品饮剡溪茗的感受，同时，用毕卓、陶潜醉饮之典故，以诙谐讥诮之言提出品茶最为清雅高洁，而饮酒则是一种逃避现实的"自欺"。

　　诗中首次提出"茶道"一词，这也是如今"茶道"之肇始。皎然的思想深受儒释道的影响，"儒服何妨道，禅心不废诗"（《酬崔侍御见赠》）。他一生钟情于饮茶，理想只在"三饮便得道"，羽化而登仙，悟道而成佛。他把"茶道"同道学、禅宗紧密地联系起来，最早揭示了饮茶与道士修道悟道、和尚禅修悟道之间的关系。

　　诗人最后说"孰知茶道全尔真，唯有丹丘得如此。"意思是只有如丹丘一样学道、修道、悟道、得道之人才能够深知、精通"茶道"的全部真谛。皎然在另一首"饮茶歌"（即《饮茶歌送郑容》）中也曾写到丹丘，可以说这两首诗，是皎然"茶道"思想的集中体现。

三、灵一《与元居士青山潭饮茶》

野泉烟火白云间，坐饮香茶爱此山。

岩下维舟不忍去，清溪流水暮潺潺。

　　灵一（生卒年未详），唐代僧人，俗姓吴，家为扬州望族，出家后居余杭宜丰寺。灵一禅修之余好游山赏水赋诗。与朱放、张继、皇甫曾等人为尘外友。这首七绝是写作者与元居士划船来到青山潭，取野泉水煎茶，一边饮茶，一边观赏山水美景，到日暮还舍不得乘舟归去。野饮之乐，闲适之趣，溢于字里行间。灵一的这首诗看似淡雅平实，其中蕴含的意味却很丰富，如同饮茶一样，愈品愈觉其滋味深长，虽寥寥数语，却意境空灵，颇能传达出中晚唐文人于山中饮茶得野趣、悟禅意的清幽情怀。

四、钱起《与赵莒茶宴》

竹下忘言对紫茶，全胜羽客醉流霞。

尘心洗尽兴难尽，一树蝉声片影斜。

　　钱起（约720—约782），字仲文，吴兴（今浙江湖州市）人，唐天宝十年（751）赐进士第一人，曾任考功郎中，故世称钱考功，翰林学士，与韩翃、李端、卢纶等号称"大历十才子"。

　　唐代饮茶之风日炽，上自权贵，下至百姓，皆崇尚以茶当酒。这首诗，也可作为茶宴正式见于中唐的记载。全诗用白描手法，记录作者与赵莒一道在竹林之中举行茶宴，饮用的是紫笋茶，茶味比流霞仙酒还要美好。饮过之后，他们俗念全消，兴致更浓。作者与友人在幽幽竹林中，清清山泉旁，尽享幽静的自然环境和难得的身心沉醉。

　　诗里除了令人神往的竹林外，诗人还以蝉为意象，使全诗所烘托的闲适志趣愈加强烈。蝉与竹一样是古人用以象征峻洁高志的意象之一，蝉与竹、松等自然之物构成的自然意境是许多文人穷其一生追求的目标，人们试图在自然山水的幽静清雅中拂去心灵的尘土，舍弃一切尘世的浮华，与清风明月、浮云流水、静野幽林相伴，求得心灵的净化与升华。

五、刘禹锡《西山兰若试茶歌》

山僧后檐茶数丛，春来映竹抽新茸。

宛然为客振衣起，自傍芳丛摘鹰嘴。

斯须炒成满室香，便酌砌下金沙水。

骤雨松声入鼎来，白云满盏花徘徊。

悠扬喷鼻宿醒散，清峭彻骨烦襟开。

阳崖阴岭各殊气，未若竹下莓苔地。

炎帝虽尝未解煎，桐君有　那知味。

新芽连拳半未舒，自摘至煎俄顷余。

木兰沾露香微似，瑶草临波色不如。

僧言灵味宜幽寂，采采翘英为嘉客。

不辞缄封寄郡斋，砖井铜炉损标格。

何况蒙山顾渚春，白泥赤印走风尘。

欲知花乳清泠味，须是眠云跂石人。

刘禹锡（772—842），唐代文学家、哲学家，洛阳人，和柳宗元交往很深，人称"刘柳"。后与白居易唱和往还，也称"刘白"。

本诗是作者任朗州（今湖南常德）司马时所作的一首赞茶诗。作者盛赞常德西山寺背北竹阴处生长的好茶，把采茶、制茶、煎茶、尝茶及其功效都描述得生动、细腻、形象。诗中对茶树栽培环境除肯定"阳崖阴岭各殊气"外，提出"未若竹下莓苔地"之说；对茶的香型指出"木兰沾露香微似"；对茶效指出要使"宿醒散"靠的是茶的香气悠扬扑鼻；要使"烦襟开"，靠的是茶味"清峭彻骨"；真正懂得茶之清味的只有住在幽僻的山寺里的僧人。全诗"灵味"很浓，写出了佛家饮茶文化的真谛。

"斯须炒成满室香"，可见一会儿就炒得满室茶香，此种旋摘旋炒的快速制茶法，是炒青绿茶的最早文字记载，说明唐代少数地区出现了炒青绿茶制作工艺。这首诗是我国公认的记录炒青绿茶最早的史料。

六、白居易《谢李六郎中寄新蜀茶》

故情周匝向交亲，新茗分张及病身。

红纸一封书后信，绿芽十片火前春。

汤添勺水煎鱼眼，末下刀圭搅曲尘。

不寄他人先寄我，应缘我是别茶人。

白居易（772—846），字乐天，自号醉吟先生，晚年号香山居士，祖籍山西太原，其曾祖父迁居下邽，生于河南新郑，唐代杰出的现实主义诗人。白居易信佛，酷爱茶，鉴茶、品水、看火、择器无一不能，自称"别茶人"。白居易终身与琴茶相伴，留存茶诗50余首，为唐人创作茶诗之魁。

白居易嗜茶似命，常以茶宣泄沉郁，浇开胸中块垒。以茶为伴，既是与闲适相伴，也是与伤感为侣，于忧愤苦恼中寻求自拔之道，这是他爱茶的又一用意。

李六郎中，即李宣，元和十一年（816）九月调任忠州刺史。此时，诗人被贬为江州司马，整日闷闷不乐。不料清明节刚过，李宣就给他寄来了新蜀茶。"唐以前茶，惟贵蜀中所产……唐茶品虽多，亦以蜀茶为重。"（《苕溪渔隐丛话》）蜀茶本就属珍品，更何况是清明时节的茶！病中的白居易赶紧动手碾茶、煎水……品尝着珍贵的新茶，诗人感受到了朋友的高谊浓情，欣喜异常，便写下这首诗。"不寄他人先寄我，应缘我是别茶人"写尽了这位茶痴对朋友和自己善于鉴赏茶而非常自得的心境与情态。整首诗以品茶为线索，将老朋友间的默契感情展现得淋漓尽致。

七、卢仝《走笔谢孟谏议寄新茶》

日高丈五睡正浓，军将打门惊周公。

口云谏议送书信，白绢斜封三道印。

开缄宛见谏议面，手阅月团三百片。

闻道新年入山里，蛰虫惊动春风起。

天子须尝阳羡茶，百草不敢先开花。

仁风暗结珠蓓蕾，先春抽出黄金芽。

摘鲜焙芳旋封裹，至精至好且不奢。

至尊之余合王公，何事便到山人家？

柴门反关无俗客，纱帽笼头自煎吃。

碧云引风吹不断，白花浮光凝碗面。

一碗喉吻润，二碗破孤闷。

三碗搜枯肠，惟有文字五千卷。

四碗发轻汗，平生不平事，尽向毛孔散。

五碗肌骨清，六碗通仙灵。

七碗吃不得也，唯觉两腋习习清风生。

蓬莱山，在何处？玉川子乘此清风欲归去。

山中群仙司下土，地位清高隔风雨。

安得知百万亿苍生命，堕在颠崖受辛苦！

便为谏议问苍生，到头还得苏息否？

卢仝（约795—835），自号"玉川子"，范阳（今河北涿州市）人。他出生在一个穷困家庭，刻苦读书，隐居少室山。被朝廷两度召为谏议大夫，均辞而不就。元和年间，卢仝作《月蚀诗》讥讽当朝权宦，红遍大江南北，因而得罪了权宦，公元835年"甘露之变"中，王涯、卢仝被捕杀。

此诗是卢仝代表作，后人常吟诵中间"一碗喉吻润"之后几句，称之为"七碗茶歌"。史家认为唐代茶界最有影响力的三件茶事为：陆羽写《茶经》，卢仝作"走笔"，赵赞推"茶禁"。

全诗200多字，以"得茶""饮茶""感茶"三部分构成篇章。自"日高丈五睡正浓"至"何事便到山人家"，描写阳羡茶的品质和得到新茶至惊、至喜的心情。从"柴门反关"到"乘此清风欲归去"，记述饮茶过程。诗人关闭柴门，独自煎茶品尝，茶汤明亮清澈，精华浮于碗面。饮茶之间，诗人只觉悠悠然飞上了青天。从解渴、破闷到激发创作欲望，释放内心的压抑，一直到百虑皆忘，飘飘欲仙，从现实到理想，何其快哉！紧接着他又从理想回到现实，展示采茶、制茶的艰辛，与受贡阶层的奢靡生活形成强烈的对比。

从品茶艺术的角度看，卢仝在诗中所描写的"一碗"至"七碗"的境界，把饮茶从"喉吻润"（解渴）、"破孤闷"（去烦）到心境逐渐空灵、渐入佳境，最后飘逸欲仙，进入"道"的境界的深切感受，几乎推到了极致，后世人写饮茶诗都难以超越他的高度。在卢仝眼里，饮茶已经成为一种寄托和理想。这首诗拓展了后世饮茶文化的精神世界，并对后世饮茶诗词创作产生了深远影响，传为千古绝唱。"玉川子"成了茶人的自称，"七碗茶""两腋清风"也成了饮茶的代称。与皎然《饮茶歌诮崔石使君》共称唐代茶诗双璧，而在表达感受茶之神奇方面，"七碗"则更胜一筹。因此，后人誉称卢仝为茶之"亚圣"。

八、张文规《湖州贡焙新茶》

凤辇寻春半醉回，仙娥进水御帘开。

牡丹花笑金钿动，传奏湖州紫笋来。

张文规（生卒年不详），唐代诗人，工书法。诗歌描写皇宫后妃醉后饮茶，点名要喝湖州紫笋新茶（"传奏湖州紫笋来"一说为"传奏吴兴紫笋来"），可见湖州紫笋已成为宫廷宠物。唐朝时茶叶的产销中心转移到今浙江和江苏，湖州茶叶开始特供朝廷，名扬天下。唐德宗贞元五年（789），宫廷里为了能喝到上等的吴兴紫笋茶，曾传旨吴兴地方官，每年贡茶必须连日兼程，赶在清明节前到京，被称为"急程茶"。

我国古代贡茶分两种形式：一种是由地方官员选送，称为土贡；另一种是由朝廷指定生产，称贡焙。湖州，就是唐代朝廷设立的历史上第一个专门采制宫廷用茶的贡焙院所在地，可见当时湖州茶叶的品质和名气。"湖州紫笋"指的就是湖州长兴顾渚山的紫笋贡茶。

第三节　唐代经典茶书法

唐代茶饮的普及使茶的文化、生活样式十分丰富，同时，茶在社会政治、经济、文化方面的层次和职能也各有不同。不同的艺术形式对茶的内容的反映也各有侧重。

一、摩崖诗文

摩崖石刻中的诗文等属历史遗迹，具有不易丢失、不易篡改的特点，但因常年受到自然的侵蚀，日晒、风吹、雨淋，容易风化剥落，字迹有时候会漫漶，识别上会带来一些困难。诗词文稿一般是以纸质为载体，如果保存得好，笔迹大多能清晰如初，内容的识别更为方便。

1. 顾渚山摩崖石刻

浙江长兴顾渚山麓有不少的摩崖石刻。在《嘉泰吴兴记》卷十八"碑碣"中载："袁高茶山述，在墨妙亭，唐朝议大夫、使持节湖州诸军事、守湖州刺史、护军、赐紫金鱼袋于頔撰，朝议郎、前滁州长史、上柱国徐玮书，盖述刺史袁高所作茶山诗也。"现主要存有三处：一为《唐兴元甲子袁高题字》，文曰："大唐州刺史臣袁高，奉诏修茶贡，讫至□山最高堂，赋茶山诗，兴元甲子岁在三春十日"（图6-1）；二为《唐贞元八年于頔题字》，文曰："使持节湖州军事刺史臣于頔，遵奉诏命，诣茶院修贡毕，登西顾山最高堂汲泉岩□□茶□□，观前刺史袁公留题□刻茶山诗于石。大唐贞元八年，岁在壬申春三月"；三为《唐大中五年杜牧题字》，其文曰："……大唐大中五年刺史樊川杜牧，奉贡□事……"这三处石刻存于金山外岗村白羊山。另外，在斫射界老鸦窝，还有唐德宗建中元年刻的《唐湖州刺史裴汶题名》和唐会昌二年刻的《张文规题名》二处石刻。

上述刻石迄今尚存，石刻虽然内容简单，书迹也不如庙堂之作来得精美，却透露着一种苍茫感和质朴感，一点一画反映了历史过往。在众多煌煌唐诗佳作中，袁高、杜牧、张文规、李郢等著名诗人用他们的作品记述着当时贡茶生产的许多细节，或悲或喜，或详或简，均可与这些摩崖之书相互印证。

图6-1　顾渚山唐兴元甲子袁高题字摩崖石刻

2. 颜真卿等《潘丞竹山书堂诗》

唐代书家中特别有人格影响力的是颜真卿。颜真卿（708—785），字清臣，进士出身，官至刑部尚书、太子太师。颜真卿39岁自长安尉升任监察御史、殿中侍御史，后又调任兵部员外郎，后被排挤，出任平原郡太守。安禄山谋反，颜真卿在平原城首举义旗，其堂兄弟颜杲卿和侄儿皆为国捐躯，悲愤之下他奋笔书写《祭侄赠赞善大夫季明文》，即有天下第二行书之称的《祭侄文稿》。颜真卿忠奸分明，敢于谏言，是一个清廉正直的人。后因谗言，任吉州司马，后谪守湖州。此间他交游文人隐逸，与陆羽、张志和、皎然、怀素等人成为好友。建中四年（783）颜真卿被叛将李希烈软禁，785年8月13日在蔡州（今河南汝南）遭缢杀。颜真卿书法师从张旭，他最善正书，也善行草书，怀素也从颜书中获益良多。

颜真卿的楷书《潘丞竹山书堂诗》与《朱巨川告》《争座位》等共28件作品，一起最早见载于宋徽宗时的《宣和书谱》卷三。其风格也正与《宣和书谱》转欧阳修所述评那样："如忠臣烈士，道德君子，端严尊重，使人畏而爱之。"《潘丞竹山书堂诗》为联句，记录颜真卿、陆羽、李萼、裴修、康造、汤清和、清昼、陆士修、房夔、颜粲、顏顗、顏须、韦介、李观、房益、柳淡、颜岘、潘述等18人的诗句，当为文人品茗雅集时所作。全诗句见载《全唐诗外编》，题为《竹山连句题潘氏书堂》（图6-2），作者都是以颜真卿为核心的朋友圈中人物，写境抒情，比较重要的是，连句中还有陆羽的诗句。虽此书法墨迹在学术界有不同意见，但诗句通过书法的形式表现出来并托名于颜真卿，这本身也是一件有意义的事。诗文为：

竹山连句题潘氏书堂

竹山招隐处，
潘子读书堂。[真卿]
万卷皆成帙，
千竿不作行。[陆羽]
练容食沆瀣，
濯足泳沧浪。[李萼]
守道心自乐，
下帷名益彰。[裴修]
风来似秋兴，
花发胜河阳，[康造]
支策晓云近，
援琴春日长。[汤清和]
水田聊学稼，
野圃试条桑。[清昼]
巾折定因雨，
履穿宁为霜。[陆士修]
解衣垂蕙带，
拂席坐藜床。[房夔]
檐宇驯轻翼，
簪裾染众芳。[颜粲]
草生还近砌，
藤长稍依墙，[颜顗]
鱼乐怜清浅，
禽闲意頡行。（行当作颃）[颜须]
空园种桃李，
远墅下牛羊。[韦介]
读易三时罢，
围　百事忘。[李观]
境幽神自王，
道在器犹藏。[房益]
昼歠山僧茗，
宵传野客觞。[柳淡]
遥峰对枕席，
丽藻映缣缃。[颜岘]
偶得幽栖地，
无心学郑乡。[潘述]

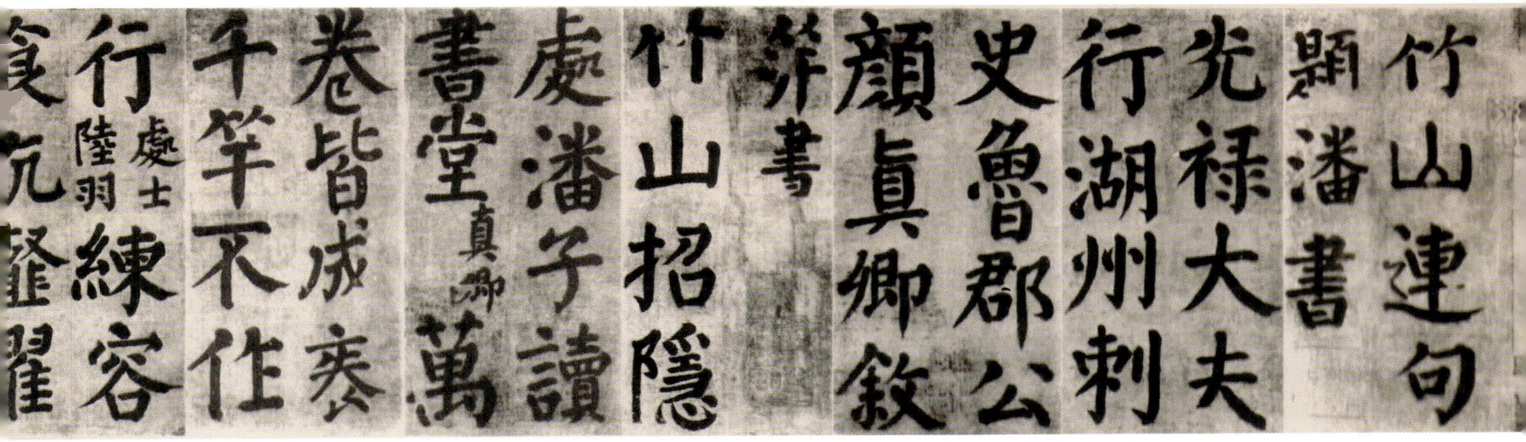

图6-2　竹山联句（局部）

二、尺牍家书

尺牍通常指古人用于书写的长一尺的木简，或指书信。家书即为家人的来往书信。本类作品中记录了不少唐代人的茶与生活，本节以《苦笋帖》和《二娘子家书》为例进行介绍。

1.《苦笋帖》

《苦笋帖》是唐代僧人怀素所书。释怀素（725—785），字藏真，湖南长沙人，草书大家。他幼年时出家，在寺院生活的余暇苦学书法。相传他因为贫困，无纸可书，便种植芭蕉万株，以芭蕉为纸，尽情挥洒。他出游外地时，会求见当代名人，学习古今书法，他特别潜心钻研张旭的草书，最终得其笔法，并进一步创造出了自己的风格。《苦笋帖》全文曰："苦笋及茗异常佳，乃可迳来，怀素上。"（图6-3）寥寥14个字，竟成为现存最早的与茶有关的佛门手札。怀素是以书法而闻名的，他的草书，人惯以"狂"视之，而《苦笋帖》却是清逸多于"狂诡"，虽一气呵成，却不失古雅淡泊的意趣。

图6-3 怀素《苦笋帖》

《苦笋帖》，绢本，长25.1厘米，宽12厘米，字径约3.3厘米，清时曾藏于内府，现藏于上海博物馆。据帖中内容，可知怀素是个爱茶之人。唐代的"茶圣"陆羽曾为他作《僧怀素传》，其中记载着他与颜真卿等人的论书之事。怀素的爱茶，即是他的生活经历使然，也是当时的社会风气使然。因此，怀素《苦笋帖》的产生有非常合理的缘由，同时，从《苦笋帖》中，我们又可以译读到唐代茶文化的无处不在。

2. 二娘子家书

这是一件唐代的家书。清末翰林、诗人、史志学家、文物鉴藏家许承尧（1874—1946）在一次整理残破经卷时，发现经卷裱背上有文字，便小心翼翼地剥剔下来，经鉴定，是唐人在破卷上随手补贴的一张纸条。这纸条其实是唐代女子所写的家书，因书写者自称"二娘子"，遂称之《二娘子家书》。

《二娘子家书》现藏安徽省博物馆，纸本，纵31厘米，横43.4厘米，19行，略残。家书字迹结体修长，颇近欧阳询的风格。《二娘子家书》是一篇女儿写给母亲的家书，书信人离家在外，致信问候母亲，表达思乡思亲之情，并寄丝织物若干给母亲和姐姐。对于唐代民间生活及茶饮的理解有着重要的价值和意义。家书内容大致如下：

"一离日久，思恋尤深……尊体起居万福……伏惟顺时倍加保重，卑情祝望。二娘子自离彼处至今年闰三月七日平善与天使司空一行到东京，目下并得安乐不用远忧。今……炎毒，更望阿嬢彼中骨肉，各好将息，勤为茶饭……二娘子在此，今寄红锦一角子，是团锦，与阿姊充信，素紫罗裹肚一条亦与阿姊，白绫半匹与阿嬢充信……莫怪微少。今因信次谨，奉状起居，不备，女二娘子状拜上六月廿一日……"

《二娘子家书》是茶文化发展的重要史料和佐证，显示出两个"广泛性"。其一，书信中的"茶"

字，已从"茶"字的不同意思中分离了出来。作为简化字，书信中的茶字，可以说明其使用已具有相当广泛的群众基础。其二，到了中唐时，不仅茶的音、形、义已趋于统一，而且，"茶饭"作为词组，也说明了茶字含义得到扩展，已从单纯茶的意义，延伸到日常餐饮的含义。茶在生活中的代表性更为广泛，也说明茶在唐代社会生活中的位置日趋重要。

第四节　唐代经典茶绘画

唐代有关茶的绘画并不多，但都堪称经典。现存的绘画作品有三件，均是工笔人物画，表现了唐代人在不同社会生活状态中的茶事场景，具有非常典型的文化特征。

一、宫廷茶事

唐代是中国历史上有明确的贡茶记录最早的时间，如蒙顶茶、阳羡茶等均属全国顶级的茶品。而且，唐代还是首次由官府出面设立贡茶院制作贡茶的时代。贡茶的制作属于生产层面，但贡茶在性质上又属于政治社会礼制的一部分。贡茶进入朝廷后，最早的使用在清明宴上祭祖，其余作为皇帝恩赐之物和宫廷日常饮用。宫廷用茶的日常情形可以从以下两件作品中窥见一斑。

1.《调琴啜茗图》

《调琴啜茗图》（图6-4）是唐代画家周昉的作品。周昉，生卒年不详，字仲朗，又字景玄，京兆（今陕西西安）人，是唐代中期重要的人物画家，尤其擅长画仕女人物。周昉是极有才华的画家，在贞元年间，新罗（朝鲜半岛）人曾经高价收购他的画数十卷带回本国，其画风对异国也有一定的影响。因为周昉出身于官宦之家，经常悠游于上层社会，故对宫廷生活方式很熟悉。宋代的《宣和画谱》评论他是"多见贵而美者"，善于创作描绘"浓丽丰肥"之态。《调琴啜茗图》就是一个典型的例子。此画现藏于美国约尔逊艾金斯艺术博物馆。

这幅作品以工笔重彩描绘了唐代宫廷妃嫔品茗听琴的悠闲华丽生活，画中五人，由人物姿态即可见为三主两仆，有一人抚琴，两人倾听，倾听者中一女身着红装，执盏品茗，注目抚琴之人，另一人侧首遥视。在抚琴仕女和侧首仕女旁各有一女仆侍茶。

图6-4　周昉《调琴啜茗图》

从画面分析可知，身着红装者居于全图中心，当为地位最高者。全图以"调琴"为重点，人物的神态无不以此为专注焦点。但是，由于主要者手执茶盏，作边品茗、边听琴状，所以，茶饮在画面中也非常引人注目。画中又有小树、大石，示意为室外环境。人物衣着色彩雅妍明丽，丰腴华贵，显示出唐人"以丰厚为体"的审美趣味。

饮茶与听琴，两个不同的内容集于同一画面，生动地体现了茶饮在当时的文化娱乐生活中已有了相当重要的地位。

2.《宫乐图》

《宫乐图》（图6-5）为唐人佚名之作。画面宏大，人物众多，生动地反映了这个历史阶段特定的社会阶层的茶饮生活。《宫乐图》也是工笔重彩，描绘的是宫廷中仕女吹奏、饮茶聚会的场面。宫中设豪华的竹编铺面长案，案上有茶碗，案中一大器皿盛茶汤。从画中可见，一宫女以长勺为众人分酌茶汤。画中人或向背、或正侧、或坐或立等神态，生动多样。有执纨扇者，有弹吹管弦者，有饮茶者，有侍候者……画中人各具情态，曲尽其妙。

《调琴啜茗图》中品茶虽在室外，却是以雅静为味；《宫乐图》则是在宫内，以热闹为趣。两者都表明了一点，即茶饮在当时已与上层社会生活及高雅艺术有了相当紧密的结合，饮茶环境所具有的浓重的宫廷特色，与民间饮茶环境有着十分明显的区别。

图6-5　《宫乐图》

从以上两幅画中可以感受到，随着茶叶生产的发展，茶饮的文化气息越来越浓。随着茶叶的入贡，上层社会特别是宫廷中的饮茶之风日见昌炽。如欲为以上两画配一首诗，则唐朝诗人张文规的《湖州贡焙新茶》最为恰当："凤辇寻春半醉回，仙娥进水御帘开。牡丹花笑金钿动，传奏湖州紫笋来。"诗意与画面交相辉映。

二、史实留痕

与一般虚构的艺术作品不一样，有些作品是以史实为依据的创作，画面所表现的都是特定的历史背景，人物大多是可以追溯到具体姓名的。这类作品除了艺术价值外，历史价值和人文价值都很大，茶的元素在其中也可以有比较明确的历史人文定位。

图6-6　《萧翼赚兰亭图》

1.《萧翼赚兰亭图》

贞观二十三年（649），唐太宗自感不久于人世，于是立下遗诏，死后一定要以王羲之的《兰亭序》墨迹为随葬品。此前，王羲之的《兰亭序》并不在唐太宗的手上，为此他派出监察御史萧翼，乔装打扮，从越州僧人辩才手中骗得了王羲之的真迹。唐太宗从此遂了心愿，而辩才则气得一命呜呼。《萧翼赚兰亭图》（图6-6）就是根据这一故事创作的。

《萧翼赚兰亭图》的作者相传为唐代的阎立本（？—673），唐雍州万年（今陕西西安）人，为唐代著名的人物画家。《萧翼赚兰亭图》纵27.4厘米，横64.7厘米，绢本设色，无款印。该画后面有宋代绍兴进士沈揆、清代金农的观款，还有明代成化进士沈瀚的跋文。

关于此画表现的题材内容，较早的是宋代吴说（吴傅朋）的《跋阎立本画兰亭》，对画面做了较详细的记述：

"右图写人物一轴，凡五辈，唐右丞相阎立本笔。一书生状者，唐太宗朝西台御史萧翼也，一老僧状者，智永嫡孙比丘辩才也……唐阎立本所图盖状此一段事迹。书生意气扬扬，有自得之色；老僧口张不呿，有失志之态；执事二人，其嘘气止沸者，其状如生。非善写貌驰誉丹青者不能办此……"

"执事二人，其嘘气止沸者，其状如生。"指的就是画面上左下角那小小的烹茶场景。画面上有2个烹茶人物，老者手持火箸，边欲挑火，边仰面注视宾主；少者俯身执茶碗准备，炉火红红，仿佛茶香正浓。其他三个人物中，两个为佛门中人，一个似为来客，好像刚刚坐定，寒暄既毕，正待茶饮。

《萧翼赚兰亭图》中的煮茶场景对于唐代茶文化，至少反映出以下三个方面：其一，它是迄今为止所见的最早以绘画形式表现茶饮的作品；其二，形象地反映了"客来敬茶"的传统习俗；其三，画面中的茶具形制和煮茶形式可作为研究当时平民及禅门茶饮的重要参考。

2. 韩熙载夜宴图

《韩熙载夜宴图》（图6-7）由南唐画家顾闳中作，现存宋摹本，绢本设色，曾为宋代内府收藏，现藏于北京故宫博物院。

韩熙载出身北方豪族，诗、书、画、音乐无不通晓，有远大政治抱负。但后主李煜继位后，不思救国图强，终日沉溺于酒色，排斥异己。南唐统治日趋没落之时，李煜要他为相，他无意为官，但又要避祸，只能表现出疏狂自放、装疯卖傻之态，以声色自娱来迷惑李后主。

顾闳中（生卒年不详，约生活于10世纪），五代南唐中宗李璟时任画院待诏，善画人物。此作是顾闳中受后主李煜指派窥视韩府夜宴情景，靠目识心记而作。画作以长卷形式分为听乐、观舞、歇息、清吹、送客等五个场面，有如连环画，表现了韩熙载放纵不羁的夜生活。

顾闳中技艺高超，造型全面，用笔设色具有深厚的功力。不仅对人物的描绘形象生动，而且对人物内心世界的刻画也非常到位。此外，在服饰、帐幔床屏、樽俎器具等细节描绘上，细致逼真，无不表现出人物的身份和地位，成为构图中不可缺少的因素，也反映了这个时代的特征。如茶、酒、饮食器的表现，图中的碗、托、壶、盘及其中的食物等也为五代乃至宋代的茶文化研究提供了形象而真切的参考资料。

图6-7　南唐 顾闳中《韩熙载夜宴图》（局部）

第七章
唐代茶书

中国最早为世界创立了茶学，而茶书则是茶学的主要理论载体。古代茶书，相对详细地记录了中国茶叶发展的历程，茶道、茶礼、茶艺、茶俗等传统文化的形成和演化，凝聚了历代茶人的经验和睿智。唐代是中国古代茶叶生产的鼎盛时期，也是一个茶书的开创时代。

第一节　唐代茶书概况

唐代茶书的产生有它的历史和社会经济背景，唐代开始出现茶书著作是一种历史的必然，它对中国茶文化的形成做出贡献。

一、唐代茶书的产生背景

经过汉魏两晋南北朝之后，饮茶群体由南到北得到极大扩展，日常生活中已不可一日无茶，茶成为"比屋之饮"，茶产业也更趋兴盛。在茶的生产和饮用过程中，人们不断提出问题、思考问题和解决问题，逐渐积累了不少经验。与此同时，人们除了在茶的品饮过程中对品质有要求以外，对于茶与人文的相关内容也有进一步探索的渴望。因此，在生产实践、日常饮用过程中，人们对茶的历史总结和对现实问题的理论探索已成为一种顺理成章的趋势。因此，茶书在唐代的出现是一种历史的必然。

二、唐代主要茶书

《茶经》是我国古代茶叶文化史上一部划时代的巨著，在茶文化史上占有极其重要的地位。陆羽《茶经》在唐永泰元年（765）已具初稿，建中元年（780）付梓。这是中国，也是世界第一部关于茶叶的专著。《茶经》的出现，标志着中国茶学系统的初步构成。陆羽《茶经》全面总结记录了唐代及唐代以前的茶事，并分之源、之具、之造、之器、之煮、之饮、之事、之出、之略、之图十章。此后历代茶书多以此为纲目，或专题或综合不断赓续。陆羽之后，唐代记述茶事之书不断出现，主要有：张又新《煎茶水记》、苏廙《十六汤品》、裴汶《茶述》、温庭筠《采茶录》、五代毛文锡《茶谱》等，这些茶书分别论述了煮茶用水用器、茶与人体健康、茶的典故以及各地名茶等。据《中国古代茶叶全书》（浙江摄影出版社）统计，唐代及五代共有茶书13种，现存仅4种，辑佚3种，已佚6种。

第二节 陆羽《茶经》选读

本节介绍《茶经》的内容提要，并节选部分原文，以供解读分析。

一、《茶经》提要

《茶经》一书，篇幅7000余字，分为三卷十章。每章题目名称点明所述中心内容（图7-1）。

"一之源"，从自然性状和人文精神两个角度对茶作了叙述，包括茶的形状、器官等称呼和文字，茶的品质和功用，以及茶叶在不同自然条件下的优劣区分。本章还记述了茶调理人体的多种功效，而且特别强调茶"最宜精行俭德之人"，把茶与人的品德修养相联系，将茶的品位提高到精神层面去认识。

"二之具"，根据工艺程序，介绍在采茶、制茶工序中用到的工具将近20种，并列出其名称、材质、形状、尺寸、作用等。

"三之造"，详细论述茶叶采制方法并论及优劣，如采茶的时间和天气要求，采茶要挑选长势最好的芽叶新梢。本章对制茶的具体过程提炼了七个关键词，即"采之、蒸之、捣之、拍之、焙之、穿之、封之"，并且对每个程序都提出了一定的要求。此外，还指出了制茶的及时性和工艺的严格性。

"四之器"，介绍了煮茶、饮茶的用具，列举各种器具20多种，并说明其材质、功用、形状、产地及使用规则。尤其是对风炉、茶镄的材质和结构论述，既有实用原理，又有人文意识。在此章中，站在对茶汤的衬托效果的立场上，将不同名窑所产茶碗的材质和色彩进行了高低品评。

"五之煮"，论煮茶方法和用火、用水的选择原则。在用火上，指出所用的燃料应该是炭或"劲薪"，而且不能受到其他气味的污染。关于煮茶用水，本章指出了水源高下之分，即"山水上、江水中、井水下"，并提出了具体的分辨取舍方法；对煮茶以"三沸"之法控制温度并进行相应的操作，以期煮出沫饽丰富的茶汤。

"六之饮"，讲饮茶风俗，叙述饮茶风尚的起源历史、传播和饮茶习俗及相关名人，提出饮茶的突出功用是能够"荡昏寐"。陆羽提出"九难"之说，即好茶需要讲究造、别、器、火、水、炙、末、煮、饮等。此章中还特别强调饮茶须用清饮法，对当时那种在煮茶时加入"葱、姜、枣、橘皮、茱萸、薄荷之等，煮之百沸"的习俗提出批评。

"七之事"，引述上古以来各种有关饮茶的故事、传说、史实以及与茶有关的药方等。此章文字量较大，很好地梳理了唐之前的茶文化和历史的线索，其中还保留着一些已佚的宝贵资料。

"八之出"，列举了全国各道各州的主要茶叶产地，评判了各地茶叶品质等级高低。本章是以产地为对象，从宏观层面进行的介绍与评价，一定程度上也反映出陆羽自己平生的行踪。

"九之略"，论述前面所述制茶和煮茶过程中所用到的器具，在某些环境条件下部分可以省略。比如煮茶时，所在地方"若瞰泉临涧，则水方、涤方、漉水囊废"，表现出既有原则性，也有灵活性。

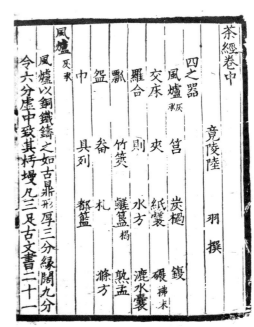

图7-1 《茶经》

"十之图"，建议将《茶经》以上九章内容用绢素写出，张挂于室内，随时观摩，对照参考，表达的是一种学习方法。

二、《茶经》节选

一之源

茶者，南方之嘉木也。一尺、二尺乃至数十尺。其巴山峡川有两人合抱者，伐而掇之。其树如瓜芦，叶如栀子，花如白蔷薇，实如栟榈，蒂如丁香，根如胡桃。（瓜芦木出广州，似茶，至苦涩。栟榈，蒲葵之属，其子似茶。胡桃与茶，根皆下孕，兆至瓦砾，苗木上抽）

其字，或从草，或从木，或草木并。（从草，当作"茶"，其字出《开元文字音义》。从木，当作"搽"，其字出《本草》。草木并，作"荼"，其字出《尔雅》。）

其名，一曰茶，二曰槚，三曰蔎，四曰茗，五曰荈。（周公云："槚，苦荼。"扬执戟云："蜀西南人谓茶曰蔎。"郭弘农云："早取为茶，晚取为茗，或一曰荈耳。"）

其地，上者生烂石，中者生砾壤，下者生黄土。凡艺而不实，植而罕茂。法如种瓜，三岁可采。野者上，园者次。阳崖阴林，紫者上，绿者次；笋者上，牙者次；叶卷上，叶舒次。阴山坡谷者，不堪采掇，性凝滞，结瘕疾。

茶之为用，味至寒，为饮最宜精行俭德之人。若热渴、凝闷、脑疼、目涩、四肢烦、百节不舒，聊四五啜，与醍醐、甘露抗衡也。

采不时，造不精，杂以卉莽，饮之成疾。茶为累也，亦犹人参。上者生上党，中者生百济、新罗，下者生高丽。有生泽州、易州、幽州、檀州者，为药无效，况非此者！设服荠苨，使六疾不瘳。知人参为累，则茶累尽矣。

……

四之器

……

风炉（灰承）

风炉以铜、铁铸之，如古鼎形，厚三分，缘阔九分，令六分虚中，致其杇墁。凡三足，古文书二十一字，一足云："坎上巽下离于中"；一足云："体均五行去百疾"；一足云："圣唐灭胡明年铸。"其三足之间，设三窗，底一窗以为通飙漏烬之所。上并古文书六字：一窗之上书"伊公"二字；一窗之上书"羹陆"二字；一窗之上书"氏茶"二字，所谓"伊公羹、陆氏茶"也。置墆㙏，于其内设三格：其一格有翟焉，翟者，火禽也，画一卦曰离；其一格有彪焉，彪者，风兽也，画一卦曰巽；其一格有鱼焉，鱼者，水虫也，画一卦曰坎。巽主风，离主火，坎主水，风能兴火，火能熟水，故备其三卦焉。其饰，以连葩、垂蔓、曲水、方文之类。其炉，或锻铁为之，或运泥为之。其灰承，作三足铁柈台之。

筥

以竹织之，高一尺二寸，径阔七寸。或用藤，作木楦，如筥形织之。六出圆眼。其底、盖若利箧口，铄之。

炭挝

炭挝，以铁六棱制之。长一尺，锐上丰中。执细头系一小镮，以饰挝也。若今之河陇军人木吾也。或作锤，或作斧，随其便也。

火筴

火筴，一名箸，若常用者，圆直一尺三寸。顶平截，无葱台勾锁之属。以铁或熟铜制之。

鍑（音辅，或作釜，或作鬴）

鍑，以生铁为之。今人有业冶者，所谓急铁，其铁以耕刀之趄炼而铸之。内摸土而外摸沙。土滑于内，易其摩涤；沙涩于外，吸其炎焰。方其耳，以正令也。广其缘，以务远也。长其脐，以守中也。脐长，则沸中；沸中，则末易扬；末易扬，则其味淳也。洪州以瓷为之，莱州以石为之。瓷与石皆雅器也，性非坚实，难可持久。用银为之，至洁，但涉于侈丽。雅则雅矣，洁亦洁矣，若用之恒，而卒归于铁也。

交床

交床，以十字交之，剜中令虚，以支鍑也。

夹

夹，以小青竹为之，长一尺二寸。令一寸有节，节已上剖之，以炙茶也。彼竹之筱，津润于火，假其香洁以益茶味。恐非林谷间莫之致。或用精铁、熟铜之类，取其久也。

纸囊

纸囊，以剡藤纸白厚者夹缝之，以贮所炙茶，使不泄其香也。

碾（拂末）

碾以橘木为之，次以梨、桑、桐、柘为之。内圆而外方。内圆，备于运行也；外方，制其倾危也。内容堕而外无余木。堕，形如车轮，不辐而轴焉。长九寸，阔一寸七分。堕径三寸八分，中厚一寸，边厚半寸。轴中方而执圆。其拂末，以鸟羽制之。

罗合

罗末，以合盖贮之，以则置合中。用巨竹剖而屈之，以纱绢衣之。其合以竹节为之，或屈杉以漆之。高三寸，盖一寸，底二寸，口径四寸。

则

则，以海贝、蛎蛤之属，或以铜、铁、竹匕策之类。则者，量也，准也，度也。凡煮水一升，用末方寸匕"，若好薄者减之，嗜浓者增之。故云则也。

水方

水方，以椆木、槐、楸、梓等合之，其里并外缝漆之。受一斗。

漉水囊

漉水囊，若常用者。其格以生铜铸之，以备水湿，无有苔秽、腥涩意；以熟铜苔秽；铁腥涩也。林栖谷隐者，或用之竹木。木与竹非持久涉远之具，故用之生铜。其囊，织青竹以卷之，裁碧缣以缝之，纽翠钿以缀之，又作绿油囊以贮之。圆径五寸，柄一寸五分。

瓢

瓢，一曰牺杓，剖瓠为之，或刊木为之。晋舍人杜育《荈赋》云："酌之以瓠。"瓠，瓢也，口阔，胫薄，柄短。永嘉中，余姚人虞洪入瀑布山采茗，遇一道士，云："吾，丹丘子，祈子他日瓯牺之余，乞相遗也。"牺，木杓也。今常用以梨木为之。

竹笑

竹笑，或以桃、柳、蒲葵木为之，或以柿心木为之。长一尺，银裹两头。

鹾簋（揭）

鹾簋，以瓷为之，圆径四寸，若合形。或瓶、或　，贮盐花也。其揭，竹制，长四寸一分，阔九分。揭，策也。

熟盂

熟盂，以贮熟水。或瓷、或沙。受二升。

碗

碗，越州上，鼎州次、婺州次、岳州次，寿州、洪州次。或者以邢州处越州上，殊为不然。若邢瓷类银，越瓷类玉，邢不如越一也；若邢瓷类雪，则越瓷类冰，邢不如越二也；邢瓷白而茶色丹，越瓷青而茶色绿，邢不如越三也。晋杜育《荈赋》所谓："器择陶拣，出自东瓯。"瓯，越也，瓯，越州上。口唇不卷，底卷而浅，受半升以下。越州瓷、岳瓷皆青，青则益茶。茶作红白之色。邢州瓷白，茶色红；寿州瓷黄，茶色紫；洪州瓷褐，茶色黑；悉不宜茶。

畚

畚，以白蒲卷而编之，可贮碗十枚。或用筥，其纸帊以剡纸夹缝，令方，亦十之也。

札

札，缉　桐皮以茱萸木夹而缚之，或截竹束而管之，若巨笔形。

涤方

涤方，以贮洗涤之余。用楸木合之。制如水方，受八升。

滓方

滓方，以集诸滓，制如涤方，处五升。

巾

巾，以绝布为之。长二尺，作二枚，互用之，以洁诸器。

具列

具列，或作床，或作架。或纯木、纯竹而制之；或木或竹，黄黑可扃而漆者。长三尺，阔二尺，高六寸。具列者，悉敛诸器物，悉以陈列也。

都篮

都篮，以悉设诸器而名之，以竹篾内作三角方眼，外以双篾阔者经之，以单篾纤者缚之，递压双经，作方眼，使玲珑。高一尺五寸，底阔一尺，高二寸，长二尺四寸，阔二尺。

五之煮

凡炙茶，慎勿于风烬间炙，熛焰如钻，使炎凉不均。持以逼火，屡其翻正，候炮出培塿状虾蟆背，然后去火五寸。卷而舒，则本其始又炙之。若火干者，以气熟止；日干者，以柔止。

其始，若茶之至嫩者，蒸罢热捣，叶烂而芽笋存焉。假以力者，持千钧杵，亦不之烂，如漆科珠，壮士接之，不能驻其指。及就，则似无穰骨也。炙之，则其节若倪倪如婴儿之臂耳。既而承热用纸囊贮之，精华之气无所散越，候寒末之。（末之上者，其屑如细米；末之下者，其屑如菱角）

其火，用炭，次用劲薪。（谓桑、槐、桐、枥之类也）其炭，曾经燔炙，为膻腻所及，及膏木、败器不用之。（膏木为柏、桂、桧也。败器谓朽废器也）古人有劳薪之味，信哉！

其水，用山水上，江水次，井水下。（《荈赋》所谓"水则岷方之注，挹彼清流。"）其山水，拣乳泉、石池慢流者上；其瀑涌湍漱，勿食之。久食令人有颈疾。又多别流于山谷者，澄浸不泄，自火天至霜郊以前，或潜龙蓄毒于其间，饮者可决之，以流其恶，使新泉涓涓然，酌之。其江水，取去人远者。井，取汲多者。

其沸如鱼目，微有声，为一沸。缘边如涌泉连珠，为二沸。腾波鼓浪，为三沸。已上，水老不可食也。初沸，则水合量，调之以盐味，谓弃其啜余，（啜，尝也，市税反，又市悦反）无乃𪗋𪗶（上古暂反。下吐滥反。无味也）而钟其一味乎？第二沸出水一瓢，以竹笑环激汤心，则量末当中心而下。有顷，势若奔涛溅沫，以所出水止之，而育其华也。

凡酌，置诸碗，令沫饽均（《字书》并《本草》：饽，茗沫也。饽蒲笏反）。沫饽，汤之华也。华之薄者曰沫，厚者曰饽，轻细者曰花，如枣花漂漂然于环池之上；又如回潭曲渚青萍之始生；又如晴天爽朗有浮云鳞然。其沫者，若绿钱浮于水湄；又如菊英堕于鐏俎之中。饽者，以滓煮之，及沸，则重华累沫，皤皤然若积雪耳。《荈赋》所谓"焕如积雪，烨若春薮"，有之。

第一煮水沸，而弃其沫，之上有水膜如黑云母，饮之则其味不正。其第一者为隽永，（徐县、全县二反。至美者曰隽永。隽，味也。永，长也。味长曰隽永，《汉书》：蒯通著《隽永》二十篇也）或留熟盂以贮之，以备育华救沸之用，诸第一与第二、第三碗次之，第四、第五碗外，非渴甚莫之饮。凡煮水一升，酌分五碗，（碗数少至三，多至五。若人多至十，加两炉）乘热连饮之。以重浊凝其下，精英浮其上。如冷，则精英随气而竭，饮啜不消亦然矣。

茶性俭，不宜广，广则其味黯澹。且如一满碗，啜半而味寡，况其广乎！其色缃也，其馨欤也，（香至美曰欤。欤，音使。）其味甘， 也；不甘而苦，荈也；啜苦咽甘，茶也。

第八章
少数民族茶艺及
地方特色茶艺

中国是茶的故乡，可以说，世界各地有中国人的地方就有茶。在漫长的历史发展进程中，茶的饮用方式由生煮羹饮朝着煮饮干茶、末茶、点茶、撮泡等方向发展，出现了清饮和调饮两大饮用类别，饮茶活动也变得更加生活化、习俗化、区域化、艺术化和多样化。茶在民族迁移中实现了民族融合及文化碰撞，逐渐成为中国的国饮，不同民族衍生出各具特色的饮茶习俗和文化。

第一节　少数民族茶艺及地方特色茶艺的形成

　　少数民族文化是不同民族在区域环境中形成的物质财富与精神财富的总和。我国56个民族在漫长的历史岁月中，由于风土人情、生活环境与生产条件、民族历史文化等因素，其与茶结合的形式多姿多彩，形成了丰富多样并具有鲜明特色的民族茶文化，体现了中国茶文化资源的多样性。

一、概述

　　中国是一个统一的多民族国家，由56个民族构成。我国少数民族分布的地域十分广阔，他们绝大部分居住在我国西部和北部的边疆地区。西北、西南及东北地区是我国少数民族分布最集中的地区。各民族呈现大杂居、小聚居、相互交错居住的特点。这种分布格局是长期历史发展过程中各民族间相互交往、流动而形成的。全国各省、自治区、直辖市及港澳台都有少数民族居住，如内蒙古、新疆、宁夏、广西、西藏、云南、贵州、青海、四川、甘肃、辽宁、吉林、湖南、湖北、海南、台湾等地，其中云南省是民族分布最多的省，居住着25个民族。各民族将茶融入民族传统生活中，形成了丰富多彩的饮茶习俗，例如藏族的酥油茶、白族的三道茶、土家族的擂茶、蒙古族的奶茶和傣族的竹筒香茶等。

二、少数民族茶艺及地方特色茶艺

　　许多少数民族根据自己的生活环境、生活习惯，创造出别具一格的饮茶方法，成为茶文化中一道亮丽的风景线。"吃烤茶"是彝族、白族、佤族、拉祜族等少数民族所习惯的饮茶方式，烤茶的烤炙方法有罐烤、竹筒烤、铁板烤等。生活在我国西南山区的侗族则喜欢喝"打油茶"。

　　地方茶艺中以江南青豆茶、四川长嘴壶茶艺、潮州工夫茶等最具代表性。

第二节　少数民族茶艺及地方特色茶艺的特点

由于各民族所处地域、生活习俗不同，茶与民族文化相结合，形成各具民族特色的茶礼、茶俗、茶艺，异彩纷呈。有些民族和地区还保留着古老的饮茶方式，具有珍贵的历史价值，成为我国文化宝库的珍贵财富。尤其是中国西南地区少数民族，在长期的丛林生活中，不仅种茶早，而且创造了自己的一套加工、食用方法，采种、加工、贮存、运输、饮用都是自然的、生态的，崇尚简净，怡然自得，在质朴中体现了返璞归真，人与自然和谐统一。

一、少数民族茶艺的特点

1. 纯朴

纯朴是少数民族茶饮最大的特性。景颇族的腌茶、基诺族的凉拌茶、德昂族的酸茶、哈尼族的土锅茶、彝族的罐罐茶、纳西族的龙虎斗、拉祜族的火焯茶、佤族的烧茶、怒族的盐巴茶、傈僳族的油盐茶、普米族的打油茶、傣族的竹筒茶、布朗族和阿昌族的青竹茶、白族的三道茶、土家族的擂茶、蒙古族的奶茶等，都表现了一种纯朴的特性，体现在饮茶器具、制作原料、饮用方式等各个方面。

2. 热情

吃苦耐劳，热情好客，这是中国各民族的民族特性。待人热情、诚恳、大方，同样体现在各民族的茶艺和日常饮茶生活中。如到回族同胞家中做客，互道一声"色俩目"（阿拉伯问候语），之后，回族同胞们会热情地请客人坐到炕上，摆上炕桌，在桌上摆满回族传统茶点和水果后，将冲泡好的盖碗茶恭恭敬敬地双手敬上，其热情与真诚令人感动。哈萨克族坚信"祖先的遗产中，有一部分是留给客人的"，到哈萨克人家中做客，主人会为客人熬制奶茶。主客喝茶时先轻声说"布斯木拉"（《古兰经》中的第一句话），然后趁热慢慢品饮。如果客人不想再喝，只需用右手把碗口捂一下，示意已喝足。壮族饮茶习俗中有客人喝三碗表示对主人的尊敬。同样，傣族饮茶习俗中，通常客人要畅饮四碗茶，以此表示对茶与主人的尊敬。热情真诚地以茶待客，是中华民族的优良品格。

3. 养生

中国各民族的茶饮除了解渴也追求养生。以土家族、苗族等多个少数民族所喜爱的擂茶为例，是由茶叶、生米和生姜混在一起，放在陶制的擂钵里擂成糊状，加入适量的食盐，用开水冲泡而成，这是少数民族以强身健体为目的的发明。此外，无论是藏族的酥油茶、蒙古族的奶茶、云南诸民族的烤茶等，还是宁夏和甘肃一带回族的盖碗茶、新疆维吾尔族的香茶、湘西土家族的油茶汤、楚湘侗族的打油茶等，都有一定的养生作用。

4. 多样

多样性是中华民族茶艺的鲜明特征。中国地形地貌、气候多样，生态系统多样；茶树品种多样，茶类多样；民族众多，民俗风情多样。这些自然和人文的多样性与茶的多样性相结合，构成了中华民族茶文化资源的多样性。少数民族茶饮作为一个整体，从外部看，相对于中华民族的多元文化，它具有独特的个性特征；从内部看，它是由若干不同层次、不同特色的民族茶饮组成的。

二、地方特色茶艺特点

地方特色茶艺除了与少数民族茶艺有一些共同的特点外，还有一些地域独有的特色。

1. 地域性

不同地方的特色茶艺，充分表现了茶饮的地域性，构成了中国丰富多彩的地域茶饮文化。

2. 原生性

独树一帜的地方特色茶艺充满着生活的气息与生命的活力，在中国人的日常生活中，茶的陪伴有如柴米油盐般平凡，是用来喝、用来吃、用来交流情意的。没有严格的规范要求，来客不论尊卑同等以茶招待，充满着地方生活的气息，是地方特色茶艺最原生的表现。

3. 功能性

地方特色茶艺不仅仅是饮茶和泡茶艺术的简单呈现，它还具备了社会和文化功能。

① 茶饮成礼。地方特色茶艺中众多的"迎宾茶""送客茶"茶艺，客来敬茶、先茶后饭，虽然在各地表现形式不同，但敬茶已作为待客的一种礼仪载体。

② 茶饮祈福。许多地方特色茶艺把茶作为一种祝福、吉祥的寄托。

③ 茶饮祭祀。某些地方由于原始的信仰等原因，形成了以茶祭祀、无茶不祭的风俗。

第三节　少数民族茶艺及地方特色茶艺的分类

由于民族不同、地域习俗不同，人们食茶、饮茶方式千差万别，或清饮或调饮，或以茶为药，或以茶为食。

一、少数民族茶艺的分类

纵观少数民族的用茶方式，可概括为清饮、调饮、食用和药用等方式。

（一）清饮

所谓清饮，是指茶汤中不添加任何其他物品，享受茶的原汁原味。这种饮法在少数民族茶饮中主要有烤茶、煨茶、煮茶等。

1. 烤茶清饮法

一般制作方法为：取晒青茶，放入烤茶罐，手持茶罐置于炭火上复烤，抖动翻转茶叶。罐中茶叶遇热发出爆炒声，当茶散发焦香时，趁热冲入沸水，罐中茶水泛起泡沫，刮去浮沫，煮沸即可饮用。烤茶在云南一些少数民族茶饮中比较常见，如德昂族的砂罐茶、拉祜族的烤茶、佤族的铁板烧茶、白族的烤茶和彝族的糊米茶等（图8-1）。

图8-1　烤茶清饮法

2. 煨茶清饮法

一般煨茶的调制方法与烤茶类似，只是所用的茶叶不同。煨茶用的是从茶树上采下的一芽五六叶新鲜嫩梢，带回家后，将茶鲜叶放在火塘明火上烘烧至焦黄后，再放入茶罐内煮饮。这类茶叶因未经揉制，茶味较淡，还略带苦涩味和青气。云南南部一些少数民族习惯饮用煨茶，如傣族煨茶、哈尼族煨茶、佤族煨酽茶和独龙族煨茶等（图8-2）。

甘苦浓烈的煨酽茶，是佤族最古老的饮茶方式，时至今日，佤族山寨的日常生活中仍不可一日无酽茶。酽茶的煨煮方式传统朴素，首先将土质陶罐洗净烘干；然后将采摘的新鲜茶叶烘烤至焦黄，放入陶罐中，将陶罐置于熊熊燃烧的火塘边烘烤一段时间；烤至茶叶散发出诱人的阵阵清香时，将清水舀入罐里，再把陶罐置于火塘边煨煮。煨煮时间可长可短，既可煨煮片刻即饮用，也可煨煮1、2个小时甚至更长，但以煮至罐中水剩一半时茶的色泽和口感最佳。酽茶色泽深黄，味苦涩，兼有一股浓烈的烟熏味，但其甘香清凉，常饮有解渴、消食化痰、解除胀满、解乏提神之功效。

3. 煮茶清饮法

煮茶的方法是先用茶壶将水煮沸，随即从罐内取出适量已经过加工的茶叶，投入正在沸腾的茶壶内，煮3分钟左右，待茶汁浸出，即可将壶中的茶注入竹筒，供人饮用。煮茶是基诺族喜爱的民俗茶饮。

（二）调饮

所谓调饮，是指在茶叶中或茶汤中添加其他原料，饮用的是包括茶在内的混合饮品。调味者，是将茶汤调成甜味、咸味、酸味、酒味或辣味等；调入的配料，是在茶汤中加入奶类、酥油、果酱、蜂蜜、柠檬、豆浆、薄荷、苦艾或豆蔻等，或加入干果等泡饮。如西部边陲民族的酥油茶、盐巴茶等。

调饮的茶，因添加了不同的作料，大多具有一定营养，有延年益寿等功效。

1. 加酥油调饮法

酥油是一种类似黄油的乳制品，是从牛奶或羊奶中提炼出的脂肪。酥油营养价值颇高，具有滋润肠胃、和脾温中的功效。

酥油茶是藏族人民每日的必饮品，也是招待客人的必备品（图8-3）。

2. 加奶调饮法

我国西北边疆以畜牧业为生的少数民族喜饮加奶调饮茶。牧区人们多食牛羊肉，蔬菜少，饮茶可弥补维生素摄入不足，并助消化。茶是每日必需，不可短缺，尤以蒙古族最为典型。蒙古族喝的咸奶茶，用茶多为青砖茶或黑砖茶，煮茶的器具是铁锅。

蒙古族同胞认为，只有器、茶、奶、盐、温五者互相协调，才能煮成咸香适宜、美味可口的咸奶茶。

图8-2　煨茶清饮法

图8-3　加酥油调饮法

3. 加食品和佐料调饮法

① 擂茶调饮法。将茶叶和米、姜末、芝麻、花生等放入专用擂钵，用擂棍在钵内旋碾，碾成粉状，加水煮沸，加盐调味，舀起饮用。

② 打油茶调饮法。在锅内放入茶籽油，将茶叶、芝麻、花生、生姜、肉末等同炒，加水煮开，加盐等调味饮用。

③ 三道茶调饮法。分三次用不同的配料泡茶，风味各异，概括为一苦、二甜、三回味。头道茶为苦茶，味浓且苦；第二道茶为甜茶，甜滋滋的；第三道茶为回味茶，麻、辣、甜、苦，饮之使人回味（图8-4）。

图8-4　三道茶的食材

图8-5　凉拌茶

（三）食用

1. 腌茶

腌茶一般在雨季制作，所用的茶叶是不经加工的鲜叶。制作时，首先将从茶树上采回的鲜叶用清水洗净，沥干水后待用。腌茶时，先用竹匾摊晾鲜叶，使鲜叶失去少许水分；而后稍加搓揉，再加上辣椒、食盐适量拌匀，放入罐或竹筒内，层层用木棒春紧，将罐（筒）口盖紧，或用竹叶塞紧。静置二三个月，至茶叶色泽开始转黄，就算茶已腌好。腌好的茶从罐内取出后晾干，然后装入瓦罐，随食随取。食用时还可拌入香油，加蒜泥或其他佐料。腌茶，其实就是一道菜，茶香气和滋味都别有风味，深受德昂族、布朗族等同胞喜爱。

2. 凉拌茶

凉拌茶是一种较为原始的食茶方法，它的历史可以追溯到数千年以前。凉拌茶以现采的茶树鲜嫩新梢为主料，再配以黄果叶、辣椒、盐等作料制成，一般可根据各人的喜好而定。

凉拌茶是基诺族同胞的原始食茶方式（图8-5）。

（四）药用

龙虎斗茶

云南西北部纳西族同胞喜欢把茶叶放在瓦罐里加开水熬得浓浓的，而后把茶水冲入事先装有酒的杯子里与酒调和，有时还加上一个辣椒，当地人称之为"龙虎斗茶"。如遇感冒，喝一杯龙虎斗茶后，全身便会发热冒汗，睡前喝一杯，醒来精神抖擞，浑身有力。

二、地方特色茶艺的分类

（一）清饮式

1. 撮泡法

在广袤的中华大地上，无论南方北方，无论绿茶、红茶还是乌龙茶，人们日常最喜欢用杯、壶撮泡、清饮。客来敬茶是最自然的待客之礼，客人进门后的第一件事，就是为客人执杯沏茶。清香温热的茶水、器具结净、礼仪周到，体现着主人的心意。

2. 潮州工夫茶

潮州工夫茶是最具特色的乌龙茶清饮茶艺。潮汕人种茶、制茶精细，烹茗技艺精湛，故称"工夫茶"。传统潮州工夫茶讲究使用工夫茶"四宝"，即"玉书碨、红泥炉、孟臣罐、若琛杯"。

（二）调饮式

1. 三炮台盖碗茶

宁夏的盖碗茶又称"三炮台碗子茶"。

三炮台品种繁多，最具代表性的是"八宝茶"，茶材包括茶叶、冰糖、桂圆、枸杞、葡萄干、红枣、菊花、芝麻等。由于配料在茶汤中浸出速度不同，因此，每泡茶汤滋味也不同，能去腻生津，又滋补强身。

2. 青豆茶

青豆茶是江浙一带尤其是湖州南浔的地方传统茶饮。

青豆茶的主料是绿茶、烘青豆，佐料有切得很细的兰花豆腐干、盐渍过的橘皮、桂花和胡萝卜干，再加炒熟的芝麻和紫苏或笋干。将各种原料放在茶杯里，冲入开水，片刻即可品饮。青豆茶五彩缤纷，口味微咸鲜香，先尝茶汤原汁，再吃茶里的青豆等，既解渴，又垫饥。

第四节　少数民族茶艺

各民族在长期的生产劳动生活中形成了独特的饮茶方式，如：德昂族酸茶、布依族青茶、白族三道茶、基诺族凉拌茶、景颇族腌茶、拉祜族糟茶、傈僳族雷响茶、蒙古族奶茶、阿昌族米虫茶、回族盖碗茶、侗族（苗族）打油茶、满族盖碗茶等，多姿多彩，各具特色。

一、概述

少数民族茶艺是中华茶文化的重要组成部分。各少数民族在不断的发展中，由于各民族历史、文化、风俗等，形成了丰富多样的饮茶、用茶方式，并具有鲜明的地域特征和民族特征，充满生机，极富个性。具有代表性的少数民族茶饮方式见表8-1。

表8-1　中国少数民族主要饮茶用茶方式一览表

编号	民族	饮茶方式	编号	民族	饮茶方式
1	蒙古族	奶茶、砖茶、盐巴茶、黑茶、咸茶	29	土族	年茶
2	回族	三香碗子茶、三炮台茶、茯砖茶	30	达斡尔族	奶茶、荞麦粥茶
3	藏族	酥油茶、甜茶、奶茶、油茶羹	31	仫佬族	打油茶
4	维吾尔族	奶茶、奶皮茶、清茶、香茶、甜茶、炒面茶、茯砖茶	32	羌族	酥油茶、罐罐茶
5	苗族	米虫茶、青茶、油茶、茶粥、擂茶	33	布朗族	青竹茶、酸茶
6	彝族	烤茶、陈茶、百抖茶	34	撒拉族	麦茶、茯茶、奶茶、三香碗子茶
7	壮族	打油茶、槟榔代茶	35	毛南族	青茶、煨茶、打油茶
8	布依族	青茶、打油茶	36	仡佬族	甜茶、煨茶、打油茶
9	朝鲜族	人参茶、三珍茶	37	锡伯族	奶茶、酥油茶
10	满族	红茶、盖碗茶	38	阿昌族	青竹茶
11	侗族	豆茶、青茶、打油茶	39	普米族	青茶、酥油茶、打油茶
12	瑶族	打油茶、滚郎茶	40	塔吉克族	奶茶、清真茶
13	白族	三道茶、烤茶、雷响茶	41	怒族	酥油茶、盐巴茶
14	土家族	擂茶、油茶汤、打油茶	42	乌孜别克族	奶茶
15	哈尼族	煨茶、煎茶、土锅茶、竹筒茶	43	俄罗斯族	奶茶、红茶
16	哈萨克族	奶茶、清真茶、米砖茶	44	鄂温克族	奶茶
17	傣族	竹筒香茶、煨茶、烧茶	45	德昂族	砂罐茶、酸茶
18	黎族	黎茶、芎茶	46	保安族	清真茶、三香碗子茶
19	傈僳族	油盐茶、雷响茶、龙虎斗	47	裕固族	炒面茶、甩头茶、奶茶、酥油茶、茯砖茶
20	佤族	苦茶、煨酽茶、擂茶、铁板烧茶	48	京族	青茶、槟榔茶
21	畲族	三碗茶、烘青茶	49	塔塔尔族	奶茶、茯砖茶
22	高山族	酸茶、柑茶	50	独龙族	煨茶、竹筒打油茶、独龙茶
23	拉祜族	竹筒香茶、糟茶、烤茶	51	鄂伦春族	黄芹茶
24	水族	罐罐茶、打油茶	52	赫哲族	小米茶、青茶
25	东乡族	三台茶、三香碗子茶	53	门巴族	酥油茶
26	纳西族	酥油茶、盐巴茶、龙虎斗、糖茶	54	珞巴族	酥油茶
27	景颇族	竹筒茶、腌茶	55	基诺族	凉拌茶、煮茶
28	柯尔克孜族	茯茶、奶茶			

注：民族顺序按国家民族事物委员会"中华各民族"表格从左栏到右栏排序。

二、特色少数民族茶艺

1. 白族三道茶

白族主要聚居于云南省大理白族自治州。白族三道茶相传为南诏、大理国时期国王宴请将军大臣的礼待，后来配方流入民间，形成民间待客的一种方式。三道茶营养丰富，味道鲜美，更蕴涵着深情厚谊和人生哲理，最初是白族长辈用它对即将求学、经商、婚嫁的晚辈的祝愿，如今应用范围日益扩大，成了白族人民喜庆迎宾时的饮茶习俗。

三道茶每道茶的制作方法和所用配料各不相同，代表三种含义。第一道茶为"苦茶"，寓意做人"要立业，就要先吃苦"。第二道茶为"甜茶"，寓意"人生在世，无论做什么事，只有吃得了苦，才会有甜香来!"第三道茶为"回味茶"，它告诫人们，凡事要多"回味"，切记"先苦后甜"的哲理。

2. 藏族酥油茶

藏族主要居住在西藏、青海、甘肃、四川甘孜、阿坝和云南香格里拉等地。藏族同胞视茶为血肉和生命，流传甚广的藏语古谚："加察热! 加霞热! 加梭热!"译成汉语就是"茶是血! 茶是肉! 茶是生命!"藏族聚居地区海拔高，空气稀薄，气候高寒干旱，他们以放牧或种旱地作物为生，当地蔬菜瓜果很少，食物以牛羊肉和糌粑、乳、酥油等为主。"其腥肉之食，非茶不消;青稞之热，非茶不解"。茶中富含咖啡因、茶多酚、维生素等，具有清热、润燥、解毒、利尿等功能，有助于消化，正好弥补藏族饮食中的缺陷，防治消化不良等病症，起到健身防病的作用。茶是藏族人的生活必需品。

酥油茶是藏区最具代表性、风格突出、营养丰富的茶饮。主要原料有紧压茶、酥油和盐。酥油是从牛奶中提炼的粗制奶油，营养价值高，藏医学认为，在高寒缺氧环境下多喝酥油茶能增强体质、滋润肠胃。酥油茶产生的高热能御寒。

制作酥油茶时，先煮茶，再将茶汁倒入圆柱形的打茶筒内，加入适量酥油、捣碎的核桃仁、花生仁、芝麻粉、生鸡蛋等和少量的食盐，趁热用木杵上下搅打。根据藏族同胞的经验，当打茶筒内发出"嚓、嚓"声时，表明酥油茶打好了。酥油茶色、香、味俱佳，入口香醇柔润，美味可口。

酥油茶喝起来咸里透香，既可暖身御寒，又能补充营养。藏族同胞家中有客来访，敬献酥油茶便成了他们款待宾客的隆重礼仪。

3. 纳西族龙虎斗

云南省丽江地区是纳西族的主要聚居地，除云南外，四川和西藏均有纳西族聚居。纳西族是一个喜爱喝茶的民族。

纳西族喜欢一种具有神奇色彩的"龙虎斗"茶。龙虎斗既是玉龙雪山脚下纳西族人的古老茶饮，也是风寒茶疗的一味"猛药"。冬季感冒多发，住在深山密林中缺医少药的少数民族同胞如果得了感冒，喝下一杯"龙虎斗"，片刻浑身发汗，如再好好睡上一觉，就会全身清爽，感冒全消。

龙虎斗原名"阿古勒烤"，是一家老少在火塘边烤制的茶饮。制作龙虎斗时，先将晒青茶烤至焦黄发香时，向罐里冲入沸水，再稍煮一会儿，茶即熬成。度数适中的酒是龙虎斗治感冒的关键之一。在温热的茶盅里斟上小半杯苞谷酒，若嫌酒不够热，或想观赏更为壮观的龙虎斗，可将酒点燃，每只杯上立刻燃起隐约的蓝色火焰，仿佛猛虎怒吼热身，准备迎接蛟龙。将滚烫的浓茶倒进盛有白酒的茶盅中，滚烫的茶汤与蓝焰的烧酒迸发出红色火光，茶香酒香彼此裹挟着四溢而出，盅内发出热烈的"啪啪"响声，酷似天上蛟龙俯冲下来，与地上猛虎激烈交缠。纳西族人把这种响声看作是吉祥的象征，响声越大，在场的人就越高兴。通常会由纳西族少女奉上这杯仍在噼啪作响的龙虎斗，以示对客人的尊敬。

龙虎斗的茶汤色泽橙黄，酒的味道依然浓烈，但茶散发着些许焦香的清甘，将酒的张扬压了下去，同时，酒之野性亦为茶的内敛淡然添了几分热烈的原始气息。有人还在酒盅里加上一个辣椒或些许花椒，其味道更加独特。一杯令饮者周身发汗，四体通泰，无比舒畅。

4. 蒙古族奶茶

奶茶是我国很多少数民族、特别是北方游牧民族同胞酷爱的饮品，从天山南北到大青山下，从"风吹草低见牛羊"的内蒙古大草原，到神奇的"雪域高原""世界屋脊"青藏高原，处处都可闻到奶茶诱人的浓香。蒙古族、哈萨克族、维吾尔族、乌孜别克族、塔塔尔族、柯尔克孜族以及藏族同胞都非常喜欢喝奶茶，但他们的喝法各不相同。

由砖茶煮成的咸奶茶，是蒙古族人的传统茶饮。在牧区，人们习惯于"一日三餐茶，一顿饭"。每日清晨，主妇的第一件事就是先煮一锅咸奶茶，供全家整天享用。早上，他们一边喝茶，一边吃炒米，将剩余的茶放在微火上暖着，以便随时取饮。通常一家人只在晚上放牧回家才正式用餐一次，但早、中、晚三次喝咸奶茶，一般是不可缺少的。若有客人到访，热情好客的主人首先斟上香喷喷的奶茶，表示对客人的真诚欢迎。若客人光临家中而不斟茶将被视为草原上最不礼貌之行为。蒙古族同胞的年人均茶叶消费量高达8千克左右，最多的达15千克以上。

制作奶茶时，一般用青砖茶或黑砖茶，先把砖茶打碎，将2～3升水煮至刚沸腾，加入打碎的砖茶50～80克。当水再次沸腾5分钟后，掺入牛奶，稍加搅动，再加入适量盐。等到整锅咸奶茶开始沸腾时，即可盛在碗中待饮。蒙古族姑娘从懂事起，母亲就会向女儿悉心传授煮茶技艺。当姑娘出嫁时，必须当着亲朋好友的面显露一下她煮咸奶茶的本领。否则，就会有缺少家教之嫌。

5. 苗族油茶

居住在鄂西、湘西、黔东北一带的苗族有喝八宝油茶汤的习惯。三江、融水、龙胜等地的苗族，盛行打油茶，特别喜爱饮油茶，有的地方一天要喝三餐油茶，早上起来先喝油茶再出工，中午收工回来先喝油茶再吃午饭，晚餐也先喝油茶再做饭。客人进家不送开水不沏茶，而是煮油茶招待。当地俗语说"一日不喝油茶汤，满桌酒菜都不香"。

八宝油茶汤的制作比较复杂，先将阴米（由糯米蒸熟晾干制成）、玉米（煮后晾干）、黄豆、花生米、团散（一种米面薄饼）、豆腐干丁、粉条等分别用茶油炸好，分装入碗待用。接着放适量茶油在锅中，待油冒青烟时，放入适量茶叶和花椒翻炒，待茶叶叶色转黄发出焦糖香时，即可倾水入锅，再放上姜丝，水煮沸，再徐徐掺入少许冷水，等水再次煮沸时，加入适量食盐和少许大蒜、胡椒等，用勺稍加拌动，随即将锅中茶汤连同作料，一一倾入盛有油炸食品的碗中，八宝油茶汤制作即算完成。

待客敬油茶汤时，由主妇用双手托盘，盘中放上几碗八宝油茶汤，每碗放一只勺，彬彬有礼地敬奉客人。苗族吃油茶，有连吃四碗的规矩，每碗代表一季，有四季富足、平安之意。客人若不再想吃，应该把碗叠起来放好。苗族八宝油茶汤喝在口中，油而不腻，鲜美无比，满嘴生香。它既解渴，又饱腹，还有特异风味，是我国饮茶中的一朵奇葩。

6. 土家族擂茶

土家族擂茶又名"三生汤"，相传是三国时代的"三生饮"流传而来。《梦粱录》记载，宋代的茶食店便有卖"擂茶""七宝擂茶"的。其来历说法有二，其一是擂茶是由生（茶）叶、土姜、生米擂碎制成，故而得名；其二是相传东汉末年，张飞带兵巡视武陵壶头山（今湖南常德），时逢酷夏炎热，加上水土不服，官兵皆腹泻成疾，久治不愈，连张飞本人也未能幸免。村中一老中医见张飞军纪严明，于民秋毫无犯，特献家传秘方"三生汤"，即将生（茶）叶、生姜、生米擂碎冲开水给将士饮用，官兵们服后腹泻即愈，后来演变成今天的擂茶。

制作"擂茶"的器具主要有三：一为陶制擂钵，二为油茶树制擂棍，三为竹制捞瓢。制作擂茶时，先以上好的绿茶置于钵底，掺和甘草、生姜、生米，白芝麻、花生米等，以擂棍于钵之内壁旋转，将材料研成泥状，注入沸水，斟入茶碗，加盐或白糖，趁热饮用。茶汤入口，咸、甜、苦、辣、涩，可谓五味俱全，一碗下肚，定能舒筋提神、神清气爽。生姜能祛湿发汗，生米则可和胃健脾，茶叶则能祛火明目，土家人把擂茶看作治病的良药。

7. 佤族纸烤茶

烤茶也是佤族的一种古老的茶饮。佤族烤茶方式多种多样，有土罐烤茶、铁板烧（烤）茶、石板烤茶、纸烤茶、芭蕉叶烤茶等，最常见的是土罐烤茶，以草纸烤茶最具特色（图8-6）。

佤族烤茶的器具有特别的纸、火塘、铁三脚架（或吊架）、铜水壶（或土陶水壶）、土陶茶罐、小篾桌、木（或竹）茶杯。原料为晒青茶。制作纸烤茶时通常先用铜壶将水煮开，在特别的草纸上放适量晒青绿茶，不停地翻烤，要做到纸不燃而茶不焦。待茶梗发黄并发出阵阵浓烈的焦香时，

图8-6　佤族纸烤茶

移入红热的茶罐中，冲入沸水稍煮片刻，然后将煮好的茶汤逐一分入茶碗里（约有七分满），即可由少女奉茶敬客品饮。纸烤茶色泽橙红明亮，滋味苦中带涩，涩中回甜，回甘明显，带有浓烈的焦香，喝起来别有一番滋味。纸烤茶提神解乏，是佤家的礼仪茶饮。

8. 基诺族凉拌茶

云南少数民族中，爱茶的民族不在少数，而爱"吃"茶的民族并不多，基诺族就是其中之一。基诺族人喜爱吃凉拌茶，其实是中国古代食茶法的延续，是一种较为原始的食茶法。基诺族称凉拌茶为"拉拔批皮"，他们不仅自己喜欢食用，而且也以凉拌茶待客迎宾。

传统的"凉拌茶"也叫"生水泡生茶"，通常是人们在野外劳作休息时，砍一节粗大的竹筒，横剖两半做容器；再采下新鲜的茶叶，适当揉碎后放入容器中；注入适当的山泉水，加入随身携带的盐巴、辣椒等作料，拌匀后即成一道既可以提神解渴、又可以佐餐的"茶菜汤"。吃"凉拌茶"的习俗主要保存在巴飘、巴亚、亚诺等基诺族寨子。若以"凉拌茶"招待贵客，则通常先将从茶树上采下的鲜嫩新梢双手稍用力搓碎、放入清洁的碗内；再将黄果揉碎、辣椒切碎，连同适量食盐投入碗中，最后加上少许泉水或凉开水，用筷子搅匀，静置15分钟左右，让所有佐料的美味都渗透茶叶，即可食用。吃糯米饭时以这种凉拌茶佐餐，清香甘甜，余味悠长。

9. 彝族罐罐茶（百抖茶）

彝族先民们居住在土掌房和垛木房中，屋内火塘的火终年不熄，是一家人生活、待客的中心。彝族的这种特色也被称为"火塘文化"。彝族饮茶习俗均与火塘有关，客人到了彝家山寨，主人就要请客人到火塘边落座，早、中、晚都要烤茶喝。烤茶，彝家人亲切地称呼为"罐罐茶"，也有叫做"百抖茶"或"小罐茶"。彝族罐罐茶是云南楚雄彝族独特的传统茶饮，也是云南新平彝族、傣族自治县群众一种颇具当地特色的茶饮。

百抖茶的制作方法是：取晒青茶放入有柄的粗陶罐，置炭火上抖动翻转茶叶，当罐中茶叶遇热发出爆炒声并透出茶香（不可烤煳）时，再趁热冲入开水，这时罐中发出啪啪声，茶水泛起泡沫，最后刮去浮沫，温降饮之。罐罐茶色泽深红，喝起来浓香可口，茶汁十分浓烈，像烈酒一样，有时还会"醉人"，初次喝会感到又苦又涩，当地少数民族因世代相传，早已习惯。彝族罐罐茶既是彝族地区喜闻乐见的传统饮茶方法，又是当地群众用以治病的土方、良方。在罐罐茶中滴入几滴白酒，可治风寒感冒；加些焦煳的大米又可治痢疾；添上少许经火烧过的食盐，可成为止泻、医治头痛的良方；而放入姜丝或姜片，又能暖身驱寒。从彝族罐罐茶演化出来的盐巴茶、糊米茶、蜂蜜茶、核桃蜂蜜茶、生姜红糖茶等，有的具有药用价值，有的作为红白喜事的礼仪或馈赠朋友的礼物。

10. 傣族竹筒茶

傣族竹筒香茶在傣语里被称为"腊踩"，是傣族人民日常家居及田间劳动、进入原始森林狩猎时喝的一种传统饮料。去傣家竹楼做客时，好客的主人会把晒青茶满满塞入一截刚砍来的一端有节的香竹筒内（这种竹子当地也称甜竹、金竹），放在火塘上的三脚架上烘烤六七分钟；待竹筒内的茶叶软化萎缩，用准备好的木棒将茶叶舂紧压实再装入茶叶，再烤，再舂，直到竹筒内的茶叶填实；用香竹叶子塞住竹筒口，架在火塘上以文火慢慢烘烤。烘烤的过程中，主人一边和客人闲聊，一边不时翻动渐渐烤得金黄的竹筒。当竹筒从碧绿变成焦黄色，意味着竹筒内的茶叶已烤好，竹筒冷却后剖开，取出深褐色、紧压成圆柱形的茶叶，（图8-7）掰下少许放入碗中，冲入开水。四五分钟后，茶叶在袅袅雾气中一片片舒展，一碗汤色黄绿、清澈透亮的竹筒香茶就可以饮用了。将烤好的竹筒香茶用牛皮纸包好放在干燥地方，茶质可经年不变。竹筒香茶冷却后再喝，也别有一番清新风味。

傣族人民在田间地头劳作休息时，就地取材，削竹、灌入泉水烧开，将携带的竹筒香茶放入一撮再烧四五分钟，等茶汤变凉后就着芭蕉叶包的饭食一同吃，炎热的天气里渴乏顿解。

图8-7　傣族竹筒茶

第九章
涉茶非物质文化遗产

涉茶非物质文化遗产是指与茶相关的传统技艺、礼俗文化等非物质文化遗产。中国是茶的原产地和茶文化的发祥地，源远流长的历史文化积淀和繁荣的经济发展造就了中国古代精湛的传统制茶技术以及丰富多彩的茶俗文化。这些遗产积淀了大量历史信息，同时，也为当代制茶工艺和茶俗的传承与发展提供了详实的借鉴依据，具有弘扬民族文化，延续中华文明的价值和意义。

第一节　涉茶非物质文化遗产的分类

　　涉茶非物质文化遗产属于非物质文化遗产范畴，其类型划分须以联合国教育科学及文化组织（简称"联合国教科文组织"）既定的非物质文化遗产名录分类为标准，同时又要兼顾涉茶非物质文化遗产的内容和特征。涉茶非物质文化遗产可分为茶叶制作技艺和茶俗2个主要类型，各主要类型下又可细分为11个子类，共包括42个遗产项目。

一、非物质文化遗产概况

　　2003年，联合国教科文组织通过了《保护非物质文化遗产公约》，将"口头传说和表述，表演艺术，社会风俗、礼仪、节庆，有关自然界和宇宙的知识和实践，传统的手工艺技能"五个方面，纳入非物质文化遗产范畴，并要求各缔约国应根据自己的国情，拟订非物质文化遗产清单。中国作为公约缔约国，有责任和义务建立国家级非物质文化遗产代表性项目名录，将体现中华民族优秀传统文化，具有重大历史、文学、艺术、科学价值的非物质文化遗产项目列入名录，并予以保护。

　　在此背景下，截至2020年底，国务院于2006年、2008年、2011年和2014年，相继公布了四批国家级项目名录。其中，前三批名录名称为"国家级非物质文化遗产名录"，在《中华人民共和国非物质文化遗产法》实施后，第四批名录名称改为"国家级非物质文化遗产代表性项目名录"。四批国家级项目共计1372个，如果按照申报地区或单位进行逐一统计，则共计3154个子项。

二、涉茶非物质文化遗产类型

　　国家级名录将非物质文化遗产分为十大门类，分别是：民间文学，传统音乐，传统舞蹈，传统戏剧，曲艺，传统体育、游艺与杂技，传统美术，传统技艺，传统医药，民俗。涉茶遗产项目共计42个，分布于传统音乐、传统舞蹈、传统戏剧、传统技艺和民俗五大门类。其中，传统技艺数量最多，共计30个，且主要以制茶技艺为主，包括绿茶（制茶技艺）、红茶（制茶技艺）、黑茶（制茶技艺）、乌龙茶（制茶技艺）、白茶（制茶技艺）以及花茶制作技艺均在名录之内，因此可以统称为"制茶技艺"类型；其他12个项目包括传统戏剧6个、民俗4个、传统音乐和传统舞蹈各1个，这些项目均与茶叶生产习俗和生活习俗相关，因此，可以统一纳入"茶俗"类型（表9-1）。

表9-1　涉茶非物质文化遗产类型及名录

类型		名称	时间	申报地区或单位
制茶技艺	绿茶制作技艺	西湖龙井制作技艺	2008（第二批）	浙江省杭州市
		婺州举岩制作技艺	2008（第二批）	浙江省金华市
		黄山毛峰制作技艺	2008（第二批）	安徽省黄山市徽州区
		太平猴魁制作技艺	2008（第二批）	安徽省黄山市黄山区
		六安瓜片制作技艺	2008（第二批）	安徽省六安市裕安区
		碧螺春制作技艺	2011（第三批）	江苏省苏州市吴中区
		紫笋茶制作技艺	2011（第三批）	浙江省长兴县
		安吉白茶制作技艺	2011（第三批）	浙江省安吉县
		赣南客家擂茶制作技艺	2014（第四批）	江西省全南县
		婺源绿茶制作技艺	2014（第四批）	江西省婺源县
		信阳毛尖茶制作技艺	2014（第四批）	河南省信阳市
		恩施玉露制作技艺	2014（第四批）	湖北省恩施市
		都匀毛尖茶制作技艺	2014（第四批）	贵州省都匀市
	红茶制作技艺	祁门红茶制作技艺	2008（第二批）	安徽省祁门县
		滇红茶制作技艺	2014（第四批）	云南省凤庆县
	乌龙茶制作技艺	武夷岩茶（大红袍）制作技艺	2006（第一批）	福建省武夷山市
		铁观音制作技艺	2008（第二批）	福建省安溪县
	黑茶制作技艺	贡茶制作技艺	2008（第二批）	云南省宁洱哈尼族彝族自治县
		大益茶制作技艺	2008（第二批）	云南省勐海县
		千两茶制作技艺	2008（第二批）	湖南省安化县
		茯砖茶制作技艺	2008（第二批）	湖南省益阳市
		南路边茶制作技艺	2008（第二批）	四川省雅安市
		下关沱茶制作技艺	2011（第三批）	云南省大理白族自治州
		赵李桥砖茶制作技艺	2014（第四批）	湖北省赤壁市
		六堡茶制作技艺	2014（第四批）	广西壮族自治区苍梧县
	白茶制作技艺	福鼎白茶制作技艺	2011（第三批）	福建省福鼎市

续表

	类型	名称	时间	申报地区或单位
制茶技艺	花茶制作技艺	张一元茉莉花茶制作技艺	2008（第二批）	北京张一元茶叶有限责任公司
		吴裕泰茉莉花茶制作技艺	2011（第三批）	北京市东城区
		福州茉莉花茶窨制工艺	2014（第四批）	福建省福州市仓山区
	茶点制作技艺	富春茶点制作技艺	2008（第二批）	江苏省扬州市
茶俗	民俗	赶茶场	2008（第二批）	浙江省磐安县
		潮州工夫茶艺	2008（第二批）	广东省潮州市
		径山茶宴	2011（第三批）	浙江省杭州市余杭区
		白族三道茶	2014（第四批）	云南省大理市
	传统音乐	茶山号子	2008（第二批）	湖南省辰溪县
	传统舞蹈	龙岩采茶灯	2014（第四批）	福建省龙岩市新罗区
	传统戏剧	赣南采茶戏	2006（第一批）	江西省赣州市
		桂南采茶戏	2006（第一批）	广西壮族自治区博白县
		阳新采茶戏	2008（第二批）	湖北省阳新县
		高安采茶戏	2011（第三批）	江西省高安市
		抚州采茶戏	2011（第三批）	江西省抚州市临川区
		粤北采茶戏	2011（第三批）	广东省韶关市

（截至2020年底）

第二节　茶叶制作技艺类非物质文化遗产

制茶是指以茶树鲜叶为原料，利用相应的加工方法使鲜叶内质发生变化的工艺。中国传统茶叶制作技术历经从蒸青饼茶到蒸青散茶、末茶，再到炒青芽茶、叶茶的转变，最后才形成了以现代制茶工艺划分的六大茶类和再加工茶类。茶叶制作技艺凝聚了优秀传统文化的精髓，是中国茶文化的核心内容。目前已列入国家级非物质文化遗产代表性项目名录的茶叶制作技艺包括：绿茶制作技艺13项，红茶制作技艺2项，乌龙茶制作技艺2项，黑茶（含普洱茶）制作技艺8项，白茶制作技艺1项，花茶制作技艺3项。另有1项茶点制作技艺，本节暂不讨论。

一、绿茶制作技艺

绿茶是以高温杀青而不经发酵的一类茶叶，其制作流程主要包括采摘鲜叶、杀青、揉捻、干燥等步骤。绿茶主要产于浙江、贵州、四川、湖北、云南、安徽、福建等地，因发展历史和制作工艺不同，各产茶地在长期生产实践中，形成了丰富多样的绿茶名品以及相应的制作技艺。

已列入国家名录的绿茶制作技艺不仅历史悠久，而且工艺独特。例如西湖龙井的炒制工艺包括抖、带、挤、甩、挺、拓、扣、抓、压、磨（图9-1）等"十大手法"，凝聚了当地茶农的经验智慧。婺州举岩的制作技艺由拣草摊青、青锅、揉捻、二锅、做坯整形、烘焙、精选储存7道工序组成，炒制时以焙为主，炒焙结合，独具特色。黄山毛峰以"下锅炒（杀青）、轻滚转（揉捻）、焙生坯（毛火）、盖

图9-1 龙井茶的"磨"（顾濛 摄）　　　　　图9-2 碧螺春的"搓团显毫"（顾濛 摄）

上圆簸复老烘（足火）"等一套技艺精心加工，成茶形似雀嘴、汤色清澈、味道沁人心脾。安吉白茶的炒制包括采摘、摊放、杀青理条、初烘、摊凉、复烘、收灰干燥7道工序，且每道工序都有特别要求。碧螺春制作技艺则分为"采摘、拣剔、摊放、高温杀青、揉捻整形、搓团显毫（图9-2）、文火干燥"7道工序。其中，"摘得早、采得嫩、拣得净"和"手不离茶，茶不离锅，揉中带炒，炒揉结合，连续操作，起锅即成"是碧螺春采制技艺的技术要领。成茶外形条索纤细，卷曲成螺，茸毛遍体，银绿隐翠；内质汤色碧绿，清香高雅，入口爽甜，回味无穷，以形美、色艳、香浓、味醇四绝闻名中外，有一嫩（芽）三鲜（色、香、味）之美称。

二、红茶制作技艺

红茶属于全发酵茶，是以茶树鲜叶为原料，经萎凋、揉捻（切）、发酵、干燥等工序制作而成。红茶在加工过程中，发生了以茶多酚酶促氧化为中心的生化反应，产生了茶黄素、茶红素等新成分，具有红汤、红叶和香甜味醇的品质特征。

传统的祁门红茶由手工制作完成，祁门红茶制作技艺分为初制和精制两大部分：初制包括萎凋、揉捻、发酵、干燥等工序；精制包括筛分、切断、风选、拣剔、复火、匀堆等工序。制成的茶叶外形色泽乌润，条索紧细，锋苗秀丽；内质汤色红艳透明，叶底鲜红明亮，香气芳馥持久蕴兰花香，被誉为"祁门香"，又被称为"砂糖香"或"苹果香"，祁红也因此而名列世界三大高香红茶之一。

滇红茶诞生于1938年，由茶叶专家冯绍裘先生在云南省临沧市凤庆县创制。此茶采用云南大叶种茶树鲜叶为原料，经过萎凋、揉捻、发酵、干燥4道工序加工而成，加工技艺精湛，品质优良，是当时出口创汇的重要产品。

三、乌龙茶制作技艺

乌龙茶属于半发酵茶，其制作流程主要包括鲜叶采摘、萎凋、摇青、炒青、揉捻、烘焙等程序。

安溪铁观音的传统制作技艺由鲜叶采摘、初制、精制3个部分组成。采摘前先要确定采摘期，制定采摘标准，然后再熟练运用技术进行采摘。初制工艺包括晒青、晾青、摇青、炒青、揉捻、初烘、包揉、复烘、复包揉、烘干等10道工序。精制工艺包括筛分、拣剔、拼堆、烘焙、摊晾、包装等6道工序。制茶时，要根据季节、气候和芽叶的鲜嫩程度等各种情况灵活处理。制作安溪铁观音，先要以晒青、晾青、摇青等方法控制和调节茶青，使之发生一系列物理、生化变化，形成"绿叶红镶边"和独特的色、香、味，再以高温杀青，制止酶的活性，最后进行揉捻和反复多次的包揉、烘焙，形成带有天然兰花香和特殊韵味的高雅茶品。安溪铁观音传统制作技艺是安溪茶农长期生产经验和劳动智慧的结晶，具有较高的科学价值。

武夷岩茶（大红袍）制作工艺包括鲜叶采摘、萎凋、做青（图9-3）、双炒双揉、初焙、扬簸晾索、拣剔、复焙、团包和补火等10道工序，成茶既有绿茶的清香、红茶的甘醇，又独具"岩骨花香"的乌龙茶韵味。

四、黑茶制作技艺

黑茶是经杀青、揉捻、渥堆、干燥等工序制作而成的茶类。其中，渥堆是制造黑茶的一项重要工序，是形成黑茶品质的关键。渥堆时，在水、热的作用下，茶多酚氧化、叶绿素破坏，叶色转为黑褐，粗青气消失，茶味变得醇和。目前已列入国家级非物质文化遗产名录的黑茶都具有历史悠久、文化底蕴深厚、制作技艺高等特点。

安化千两茶的制作分黑毛茶加工和成品加工两个阶段。黑毛茶加工包括杀青、揉捻、渥堆（图9-4）、复揉、烘焙等5道工序；成品加工包括筛分、拼配、软化、装篓、踩压、扎箍、锁口、冷却、干燥等工序，经日晒夜露55天制作成千两茶成品。

南路边茶产于四川省雅安市，又称"乌茶""边销茶""南边茶""雅茶""藏茶"等，采用自然干燥、特殊压制、包装等工序，以手工操作方式制作完成。这种黑茶品质优良，汤色褐红明亮，滋味醇和悠长，可加入酥油、盐、核桃仁末等搅拌成酥油茶，是藏族同胞每天必不可少的饮品。

图9-3　武夷岩茶做青（叶国盛 摄）　　　　　　图9-4　安化黑茶渥堆（郭芳菲 摄）

下关沱茶是具有悠久历史的一种紧压茶，因创制于大理下关而得名。其以云南大叶种晒青茶作为基本原料，经拼配、筛分、拣剔、半成品拼配、称量、蒸（图9-5）揉、压制成型、干燥、包装等10余道工艺制作而成，多为手工操作，蕴含着丰富的具有地区特色的技术知识。

图9-5 下关沱茶蒸制（顾濛 摄）

五、白茶制作技艺

白茶是经萎凋、干燥而成的轻微发酵茶，主要产于福建福鼎、政和等地，目前仅有福鼎白茶制作技艺列入国家名录。

福鼎白茶因芽头肥壮，满披白毫，如银似雪而得名。制作中不炒不揉，文火足干，以适度的自然氧化保留了活性酶和多酚类物质。其初制工艺流程为：鲜叶、萎凋（图9-6）、堆积、干燥、拣剔。精制工艺流程为：毛茶、拣剔（手拣）、正茶、匀堆、烘焙、装箱。受气温影响，白茶制作技艺分为正常气候初制和不正常气候初制。因原料采摘标准不同，福鼎白茶的成品主要有白毫银针、白牡丹、贡眉、寿眉等。

六、花茶制作技艺

花茶，又名"熏花茶""窨花茶""香片"，属于再加工茶类。茉莉花茶是以茶树鲜叶为原料，经杀青、揉捻、干燥等工艺制成的绿毛茶，再经整形、归类、拼配成的茶坯，与含苞欲放的茉莉花蕾按一定比例均匀混合，利用茶叶的吸香机理和茉莉花的吐香机理窨制而成。茶引花香，花增茶味，茶味与花香巧妙地融合，构成了茉莉花茶特有的品质，被称为花茶中之珍品。

以福州茉莉花茶窨制工艺为例。福州茉莉花茶始于北宋，至明清时期发展最盛。如明代茶书《茗谭》中就有"闽人多以茉莉之属浸水瀹茶"的记载。清代《皇朝续文献统考》也记载："增香有在烘焙时行之者，惟普通多在烘焙以后，多用花朵，以茉莉为最，亦有用珠兰、玫瑰、橙花等，此种以福州附

图9-6 福鼎白茶萎凋（冯卫英 摄）

图9-7 福州茉莉花茶窨制（吴杰 摄）

近出产最多。"表明当时福州以茉莉花窨茶已是天下闻名，而且福州也是明清时期我国茉莉花茶的主要产区。20世纪50年代以来，福州茉莉花茶新品、名品辈出。

福州茉莉花茶是以茉莉花及烘青绿茶为原料，按照福州传统工艺经四窨一提以上加工制作而成（图9-7）。窨制工艺极具特点，包括平、抖、蹚、拜、烘、窨、提、包等8道工序。"平抖蹚拜烘窨提"也被福州人称为"七板凳"。"平"指平面筛选，"抖"是震动抖筛，"蹚"是改型切断，"拜"是风力选别。"平抖蹚拜"是为了分选出不同等级的茶坯，经验丰富的制茶师傅能将半公斤茶分出15个等级。成茶具有香气鲜灵持久、滋味醇厚回甘、汤色清澈明亮等特点。

第三节　茶俗类非物质文化遗产

茶俗是人们在生产生活中，将茶融入礼仪、习俗以及各种文化形式而形成的一种民间风俗，是非物质文化遗产的重要组成部分。按照国家级非物质文化遗产代表性项目名录的分类，已列入名录的茶俗分属于民俗、传统音乐、传统舞蹈、传统戏剧等类型，但鉴于其内容均与茶叶生产生活相关，因此，统一纳入茶俗类非物质文化遗产。

一、赶茶场

赶茶场是浙江省磐安县玉山一带的传统民俗。玉山古茶场位于磐安县玉山镇马塘村，始建于宋代，是目前全国发现最早的古代茶叶交易场所。晋代许逊在游历玉山时为当地发展茶叶生产、打开茶叶销路做出过巨大贡献，玉山百姓感其恩德，尊之为"茶神"，建庙立像，四时朝拜。至宋代，又为"茶神"重建庙宇，同时在旁开设茶场，庙宇因此被称为"茶场庙"，并形成了以茶叶交易为中心的"春社"和"秋社"两季庙会。

"春社"于农历正月十五举行，届时当地茶农穿着盛装来到茶场，举行社戏表演、挂灯笼、迎龙灯

图9-8 赶茶场（陈兆贤 摄，浙江在线网）

（亭阁花灯）等民俗文化活动。"秋社"在农历十月十五举行，茶农和百姓拎着茶叶和货物从四面八方到茶场赶集，形成热闹非凡的盛大庙会。除货品交易外，"秋社"期间还有各种民间艺术表演，如三十六行、叠罗汉、抬八仙等。

赶茶场有一整套隆重的"茶神"祭奠仪式和一系列丰富多彩的民间艺术活动，群众参与面广，流传时间长，且茶叶、药材贸易与农业生产紧密相连，对当地生产发展、经济繁荣与社会和谐起到促进作用，极具现实意义（图9-8）。

二、潮州工夫茶艺

潮州工夫茶艺是流传于广东省潮汕地区的一种茶叶冲泡技艺。始自宋代，至清代中期已蔚然成风。其以潮州为中心，辐射整个潮汕地区，在东南亚等地也有较强的影响力。

潮州工夫茶的冲泡以乌龙茶为宜，尤以潮州单丛最受青睐。其程式主要包括：茶具讲示、茶师净手、泥炉生火、砂铫（煮水器具）淘水、榄炭煮水、开水热罐、再温茶盅、茗倾素纸、壶纳乌龙、甘泉洗茶、提铫高冲、壶盖刮沫、淋盖追热、烫杯滚杯、低洒茶汤、关公巡城、韩信点兵、敬请品味、先闻茶香、和气细啜、三嗅杯底、瑞气圆融等。

潮州工夫茶艺以"七义一心"为茶道规范，以茶德和茶理为人生导向，其精神内涵集中体现于"和"的思想境界，是我国茶文化与地域文化相结合的集中体现，在潮汕文化中占有极为重要的地位。

三、径山茶宴

径山茶宴是杭州径山万寿禅寺接待宾客时的一种大堂茶会，起源于唐朝中期，盛行于宋元时期，后流传至日本，成为日本茶道之源。

每当贵客光临，万寿禅寺住持就在堂设古雅的明月堂举办茶宴，招待客人。径山茶宴程式规范，包括张茶榜、击茶鼓、恭请入堂、上香礼佛、煎汤点茶、行盏分茶、说偈吃茶、谢茶退堂等10多道仪式程序。宾主或师徒之间用"参话头"的形式问答交谈，机锋偈语，慧光灵现。

径山茶宴，以茶参禅问道，蕴涵丰富，体现了禅院清规和礼仪、茶艺的完美结合，堪称中国禅茶文化的经典样式。

四、白族三道茶

三道茶是大理白族招待宾客时的一种礼仪形式，寓意"一苦、二甜、三回味"的人生哲理，第八章第四节中已有详述，不再细述。

五、茶山号子

茶山号子是广泛流传于湖南瑶乡的一种民歌形式，承续至今已有400多年的历史。当众人挖茶山时，由两三位歌手在山顶敲锣打鼓，唱一阵茶山号子，敲打一阵锣鼓，以鼓舞挖山人的干劲。有时也会采用一人唱、众人和的形式。茶山号子的旋律具有高亢跌宕、激越悠扬、奔放婉转的特点，唱和的内容则生动记载了当地民众的生产与生活状况。经过数百年的流传，茶山号子已经成为当地民众精神生活的重要组成部分。

六、龙岩采茶灯

龙岩采茶灯，又名采茶扑蝶舞，是福建最具有代表性的民间舞蹈之一，明代起源于龙岩赤尾山（今龙岩市新罗区苏坂乡美山村）。采茶灯的舞蹈以穿插变队形为主，一般有几十种花式，基本舞步风格独特，步伐轻盈、细碎，身体挺拔。音乐采用由宫廷流传到民间的古典音乐和当地的民间小调结合，曲调节奏明快，旋律优美，并配以戏文和民间故事为内容的唱词，边舞边唱。

采茶灯的队伍组成人员包括：茶公，通常穿汉衣，扎腰中，执大蒲扇；茶婆，梳银宝头，穿蓝色宽锦边襟衣和罗裙，腰扎绸带，系花围裙，执麦秆扇；采茶姑，通常为8人，额佩凤珠翠屏，头梳燕尾髻，穿大红彩莲衣，细腰扎绸带，一手执摺扇，一手提花篮灯；武小生；男小丑，一手执黑摺扇，一手提灯笼或马灯。他们边舞边唱，穿插道白或演唱。

七、采茶戏

采茶戏是流行于南方的一种传统戏曲类别，发源于江西赣南地区，后传入广东、广西、福建、湖北等地，同时吸收当地民间艺术，形成各具特色的地方采茶戏。

赣南采茶戏俗称"灯子戏""茶篮戏"，由民间歌舞发展而来，内容贴近生活，语言诙谐幽默，传统曲牌有280余首。根据其来源、风格、弦路、调式及使用情况等，可分为"茶腔""灯腔""路腔""杂调"4类。表演时，演员在伴奏音乐中灵巧地运用独特的矮子步、扇子花、单长水袖及模仿动物形象的一些表演动作，载歌载舞，显示出浓郁的乡土气息和鲜明的客家特色。传统剧目多以"三小"（小生、小旦、小丑）戏为主，有《南山耕田》《打猪草》《九龙山摘茶》等代表性剧目。

桂南采茶戏也以小生、小旦、小丑为主演，最初是以"十二月采茶"为主要内容的歌舞演唱，后在此基础上增加了开荒、点茶、探茶、采茶、炒茶、卖茶等情节，形成一整套反映茶农劳动和爱情生活的歌舞。表演时通常由一人扮作茶公，两人扮作茶娘，在歌舞中穿插一些有情节的生活小戏。桂南采茶戏中演唱历史故事或民间传说的被称作"采茶串古"，多为喜剧、闹剧。主要伴奏乐器为锣、鼓、钹、木鱼、唢呐、笛子、二胡，道具有彩带、钱鞭、花扇和手绢等。其演唱曲牌：一是茶腔，即原套采茶曲调；二是茶插，即以"南昌小曲""四季莲花"为基础，吸取各地民间小曲而成。唱腔语言以客家话为主，地方话为辅，念白多为韵白。

湖北阳新采茶戏的唱腔音乐由正腔、彩腔、击乐3部分组成。正腔属板式变化体，包括"北腔""汉腔""叹腔""四平"等曲调，具有优美动听、可塑性强、富于表现力等特点；彩腔包括专用小调插曲40余支，以彩腔为主的小戏载歌载舞，表演朴实奔放。阳新采茶戏使用方言演唱，有人声帮腔，表演内容接近生活，戏剧情感质朴而浓烈，深受当地群众喜爱。

随着人们对传统民俗文化、非物质文化遗产的关注度日益提高，蕴含着中华民族文化精髓的茶俗文化遗产及其社会功能愈发受到尊重和推崇。特别是党的十八大以来，国家高度重视中华优秀传统文化的传承与发展，这为延续了千百年的茶俗文化注入了新的活力和发展动力。

艺术篇

第十章
茶艺与音乐

茶艺与音乐都是中国传统文化的重要组成部分，历经千年发展相辅相成、相互渗透。本章重点介绍传统音乐的形成与分类、茶艺背景音乐的选择和相关名曲的欣赏。

第一节　中国传统音乐概述

本节主要介绍中国传统音乐（民乐）的发展、民族乐器的分类和代表性乐器的特征。

一、中国传统音乐的形成和发展

中国传统音乐的形成和发展经历了三个时期。

1. 中国传统音乐的形成期（约公元前21世纪至公元3世纪）

这一时期从夏、商、西周到春秋、战国、秦、汉。在音乐体裁方面，经历了由原始乐舞到宫廷乐舞的进化。在旋律音调、音节形式方面，经历了由原始乐重视小3度音程的音调，到春秋战国强调宫、商、角、徵、羽的上下放大3度的"（甫页）、曾"体系，以"三分损益法"相生五音、七声、十二律，初步确立了中国传统音乐旋法的五声性特点。这一时期中，最具代表性的音乐艺术形式是钟鼓乐队。

2. 中国传统音乐的新声期（约公元4世纪至10世纪）

这一时期包括魏、晋、南北朝到隋、唐时期。魏晋时期政治动荡，北方人南迁，少数民族向中原内迁，对中国传统音乐产生了冲击：一是玄学对儒学的冲击，引起音乐思想的变化；二是少数民族和外国音乐的传入，带来乐器、乐律、乐曲和音乐理论方面的新因素。这种冲击的结果，是中国传统音乐为之一变，开创了音乐国际化的一代新乐风。一方面是世界音乐的中国化，包括外来乐器的中国化、外来乐器的运用、外来乐调的传入、外来乐队的民族化，以及外来乐人为中国音乐发展做出贡献；另一方面是中国音乐的世界化，即中国音乐以其辉煌的成就给世界上许多国家和地区带来重要影响，尤其是亚洲各国，如朝鲜、日本等。

3. 中国传统音乐的整理期（约公元10世纪至19世纪）

这一时期历经辽、宋、金、明、清等时期。这段时间，中国从纷乱和分裂到相对的统一，又从南北对立到多民族国家统一政权的建立，并在相当长的时期相对稳定。音乐文化方面则具有世俗性和社会性的特点。所谓世俗性，就是与普通的平民阶层保持着密切的关联。此时期的传统音乐，无论在演出人员和观众、听众，都已具有更为广泛的社会基础。在音乐理论方面，表现出对前一时期的继承和清理的倾向。音乐形态特点已逐渐趋于成熟。这一时期代表性音乐艺术形式是戏曲艺术及其音乐。这种艺术形式上承前代，下接后世，极大地丰富了中国传统音乐宝库。

二、民族乐器

我国民族器乐有着悠久、深厚的历史传统。先人为我们留下了多样而富有特色的民族乐器和器乐演奏形式。

1. 打击类乐器

（1）钟

编钟的编制有许多种类，东周时期的编钟以9枚一组的居多；较大的编制以曾侯乙编钟（曾侯乙墓出土的编钟，图10-1）为代表，共计64枚，分三层悬挂。编钟的历史可以追溯到新石器时代的晚期，当时的钟多为陶制。商代以后的编钟多为铜制。编钟属于变音打击乐器族，发音类似钟声，清脆悦耳、延音持久，具有东方色彩，适于演奏东方五声音阶的音乐，在中国古代音乐中占有极其重要的地位。

（2）磬

把若干只磬排成一组即为编磬，每磬发出不同的音色，可以演奏旋律（图10-2）。20世纪70年代以来，我国先后在湖北江陵和随县出土了大型编磬。湖北江陵纪南故城，是春秋战国时期楚国的都城，1970年在这里出土了一套25枚编磬。磬体用青色石灰石制成，上部作倨句形，下作微弧形，表面有较清晰的彩绘图案和略显凹凸的花纹。其中4枚绘有凤鸟图，色彩高雅，线条流畅。

图10-1　曾侯乙编钟

图10-2　石磬

（两图由浙江音乐学院音乐博物馆 提供）

2. 吹奏类乐器

（1）埙

埙是我国古代的吹奏乐器，用陶土烧制而成，因此又叫"陶埙"（图10-3）。这种乐器除了用陶土制成的以外，也有用石、骨制成的。它的外形多是椭圆形的，也有的是圆形或橄榄形。它的大小与鹅蛋相似，音有一至五个不等。最早的埙是一孔吹两个音，后来逐渐发展为六孔，是中音吹奏乐器。它的音色古朴、淳美、浑圆，既能独奏又能同其他古乐器合奏，如钟、琴、瑟等，也是历代宫廷的雅乐。浙江河姆渡遗址、西安半坡仰韶文化遗址、山西万泉荆村遗址、甘肃玉门火烧沟遗址、河南郑州铭功路和三里岗商代遗址等，都发现了埙的实物。这些出土的埙中最早的距今已有7000多年。

（2）笙

笙是我国古老的簧管乐器，历史悠久，能奏和声（图10-4）。它以簧、管配合振动发音，簧片能在簧框中自由振动，是世界上最早使用自由簧的乐器。在我国古代乐器分类中，笙为匏类乐器。《诗经》的《小雅·鹿鸣》写道："我有嘉宾，鼓瑟吹笙。吹笙鼓簧，承筐是将。"可见笙在当时已经很流行了。

《周礼·春官》中有："笙师……掌教歙竽、笙、埙、籥、箫、篪、篴、管。"笙师为官名，其职务是总管教习吹竽和笙等乐器。竽（图10-5）和笙的区别是：笙体小，簧少；竽体大，簧多。《吕氏春秋·仲夏纪》高绣注："竽，笙之大者。"

（3）笛

笛是中国最古老的乐器之一，古代称为"篴"。秦汉后，笛才成为竖吹的箫和横吹的笛的共同名称。笛俗称横笛，竹制，横吹，上开吹孔和膜孔各一个，按音孔六个，尾部常有二至四个出音孔，音域

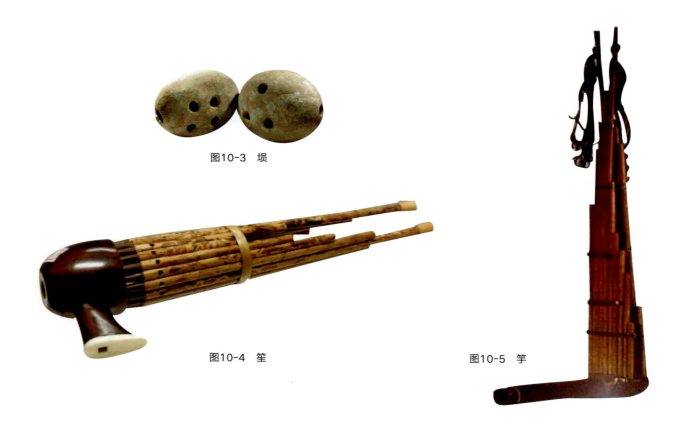

图10-3 埙

图10-4 笙

图10-5 竽

为两个八度（图10-6）。常见的有梆笛和曲笛
两种：用于伴奏北方梆子戏曲的称梆笛，音
色高亢、明亮、清脆，重于舌上技巧的运
用，善于表现刚健豪放、活泼轻快的情致；
用于伴奏昆曲的叫曲笛，音色较淳厚、圆
润，重于气功，讲究运气的绵长不断，善于
表现悠扬委婉的情致。笛多用于独奏、合奏
和歌唱的伴奏，在民间乐队中，常处于领奏
地位。

3. 弹拨类乐器

琴

琴又称七弦琴、古琴，古代有绿绮、丝
桐等别称（图10-7）。琴身由两块长约三尺六
寸的木板胶合为音箱，再附色漆。琴一端有
岳山支撑琴弦，其下有琴轮用以调整弦的音
高，琴面的十三个琴徽则是标识弦上泛音和
按音音位之用。七根琴弦由粗而细，自外向
内排列，一般按五声音阶定弦。演奏时右手
拨弦左手取音，有散、泛、按三种音色变
化：散声刚劲浑厚；泛音轻盈虚飘；按音圆
润细腻，富于表情，有如歌声。通常古琴演
奏多使用低音区，全部音域为四个八度。较
之其他乐器，古琴弦的有效震动弦长超出一
般乐器的弦长，振幅宽大，音质低沉浑厚，
幽静古朴。古琴的面板（即指板）无品无
柱，出音孔开于底板，向下传音。琴上有一
百多个可使用的泛音，堪称乐器之最。

4. 拉弦类乐器

二胡

二胡又名南胡（图10-8）。二胡流传之广
非其他乐器可比。二胡音色优美、表现力
强，是我国主要的拉弦乐器之一，在独奏、
民族器乐合奏、歌舞和声乐伴奏地方戏曲、
以及说唱音乐中，都占有重要地位。现代二
胡琴杆、琴筒、琴轴均为木制，置千斤；琴
筒有圆形、六角形、八角形等多种形制，一

图10-6　笛

图10-7　七弦琴

图10-8　二胡

端蒙蛇皮或蟒皮，另一端置雕花声窗；张二弦，用尾竹弓夹于二弦之间拉奏，普遍采五度定弦。1950年以来，人们不断有人对它进行改革，把丝弦改为铜丝弦，采用机械弦轴，有的使用了双千斤，加大琴筒，并有扁圆琴筒、扁八角琴筒、直边蛋形筒等多种形制。二胡音色刚柔多变，有精巧灵活的性能，既能演奏柔美、流畅的曲调，也能演奏跳跃、有力的旋律；发音可以持续不断、强弱变化自然，还能奏出独特的模拟效果。

5. 弹弦类乐器

（1）琵琶

古代曾名"批把"。秦时已有长柄、竖抱、皮面、圆箱的琵琶，名"弦鼗"。秦汉以来，形制多有改进，演化为阮、秦琴、三弦、月琴等，但其共同特点为直项、圆形音箱。魏晋南北朝至隋唐期间，曲项琵琶传入，又有与其同为半梨形颈的龟兹琵琶、五弦、忽雷等，当时通称"胡琴"。其时，演奏其器者高手如云，技艺飞展，形成琵琶艺术史上的第一个高峰。唐宋以来，琵琶形制不断改进，逐渐形成现今式样：音箱为半梨形，以桐木板蒙面，琴颈向后弯曲，颈与面板上设"相"和"品"，张四弦，按四五度音程关系定音（图10-9）。琵琶的演奏方法由横抱变为竖抱、由拨子弹奏变为五指弹奏。

（2）筝

又名古筝，其古老的历史渊源、浓郁的民族特色、丰富的传统筝乐曲带给人们古朴雅致的情趣。在古代，筝还被称为秦筝、瑶筝、银筝、云筝、素筝等。筝的历史渊源，早在公元前4世纪的战国时代，已流行于秦、齐、赵等国。其中以秦国最为盛行，故素有"真秦之声""秦筝"之称。筝很可能来源于一种大竹筒制作的五弦或少于五弦的简单乐器，出现于春秋战国时期或春秋战国之前。至于筝与筑、瑟的关系，既不是分瑟为筝，也不是由筑演变为筝，而很可能是筝筑同源、筝瑟并存。五弦竹制筝演变为十二弦木制筝；筑身筒状共鸣结构演变为瑟身长匣形共鸣结构，筝可能是参照了瑟的结构而改革的（图10-10）。

图10-9　琵琶

图10-10　筝

（3）阮

阮源于中亚，通过龟兹传入我国，在汉时称为秦琵琶，晋代阮咸擅弹此琴。阮的音箱圆形，十二个音柱，四弦，用假指甲或拨片弹，可用于独奏、重奏和歌舞伴奏或参加民族乐队演奏，有丰富的艺术表现力（图10-11）。传统四弦阮音域窄，音阶不完备。1953年以来，中央广播民族乐团王仲丙不断对阮进行改革研制，取得突出成果。现代制作的阮，琴头、琴颈和音箱框板用红木、花梨木制，琴颈贴指板；面板、背板用桐木制；琴头饰如意或龙头骨雕；有十七至二十四品位，按十二平均律排列；置有4个机械弦轴，弦的另一端系于缚弦上，面板中间偏上方有2个圆形或弯月形音孔。阮的品种有大阮、中阮、小阮和低阮，包括高音、中音、次中音和低音四个声部，形成一族系列乐器。

图10-11　阮

第二节　茶艺背景音乐的功能

茶艺背景音乐选择的原则，一是古朴、典雅；二是幽静、美妙、动听。其功能表现在以下几个方面。

一、营造轻松愉快的休闲氛围

在现实生活中，我们难免会遇到各种不同的压力。你可以试一试，在悠扬的音乐中给自己沏一杯香茶，然后，让心情在独坐品茗中慢慢静下来，随之，心底的那份静谧也会淡淡而来。我们用音乐来营造茶境，这是因为音乐，特别是我国古典音乐重情味、重自娱、重生命的享受，有助于我们的心徜徉于茶的无垠世界中，让心灵随着茶香翱翔物外，到更美、更雅、更温馨的茶的洞天福地中去。

二、安定情绪，愉悦心情

音乐把音律之美渗透进茶人的心灵，引发茶人心中潜在之美的共鸣，为品茶创造一个如沐春风的美好意境。精心录制的大自然之声，如山泉飞瀑、小溪流水、雨打芭蕉、风吹竹林、秋虫鸣唱、百鸟啁啾，松涛海浪等都是极美的音乐，我们称之为"天籁"，也称之为"大自然的箫声"，置身其间，可尽享"大自然"之美。

有研究表明，人在一种声级较低的柔和的背景音乐中，会感到轻松与愉悦。对饮茶者而言，优美的音乐能消除他们的不良心绪，使大脑及整个神经系统功能得到改善。音乐心理学理论表明，轻松明快的音乐能使大脑及神经功能得到改善，并使精神焕发，疲劳消除；旋律优美的音乐能安定情绪，使人心情愉悦。我们熟悉的古典音乐的旋律，仿佛是一只温柔的手，能引领我们回归自然，获得美好的精神享受。

第三节 中国传统音乐名曲介绍

中国民族器乐历史悠久。从西周到春秋战国时期民间流行吹笙、吹竽、鼓瑟、击筑、弹琴等器乐演奏形式，那时涌现了师涓、师旷等琴家和著名琴曲《高山》和《流水》等。秦汉时的鼓吹乐，魏晋的清商乐，隋唐时的琵琶音乐，宋代的细乐、清乐，元明时的十番锣鼓、弦索等，演奏形式丰富多样。近代的各种体裁和形式，都是传统形式的继承和发展。中国民族器乐常被选为茶艺背景音乐。

一、著名琴曲

① 《阳关三叠》

唐代诗人王维作《送元二使安西》，流传甚广，被入乐唱咏之余更被谱为琴曲，是为《阳关三叠》。此曲初见于《浙音释字琴谱》，旋律在稍加变化后重复三次，以表达一唱三叹、依依惜别的真挚感情。

② 《醉渔唱晚》

唐代诗人皮日休、陆龟蒙泛舟松江，听渔人醉歌而作此曲。曲谱初见于《西麓堂琴统》。此曲利用切分结构、滑音指法和音型的重复来表现豪放不羁的醉态。其中有表现放声高歌的音调和类似于摇橹声的音调。全曲素材精练，结构严谨。

③ 《渔歌》和《樵歌》

南宋末年著名琴师毛敏仲最有影响的两首作品。《渔歌》表现柳宗元"欸乃一声山水绿"的诗意，曾名《山水绿》；《樵歌》原名《归樵》。这两个作品在名称改变的同时，音乐本身也经浙派徐门不断加工，精益求精。乐曲中运用主题贯穿和转调等手法，显示出作曲艺术的新水平。

④ 《阳春白雪》

被称为曲高和寡的代表作品，后来被分成两个不同的作品。《神奇秘谱》的解题中说它"取万物知春，和风淡荡之意"。

⑤ 《酒狂》

曹魏末期，在司马氏的恐怖统治下，名人学士很难保全自己。阮籍叹"道之不行，与时不合"，只好"托兴于酒"，借以掩饰自己。传说此曲是他的作品。作者借此乐曲中醉酒的神态，抒发了内心愤懑不安的情绪。

⑥ 《渔樵问答》

存谱初见于《杏庄太音续谱》。此乐曲中通过渔樵对话的方式，在青山绿水之间赞美自然风光。曲中有一些悠然自得的乐句重复或移位再现，形成了问答的对话效果。还有一些模拟摇船和砍树的效果，造成了对渔樵生活的联想。近代《琴学初津》中说它"曲意深长，神情洒脱，而山之巍巍，水之洋洋，斧伐之丁丁，橹声之欸乃，隐隐现于指下，至问答之段，令人有山林之想。"

⑦ 《潇湘水云》

作者郭楚望，南宋末年著名琴师。由于当时政治腐败不堪，对异族的侵略无能为力，作者在潇、湘水畔北望九嶷山被云雾所遮蔽，有感于时势，作此曲以表达他忠贞抑郁的情绪。此乐曲中运用按指荡吟的手法，以及不同音色迭次呼应等手法所创造的水光云影、烟雾缭绕的艺术境界，十分吸引人。

⑧《普安咒》

又名《释谈章》。初见于《三教同声琴谱》。根据琴谱旁的梵文字母的汉字译音来看，像是帮助学习梵文发音的曲调。古代曾有普安禅师，也可能是此曲的作者。此乐曲使用了较多的撮音，帮助音乐形成了古刹闻禅、庄严肃穆的气氛。其曲式上不同于一般琴曲，有些类似于丝竹曲中曲牌联结的形式。

⑨《良宵引》

初见于《松弦馆琴谱》，为虞山派代表曲目。此乐曲虽短小，却有器乐化的特点，是一曲对美好夜晚的赞歌。

⑩《平沙落雁》

初见于《古音正宗》等琴谱中，近300年来流传极为广泛，形成了多种多样的变化。此乐曲描写在秋高气爽之季，雁群在天空飞鸣，然后歇落沙滩的情景，借乐曲淡雅恬静的意境，引出与世无争的思想。

⑪《鹿鸣》

古琴曲。为《诗经·小雅》首篇，也是汉代仅存雅歌四篇之一。蔡邕《琴赋》《琴操》均有此曲目。明代张廷玉将此曲收入《理性元雅》琴谱，直至清末仍有刊传。

⑫《广陵散》

又名《广陵止息》。现存琴谱最早见于《神奇秘谱》，该书编者说，此谱传自隋宫，历唐至宋，辗转流传于后。谱中分段小标题有"取韩""投剑"等目。近人因此认为它是源于《琴操》所载《聂政刺韩王曲》。现存曲谱共45段，其中头尾几部分似为后人所增益，而正声前后3部分则很有可能保留着相和大曲的形式。

⑬《大胡笳》

唐代的著名琴家董庭兰、薛易简都擅弹此曲。当时与《小胡笳》并称《胡笳两本》。初唐琴坛流行的祝家声、沈家声，就以这两曲著称。董庭兰继承了两家的传统，整理了传谱。该曲现存于《神奇秘谱》中，共18段。

⑭《小胡笳》

唐代著名琴曲，与《大胡笳》并称《胡笳两本》。《神奇秘谱》将它编入《太古神品》。它的谱式更多地保留了早期琴曲的面貌，与《广陵散》章法非常接近，为我们了解古代琴曲作品提供了难得的实例。

⑮《鸥鹭忘机》

内容原来表现《列子》中一则寓言：渔翁出海时，鸥鹭常飞下来与之亲近，后来他受人指使，存心捕捉它们，鸥鹭就对他疏远了。清代的《鸥鹭忘机》则是一首动听的抒情小品，表现了"海日朝晖，沧江夕照，群鸟众和，翱翔自得。"

⑯《龙翔操》

清代广陵派琴曲。以《蕉庵琴谱》所刊最为流行。音乐恰如标题所示。以流畅的曲调表现了翔龙飞舞，穿云入雾的情趣。

二、江南丝竹

①《行街》

江南丝竹八大曲之一。所谓行街，就是在街上行走，是一种边走边演奏的形式。这首乐曲又叫《行街四合》，因为经常用于婚嫁迎娶和节日庙会巡演而得名。有两个版本并存：一是由《小拜门》《玉娥郎》《行街》及其变化重复部分组成，二是由《行街》《快六板》《柳青娘》《快六板》《行街》尾声组成。二者组合的曲牌有所同异和多少不一，但它们的共同点都是以《行街》及其变奏为主体，所以它们都属变奏性的连缀体。全曲分为慢板和快板两部分，慢板轻盈优美；快板则热烈欢快，且层层加快，把喜庆推上高潮，具有浓厚的生活气息。

②《欢乐歌》

江南丝竹八大曲之一。此曲节奏明快，起伏多姿，富有歌唱性，旋律流畅，由慢渐快，表示欢乐情绪逐渐高涨，常用于喜庆庙会等热闹场合，表达了人们在喜庆节日中的欢乐情绪。乐曲采用放慢加花的变奏技法，将母曲《欢乐歌》发展成慢板和中板段落。"放慢"是将母曲的音调节奏，逐层成倍加以扩充，如将一拍放慢为两拍或四拍，用以扩大结构。"加花"是在放慢的节奏上，围绕母曲的骨干音，增添几个相邻的音，以装饰和丰富旋律。这样就发展成与母曲具有一定对比的新型曲调。这是传统民族器乐创作中运用最为广泛的一种旋律发展手法。民族器乐小合奏《江南好》就是据此改编的。

③《中花六板》

江南丝竹八大曲之一。此曲旋律清新流畅，细腻柔美，富有浓郁的江南韵味，是江南丝竹的代表曲目。《中花六板》是民间艺人以《老六板》为母曲发展出《快花六板》《花六板》《中花六板》《慢六板》，并将其组合成套，称《五代同堂》。"五代同堂"这一名称是取其吉利之意，子孙五代同堂，福高寿长，另外也示意五曲同出一宗。

④《四合如意》

江南丝竹八大曲之一。四合是曲牌名，包含由多首曲牌联合成套之意，为丝竹素材汇聚而成的综合大曲，全曲洋溢着一种热闹欢庆的气氛。《四合如意》因流传地区不同，有《苏合》《杭合》《扬合》等不同版本，其中以上海地区流行最广。全曲由8首曲牌连缀而成，包括《小拜堂》《玉娥郎》《巧连环》《云阳板》《紧急风》《头卖》《二卖》《三卖》。

⑤《小霓裳》

原为杭州丝竹曲。此曲旋律温润典雅，清丽飘逸，是描写月色的精品之作。原名《霓裳曲》，为有别于李芳园编辑的同名琵琶曲，故改称《小霓裳》。此曲最先流行于杭州，据说是杭州丝竹艺人根据民间器乐曲牌《玉娥郎》移植。20世纪二三十年代，王巽之等人传此曲到上海，经孙裕德等国乐界有识之士的推广，该曲现已成为上海丝竹界喜爱演奏的曲目之一。全曲共5段：玉兔东升、银蟾吐彩、皓月当空、嫦娥梭织、玉兔西沉。演奏乐器有箫、二胡，琵琶和扬琴，音响清越华美，音调典雅靡丽，具有古代舞风之神韵，蕴含月里嫦娥翩翩起舞的意境。

三、广东音乐

①《步步高》

广东音乐名家吕文成的代表作。乐谱出自1983年沈允升著的《琴弦乐谱》，在当时已很流行。曲如其名，旋律轻快激昂，层层递增，节奏明快，音浪叠起叠落，一张一弛，音乐富有动力，给人以奋发上进的积极意义。

②《双声恨》

广东音乐传统乐曲。以牛郎织女为题材，表达了一种在哀怨缠绵之中对未来美好生活的向往。据黄锦培说："早在一九二五年，这首乐曲就已经由陈日生首先介绍出来。"过去传抄谱中配有歌词。乐曲开始的慢板段落，色彩暗淡，曲调哀怨缠绵，多段旋律的重复如泣如诉，深沉悱恻，凄怆之情可见一斑。后面快板乐段的反复加花演奏，速度渐快渐强，明朗有力，表达了对美好生活的向往。

③《昭君怨》

原是一首广东汉乐（客家音乐）筝曲，现流传有多种谱本和演奏形式。乐曲主要描写昭君出塞后对故土的思念，表达了一种欲归而不能的无可奈何的哀怨。

第十一章
茶艺与插花

茶艺与插花在历史发展的长河中各自精彩。饮水喝茶是生活必需，花可谓美好事物的代名词。饮水喝茶不断升华成为茶艺，成为茶文化的重要组成部分。为了满足喝茶的美好享受，人们在不断追求喝茶的美感和仪式感中，自然想到了花，并将两种源于自然的美好物质相结合，在历代文人和士大夫群体的不断"撮合"下，就逐渐形成了有特色的茶艺插花，至明代已臻成熟。明代袁宏道（1568—1610）的插花专著《瓶史》中揭示了花与茶的关系，认为赏花"茗赏者，上也"，说明了花与茶的深刻关联性。

本章在简述插花与花艺的基础上，进一步详述茶艺插花的形成与特点，赏析花与器，并探讨构思设计与造型制作。希望大家学会用插花作品来装饰茶席和茶空间，提升茶空间的美感和格调，真正达到艺术与技术的结合，使花艺为茶艺锦上添花，丰富茶艺内涵。

第一节　插花概述

　　插花就是将植物的枝、干、叶、花、果实剪取下来，经过艺术构思（立意、选材、造型）和适当的技术处理（修剪、弯曲、固定、保鲜）后，插入盘、碗、篮、瓶、筒、缸等器皿中（或再搭配道具），摆放在桌柜、几案之上或进行悬挂，成为造型优美、富有生气的环境装饰艺术品。

　　插花看似简单，然而要真正插成一件好作品却并非易事。因为它既不是单纯的各种花材的组合，也不是简单的造型，而是要求创作形神兼备，情景交融的优秀插花作品，是融知识性、趣味性、艺术性为一体的一种创作活动。因此，国内外插花界都认为，插花是用心来创作花形，用花形来表达内心的一门造型艺术。

一、插花与花艺

　　插花与花艺是不同地域对同一事物的不同称谓，如中国的插花、日本的花道和欧美的花艺，它们的相同之处都是用植物材料来进行作品创作，但两者也有不同点：① 从素材和容器选择上看，插花所用素材仅限于植物材料，注重容器的美观性及与花材之间的协调统一；花艺所选用的素材既有植物材料，也有众多的非植物性材料，用来突出主题和烘托气氛，对容器的使用则比较随便灵活，有时甚至可以不用容器，而直接在平面和立面上插花作装饰。② 从构思和造型的多样性上看，花艺作品不仅可以包括插花作品本身，而且还包括花店的花束、花篮、婚庆花艺等产品，物件装饰和大型空间花艺软装等。

二、中国插花向世界的传播

　　中国插花起源于南北朝时期的佛教供花，历经各代的发展和演变，直至现代，中国插花所具有独特的内涵和特质，在国际插花舞台上占有一席之地。

唐宋和明清时代，是中国插花实践和理论发展卓有成效的时代，对东邻日本的插花形成与发展有着深远的影响。在9世纪中叶，日本插花萌芽，日本人已开始将花卉置于花瓶内观赏，这和当时唐代兴起的瓶花关系密切。到了宋代，中日通商频繁，日本贵族受中国瓶花造型和设计的启发，渐渐形成鉴赏瓶花的风气。南宋时期，竹筒插花鼎盛，据记载，竹筒插花在公元8～11世纪从中国随佛教传入日本，至今仍占有重要位置。日本插花的发展期，由于受当时筑山泉式造园法及中国明初十全堂花的影响，15世纪末期，日本插花形成了有体系的新花型，逐步形成池坊"立华"（立花）的雏形。受明代喝茶赏花的影响，日本同时期出现的有简单朴素、潇洒脱俗的"茶花"形式，在室町时代末期（1333—1673）有插花会和茶会一起举行的记载。日本插花的成熟期为明治维新（1868）后，日本竭力吸取西方文化，绚丽多彩的洋花扩大了日本人的眼界，同时受中国清代盆景和盆景式插花的影响，小原流（1867年成立）的创始人小原云心率先改革原有"立华"和"生花"插法，创立"盛花"花型，将花插入圆形浅盆的花器上，表达自然景观之美，备受欢迎，可算日本插花史上一个突破。

1980年后，随着改革开放和我国园艺事业的发展，中外交流活跃，中国插花这门古老的艺术逐渐复苏，并如雨后春笋般地迅速发展起来。1983年，我国首次参加南斯拉夫萨格勒布国际花展，并获"特别奖"，得到国际人士的好评，称中国插花"看上去像活的一样"，带有浓郁中华民族特色的插花艺术在国际插花界独树一帜。此后，国际交流日益增多，中国选手的身影频频出现在亚洲杯、世界杯等插花花艺大赛上。

三、世界插花的流派和发展

世界插花的流派有以中国和日本为代表的东方式插花和以欧美插花为代表的西方式插花，东西方插花各有特色。同为东方式插花，中国插花最重意境，认为意境是作品的灵魂，然后是色彩，不十分拘泥形式；而日本花道却最重视形式的规范化，意境次之，色彩再次之，以形式和造型的不同来区别众多的花道流派。西方插花最注重群体的色彩美，形式占第二位，意境居后。

1. 中国插花

中国插花起源于距今1500多年前南北朝时期的佛教供花，历经唐、宋和明、清的兴旺发展，留下了宝贵的插花实践经验和理论著作。清代末年出现停滞衰微。自20世纪80年代起，国内外插花交流日益增多，带动了国内花博会和插花展的举办。1990年，中国插花花艺协会正式成立，第一届中国插花艺术展也在上海举办，并决定每两年举办一次。至此，中国现代插花的发展步入正轨，稳步前进，在中华大地上遍地开花。

2. 日本插花

日本插花起源于中国，在隋唐时期随佛教引进日本，并逐渐发展成为日本民族独有的传统艺术形式——花道。日本插花流派众多，其中最主要的三大流派是池坊流、小原流和草月流，日本插花的五大代表花型有立华、生花、投入花、盛花和自由花。1960年，在东京举行了"世界生花大型展览会"，并在1966年创建了"日本生花艺术协会"。如今，IKEBANA（生花，通常被译为"日本花道艺术"）已经成为世界性语言。

3. 西方插花

西方插花源于公元前2000余年的古埃及，公元前6～8世纪传入古希腊。公元元年前后到中世纪，欧洲插花以宗教插花为主。文艺复兴后，人们突破宗教束缚，西方出现了花型简单规整、花卉品种丰富、用花量大、色彩艳丽、均匀插满容器的大堆头式插花。16～17世纪，西方形成几何审美为主的图案式插花。20世纪中期，受日本自由风格的草月流和抽象画派的影响，美国开创了抽象式插花。近几十年来，西方插花既有传统的图案式插花，又有现代的架构式插花，在商业领域运用广泛。

第二节　茶艺插花的特点

近年来，随着茶文化如火如荼的发展，传统插花也日益为大众所关注，出现了茶室插花、茶席插花、茶道插花、茶艺插花等名词。以花艺配合茶艺，不仅要突出它陈设的空间属性，更重要的是能进一步丰富茶艺的内涵，烘托茶文化的美，所以"茶艺插花"的说法更贴切些，它包含了茶席插花和茶空间插花。

一、茶艺插花的形成与发展

茶艺插花形成于明代弘治至万历年间（1488—1595），当时的文人插花审美情趣独具特色，流行品茗赏花，进而形成与茶艺相结合的插花艺术形式，简称为"茶花"。

事实上，品茶赏花的美趣远在唐代就有，文人及释家就有"茶宴"赏花之类的文化活动。僧人皎然与茶圣陆羽的饮茶诗云："九日山僧院，东篱菊也黄，俗人多泛酒，谁解助茶香。"可见当时就有赏菊品茶的雅俗。

明代的茶艺插花，是比书斋雅室插花更为自然简朴的一种插花形式。书斋雅室插花源于当时文人们盛行收集和鉴赏青铜和陶瓷器，后来文人将收藏的器物与自然花草结合，用来插花装饰，并且很快与当时盛行的茶艺相映成趣，风行一时，以袁宏道为代表人物，他在《瓶史》中提倡"茗赏"，认为欣赏插花"茗赏者上也，谈赏者次之，酒赏者下。"他主张品茶欣赏插花，花与茶相得益彰，说明了花与茶的深刻关联性，既提升了插花的欣赏层次，又增加了喝茶的视觉享受。

袁宏道之后，明代的张谦德、高濂、屠隆、文震亨、屠本畯乃至清代的乾隆皇帝及文人们均擅沏茶，书斋茶室无不插花。

在日本，茶艺插花的始祖首推日本茶道宗师千利休，他在茶室里只插一轮向日葵或在花笼上画上几枝竹与花，简洁清逸的风格与茶趣相吻合；其后的元伯宗旦与他一脉相承，插花形神兼备极为精练简朴，正式确立了"茶花"的地位与价值。

二、茶艺插花的内涵与特点

精通琴、棋、书、画被视为中国文人的象征，到了唐宋时期，插花、挂画、点茶、焚香，也成为有教养的人所应具备的四项基本修养。这些活动的本质是在于人们通过自然之物来体悟生活的情趣，从而达到修身养性、颐养天年的哲学思想。茶性简朴，能爽神醒思，而插花正如品茶一般，人们通过表面的形与色，来体会花的真味，受到美的熏陶。茶艺与插花相结合，使人心灵净化，精神满足，追求至真、至善、至美。

茶艺插花的精神内涵是表达纯真的"情"，借花抒发感情，寄情至深。陆游的《岁暮书怀》："床头酒瓮寒难热，瓶里梅花夜更香"和杨万里的《瓶中梅花》："胆样银瓶玉样梅，北枝折得未全开。为怜落寞空山里，唤入诗人几案来"等，都表现了诗人以花为友、以花为伴的心情。人们还常以花材来影射人格，借花喻人，周敦颐的《爱莲说》："菊，花之隐逸者也；牡丹，花之富贵者也；莲，花之君子者也。"用以表达人生理想和抱负。

茶艺插花的艺术特点是追求清远的"趣"，以简洁清新、色调淡雅、疏枝散点、格调朴实的"文人花"为主，构图上汲取绘画与书法上抑扬顿挫的运笔手法，取用具有点线功能的花木，表现出虚灵之美，崇尚清疏俊秀，追求超凡绝俗的妙境与孤寂之美。

第三节　茶艺插花的设计

在充分了解花材、器具等插花材料的基础上，我们可以进行插花设计创作。插花设计是指构思立意和构图造型，这是插花创作的两个核心问题。立意即作品蕴含的内在意境美，造型是根据立意来选择材料并插制完成作品。学习和掌握插花艺术的构思方法和构图原理，是做好插花设计的关键。

一、茶艺插花的花材

茶艺插花旨在配合雅室、追求茶趣，在花材和花器的形色上，以简朴清寂、简单而不矫饰为其要求。自然界丰富的花草，大多数都可用作插花。对花材的基本要求是：生长健壮，无病虫害；剪下后能水养持久，不易萎蔫；无毒、无异味，不污染环境和衣物；具有一定观赏价值。

1. 花材的分类

以观赏性划分，花材可分为观花、观叶、观枝、观果四类。

（1）观花类

花朵应具有一定的欣赏价值。如兰花幽香扑鼻，花色淡雅，花形奇特，细叶舒展飘逸；月季、菊花、杜鹃、梅花、海棠和山茶花等，各具特色，都为人们熟悉和喜爱，是插花的主要材料。此外，茉莉花、栀子花、桂花、水仙花、含笑、白兰花等，均带有香甜气味，也是上好的插花花材；无名野花只要水养期长，也可以用作插花。

（2）观叶类

叶片应形态各异，苍翠碧绿。常用的有万年青、一叶兰、文竹、玉簪、蕨类、鸢尾叶、菖蒲叶、兰叶、清香木、水葱等。插花中的花、叶应相得益彰。更有一些观叶植物，如枫叶、银杏、竹芋、朱蕉等，本身具有鲜艳的色彩和特殊形态，只要搭配少量花朵就可以，甚至单用枝叶插花，也能悦人眼目。

（3）观枝类

枝条要线条优美或色彩特别，如青松、翠柏、红瑞木、竹枝、紫藤、猕猴桃、垂柳、云龙柳等枝茎或线条流畅或曲折变化，韵味无穷。有了好的枝条造型，插花作品就有了如意的骨架和伸展的余地，并留给人们无限的遐想和回味。

（4）观果类

果实要小巧色艳，用累累果实的花材插花，给人以丰盈昌硕的美感。如绿叶挺秀、红果累累的南天竹，还有富有野趣的火棘、野生猕猴桃、板栗、海棠果、野柿子、巴西茄、佛手、金丝桃（红豆）、灯台花、乳茄（四世同堂果）等，都是观果佳品。

此外，还有芽供观赏的银芽柳、根供观赏的狼尾山草及有特色的枯枝、枯木块等都能用于插花。为了体现插花的生活性，也有用蔬菜、水果配合插花。水培观叶植物和微型盆景也见使用和摆放。

2. 常用花材

一件小巧精致的茶艺插花，花材常用一种，多则两三种，注重花品花性，以色彩淡雅、枝叶花形富有特色为好。

（1）反映季节的四季花材

四季更替，春华秋实，赏花品茶也当有四季不同，用花感悟四季，留下美好记忆。

① 春季常用花材

春暖花开时，有似空谷佳人的兰花，文雅的海棠、樱花和梨花，枝叶如虹的迎春花、黄素馨和棣棠，似盏盏金灯垂挂的瑞香，绚烂的杜鹃，芳菲的桃花，浅紫的丁香，芳香艳丽的蔷薇，花似龙口的金鱼草，洁白香浓的橘花，静雅的百合，国色天香的牡丹等。

② 夏季常用花材

有初夏的芍药，盛夏的石榴，洁白清香的茉莉和栀子花，金黄色的萱草、紫色鸭跖草和麦冬等。水生植物最能反映夏日风情，如慈姑、菖蒲、燕子花、萍蓬草、水葱、菱花、莲、旱伞草、水蜡烛、水葫芦等。

③ 秋季常用花材

金秋时菊黄蟹肥、丹桂飘香、枫叶芦花金风送爽，挂满果实的植物更显丰收与满足。如枸杞、蓖麻、石榴、橘子、金橘等。

④ 冬季常用花材

在冬季里适用疏影横斜的梅花、雪中盛开的山茶、凌波仙子的水仙、临寒怒放的小菊，还有青松翠柏、红果绿叶的朱砂根、冬青、枸骨、南天竹等。

（2）富蕴雅趣的花材组合和花香品鉴

花材搭配应讲究花木品性和习性相近，色彩和质感协调；以一种为主，要有主次之分。古人有许多意境优美、文学气息浓郁的花材组合方案，值得学习参考。

松、竹、梅为"岁寒三友"；梅、兰、竹、菊为"四君子"；梅与兰、瑞香合称"寒香三友"；梅、蜡梅、水仙、山茶为"雪中四友"；梅、水仙为"双清"；梅与菊花或梅与山茶为"岁寒二友"等。

对花香的品鉴有：国香兰、暗香梅、冷香菊、雪香竹、清香莲、艳香茉莉和寒香水仙等。茶艺插花除了追求视觉美之外，更进而追求嗅觉的享受。

3. 花材的选购、采集和保养

获得花材的途径，可选择购买或野外采集，选择合适的花材及插花前的花材保养等，是插花作品能够持久观赏的首要条件。

（1）选购花材

目前，鲜花市场上多为西洋花材，传统木本花材较少，购买时应尽可能挑选线条优美的木本花材，如云龙柳、雪柳、绣线菊、灯台枝、银柳、清香木、红瑞木、松枝等；草本的花卉可选择色淡雅而花型小巧者，如铁炮百合、菊花、桔梗、小康乃馨、小玫瑰、石斛兰、小苍兰、澳梅、鸢尾、马蹄莲、蓟花、鼠尾草、红豆、勿忘我、紫水晶、情人草等。搭配的草本绿叶也要选择精细有型者如高山蕨、肾蕨、旱伞草、春兰叶、麦冬、水葱、绣球松等。花朵以花蕾和露色的花苞为好，花枝基部切口白净光滑，花枝粗壮挺立；叶材应光亮清洁，不枯水皱缩，不落叶，无病虫害；果实应颗粒饱满，色泽纯正，不易脱落，无虫咬、病斑。

（2）采集花材

茶艺插花用花不多，也可适当从野外或庭院中采集一些。采集时间最好在早晨或傍晚，若只能在中午前后采集，采后应立即移到阴凉处，基部浸水，上面用湿纸包裹，到家后充分浸水1～2小时方可使用。某些野花或春兰，肉质根粗壮，可连根挖起，其根系既可欣赏，也可帮助延长花的寿命；水葫芦等水生植物也不应轻易去除根部，以免枯萎。

（3）花材保养

要想鲜花开得长久，水养要掌握一理、二淋、三剪、四养、五喷。一理是清理掉浸入水里段花枝上的叶片，有枯边、病虫斑的叶子和外层受伤的花瓣要去掉，已经折断的枝叶和花头也要去掉；二淋是花头朝下握住花枝基部，放到水龙头底下，流水冲淋1～2分钟，除灰补水；三剪是花枝末端45度斜剪切口，剪好的花枝立即投入花瓶水中，以免空气进入；四养是在剪枝前，可以先把养花的水准备好，冬天水位在20厘米左右，夏天水位在15厘米左右，水中可以加84消毒液，每升水用塑料滴管加20滴，可以减少细菌滋生，延长花期；五喷是每天喷水雾1～3次，注意不要直接喷花心里，保持花瓣和叶片滋润。对于花头软垂的萎蔫花材，将花头露出水面，枝叶浸没水中2～3小时，即可恢复正常。

二、茶艺插花的器具

所谓"工欲善其事，必先利其器"，有了完备的容器、道具、工具和辅料等，将使插花创作更加得心应手。

1. 插花的容器

东方式插花中，花器是插花的主要依托和装饰，插花欣赏讲究"三位一体"即一景、二盆、三几架。盆指盘、碗、篮、瓶、筒、缸等6大类花器。茶艺插花旨在迎合茶趣，清心悦神，花器宜选素雅精致或朴实自然者为好，以陶、瓷、铜、竹、木、瓦、石以及竹、柳、藤、草编篮筐等造型简约、纹饰少而精者为佳。金代赵秉文的《古瓶蜡梅》诗道："石冷铜腥苦未清，瓦壶温水照轻明。土花晕碧龙纹涩，烛泪痕疏雁字横……"意为生铜绿的铜器、长苔藓的石器以及花纹斑驳似烛泪的土罐瓦壶，更显古拙清幽、耐人寻味。为了体现茶与生活的相通相融性，还可用茶壶、葫芦、小水桶、茶杯、碗等作花器，激发品茶赏花的乐趣。

茶艺插花作品多为静坐品茗时欣赏，茶桌大小有限，花器小巧有亲近感，能双手把玩的大小为佳，盘之最宽或瓶之最高尺寸不要超过手掌的中指与拇指间的最大开度，约20厘米。若为茶席背景插花和茶空间插花，花器尺寸不限。

花器与花材的搭配要注意色彩、形状和质地协调。一般情况下，花器颜色深，可插浅色花；花器颜色浅，可插深色花，以此营造对比效果而引人注目。对于花器的形状，长颈通直的花瓶宜插弧线及线条变化丰富的花材，大肚小口花瓶宜插单朵花和曲折线条的枝叶，做到曲直对比有度。从花器的质地分析，精致典雅、庄重古老的花器应插格高韵胜的花材；自然质朴的草木类花器，搭配枯藤、芦苇、山花野草等，呈现野趣横生的韵味。

2. 插花的道具

为了增加插花作品的艺术感，突出意境，烘托造型，在完成插花后再配上一些陪衬物，使作品更具感染力和情趣。这些陪衬物被称为插花道具，它包括几架、垫、配件等。

（1）几架与垫

几架与垫皆为垫放在插花作品下面的用具，其作用是烘托插花作品，完善构图，使整体更为协调统一。几架的形状多样，有书卷形、圆形、长方形、方形、椭圆形、六角形、树根形等。茶艺插花常用的垫有蜡染花布、麻布、草垫、芦秆垫、竹垫、艺术木板等。几架或垫的大小、形状要与插花作品互相配合，起陪衬作用。

（2）配件

配件是插花作品的陪衬和点缀物。茶艺插花的配件可以是茶具用品，也可以是时令蔬菜水果、干果食品以及小巧的工艺品、字画等。如夏季的水生植物插花，在几架一侧配放几个荸荠或菱角，更能体味夏日情趣；秋季插花配些豆荚、花生、小橘等，秋之韵味更浓郁；一些配合茶趣的小物件，如精致的青蛙，"富足"的胖猪，"知足常乐"的一对小脚等，都可用作夏季或冬季的插花配件，用来突出主题，烘托气氛，加深意境。

几架、垫、配件不是插花作品的必需品，若要用，应该与插花作品的主题、造型、色彩相呼应，相协调，点缀得恰到好处，切不可滥用，否则就会破坏作品的主题和意境，或起喧宾夺主、画蛇添足的副作用。

3. 插花的工具和辅料

插花的工具和辅助用品类型众多，最基本的是剪枝和固定用具。

（1）工具

剪刀、容器、剑山（花插）是插花必备的三种器具。经常插花者除了上述基本器具外，最好还有以下用具：细嘴水壶（加水）、喷雾器（保湿）、水桶（养花）、水盆（水中剪枝）等。

（2）辅料

插花的辅助用品有绿铁丝或铝线、绿胶带、小卵石、橡皮筋等。绿铁丝或铝线弯曲花枝，绿胶带包裹铁丝或聚集细枝，小卵石可掩饰剑山，橡皮筋可捆绑小木段做成瓶插的支架。

三、茶艺插花的设计与造型

插花设计的原则是确立主题，即立意。插花的构思立意是指根据插花创作的目的和用途，确定作品的风格、造型、色调，以及所要表达的思想内涵和意义，插花者要善于运用各种造型技巧来充分表现自己作品的主题。

（一）设计思路

插花的设计构思有两种方法：一是"意在笔先"，即构思先于创作，根据设想，组织材料进行插花创作；二是"意随景出"，即因材设计，在创作过程中完成立意。插花的设计创作可通过以下几方面的思路考虑。

1. 根据植物的品性、形状构思立意

古往今来，人们常根据植物本身的习性、特征，赋予人格化的象征，这是中国传统插花的精华所

在。如作品"四君子"便是以梅之傲雪凌霜象征刚劲坚韧、兰之幽香清远象征高洁自如、竹之劲节向上象征高风亮节、菊之独立寒秋象征品性坚贞，花性与人性相融的精妙组合，以达到寓情于物、托物言志的目的。

2. 根据植物的谐音和花语构思立意

受中国文学艺术的影响，不少植物所具有的特定意义的谐音和花语广泛流传下来。如桂与贵，菊与鞠，牡丹与富贵，竹与平安等。如佛手、如意组合表示"福寿如意"；将玉兰、海棠、牡丹相配合，表示"玉堂富贵"；牡丹和竹子相配表示"富贵平安"；苹果、石榴、桃组合表示"福禄高寿"等。

3. 根据植物形状、名称或别名构思立意

根据植物自然或加工后的形状巧妙构思，如用棕榈叶做背景的插花取名"孔雀开屏"；一兰叶经过卷曲像层层浪花取名"逐浪高"。直接以植物名称命名，如鹤望兰取名"鹤寿延年"；仙客来取名"仙客迎宾"；炮仗花取名"爆竹声声"；铃兰插花取名"铃儿响叮当"等。熟悉植物的形态特点、名称、别名也能使我们在直观中见巧妙。

4. 根据植物的季相变化构思立意

一年四季由于气候条件不同，植物的季相景观也在不断变化，如桃李报春、荷清蝉鸣、秋桂飘香等。因此，可以利用应景花材来创作四季题材的插花。如用新芽初发、枝形曲折舞动的笑靥花配一枝含苞的红山茶插在圆形的冰裂纹花瓶中，上下和谐，颇有"得意舞春风"之意；秋季野猕猴桃挂果累累，配上细小淡紫的花魁草插在竹筒里放入竹篮，花草倚篮而靠"愿分秋色到篱边"，富有野趣与浪漫气息。

5. 根据节日的内涵构思立意

节日是有特殊意义的时间点，作品创意可以来自其他构思立意的方法，但也有节日独特的内涵表达，如用红与金的色彩和丰富的花朵，表现春节的"喜气洋洋"和"花开富贵"；直接用张灯结彩、端午怀古、花好月圆庆中秋来表达节日；新年伊始，迎新祈福祝愿，可以是"美好人生"，也可以"展望未来"；国庆节的"祖国颂"；"我的惟一"和"无私的爱"是情人节和母亲节。

6. 根据自然风光和地方特色构思立意

各地自然风景和人文景观各具特色，表现"南国风光"可用热带、亚热带的观叶植物、花卉、水果等；反应"黄土地""塞外风情"可用北方盛产的花材、高粱和小米等。其他如"沙漠驼铃""农家乐""我的家乡"等主题，都可以用具有地方特色的植物来反映。用水生植物可反映出水景，如"岸莎青靡"；用油菜花、萝卜花等表现"春蔬满畦"；清清溪流边春草蔚然，海棠含苞，名曰"池塘春暖水纹开"。这些都是写景的插花表现，让我们的美景记忆得以再现。

7. 根据插花色彩构思立意

插花作品中以植物材料的色彩作为主要因素来表达主题。如水盘中倾斜插几枝白色的梨花，素影清丽，犹如"临风千点雪"；飞燕草叶细枝柔，苞白花紫，高低错落地插于白瓷中，风姿绰约，犹如汉宫飞燕的翩翩舞姿，丽影灵动，作品名曰"紫翼翻灵光"。另外，诸如金苞花的"翠涌金波"、白山茶的"琼花玉蕊"、海棠花的"锦裳红濯雨"等都是常见的色彩立意表现。

8. 根据插花造型构思立意

根据作品造型上的象征性来表达主题。如圆形构图的"花好月圆"、茶壶形构图的"壶中乾坤"、新月形构图的"新月如钩"、船形构图的"与谁同舟"等；白梅、山茶倚斜而插，有向阳之动势，名为

"向阳春"；作品"追云"一枝青松苍翠雄劲，斜曲上伸，有欲上九天揽月的气势，不禁使人浮想联翩，达到了主题要求的艺术效果。

丰富的书法用笔，给插花的创意提供了灵感的源泉，真、行、草、篆、隶、象形以及文字意象美，都可用花材造型来表现。如笔画龙飞凤舞、耐人寻味的草书，用蜿蜒曲折、粗细变化的山藤来表现，再加插点睛之笔的花叶，花木因缘，随手拈来，"拈花微笑，静中品茶"，体会清幽之禅境。

9. 根据花器和配件构思立意

选用有特色的花器和配件来衬托插花，常会达到别出心裁的巧妙立意。如用青绿色瓷罐插几枝梨花和金鱼草，颇有"翠堤春晓"之意；横放的白瓷葫芦花器像水中的行舟，插上秋草、红果，名为"泽国烟波别有天"；天然的草木类花器如细竹管围合成的小篮，蔓生花草似沿着竹篱攀缘而插，作品"篱前仙卉"给书斋茶室平添生机。在插花边上配置装饰小品立意，如"知足长乐""听取蛙声一片"等；也可选用日常的蔬果搭配，"晚蔬有余香"更觉茶的生活性；书画作品可做背景配饰插花，格调一致，意境相融，别具一格。

10. 根据诗词名句及其意境构思立意

中国诗词曲赋，博大精深，意蕴深邃。其中极富画意者，可作为插花创作的意境表现，如"霜叶红于二月花""春色满园关不住"等。作品"疏影横斜"是根据宋人林逋的咏梅诗"疏影横斜水清浅，暗香浮动月黄昏"的意境创作而成——选一横斜疏瘦、老枝怪奇的绿萼梅插于紫砂陶瓶之中，枝梗交错，花向互生，屈伸明朗，虚实相映，乃得梅之神趣。夏季水生植物五节芒、荷花、水葫芦依次而插，组合成景，得诗意之美"本无尘土气"。

11. 根据音乐歌曲的意境构思立意

音乐歌曲的意境是设计者进行插花创作的创意点，名曲大家耳熟能详，更能引发共鸣的。如用船形花器，斜插芦花野菊，日暮归去，渔舟唱晚；白色洋兰间插几枝火鹤花，闲云野鹤的曲意顿生；《我心永恒》《大约在冬季》《我的太阳》和《南屏晚钟》等歌曲都是插花创作的命题。

12. 根据花香构思立意

古人对花香有着绝妙品评，可成为插花意境的表现。如兰花素有国香之美誉，在青铜壶中插一丛兰花，真是"室有兰花不炷香"；有艳香之称的茉莉，单株插于小茶杯中，姿色朴素，但有"浓香梦中来"；"山寺晚来香"的菊花在秋日的黄昏中散发出阵阵冷香；雪白的梨花自有"粉淡香清自一家"的清香怡人。

13. 根据抽象概念构思立意

常规的茶艺插花以传统插花风格为主，在现代茶艺馆和创新茶席上也会有些抽象概念的插花作品。"三维空间"是以实心的半球，外加一个虚空半球形成的作品；"梦境"是在曲折蜿蜒的亚克力线条节点上，插上满天星球状，似在星际间旅行；"欢快"是春天舒展的抛物线和小鹿配件的组合；一个美丽的传说也许是断桥，也许是化蝶。因为抽象，所以有了更多的想象。

14. 根据时代的主题构思立意

在与时俱进的当下，和平与发展是全世界永恒的话题，围绕国内外时政热点，可以成为插花创作题材。如用航船和驼铃代表"一带一路"；用植物球和线条的交叉串联表示"互联网+"；用生活废品改造后插花"意想不到"。

茶艺插花的设计表现丰富多样，但一幅构思巧妙、命题贴切的作品，常能达到意境深邃、回味无穷的境地，给人以美的享受和启迪。

（二）插花造型

茶艺插花造型多为东方自然式插花造型，也常见富有现代感的点、线、面构成插花及浮花和敷花等。

1. 东方自然式插花造型

东方式插花通常以中国和日本为代表的插花，一般用花量不大，讲究每种花材的美妙姿态及巧妙配合。造型上以三大主枝为骨架的自然线条式插法，呈现出各种不对称的简洁优美的图形。其艺术效果是自然秀丽，清雅脱俗，富有诗情画意。

（1）基本特征

茶艺插花为东方风格的插花造型，是以三大主枝为骨架的自然线条式插法。三主枝代表"天、地、人"三才者，用天圆（O）地方（口）人立（△）表示。

第一主枝长度（O）=花器（直径+高度）×1.5倍（盆插）或2倍（瓶插）左右；

第二主枝长度（口）=第一主枝的2/3左右；

第三主枝长度（△）=第二主枝的2/3左右。

陪衬枝比它所陪衬的主枝短，枝数不限，达到效果即可。插花时要确定主枝、主花和配叶，造型尽量做到"起把紧、瓶口清"。

依第一主枝的倾斜度确定花型，如直上型（第一主枝0°）、直立型（第一主枝15°）、倾斜型（第一主枝45°）、平展型（第一主枝85°）、下垂型（第一主枝135°）等。

常见茶艺插花多由两主枝构成，以示茶室清寂。但第一主枝不可缺，无主则不成花；其次花木形色以精简雅洁为主。水盘插花用剑山固定花枝，花瓶插花用一字架、X架或井字架固定花枝。插花时要注意侧面看不能像墙壁，花枝应高低错落，花材要进出有度，顾及作品的前后、上下、左右各个角度，增加立体感。

（2）五种代表性造型的茶艺插花

以下是五种造型的代表作品及详解，使我们能更直观地了解茶艺插花。

① 直上型

作品：若隐若现（图11-1）

花材：吉祥草、鼠尾草

花器：陶瓷瓶（高18厘米）

造型：直上型（写景风格）

技法：吉祥草仿自然姿态而插，出瓶口高度为瓶高的1.5倍，鼠尾草按主花比例位置插入，在整个作品高度的上1/2～1/3处。

赏析：茂盛的吉祥草绿意盎然，蓝色鼠尾草穿插叶丛，随风而动，若隐若现。

图11-1　若隐若现

② **直立型**

作品：一花一世界（图11-2）

花材：荷花、八角叶

花器：线釉小口壶（高22厘米）

造型：直立型（写景风格）

技法：荷花出瓶口高度为瓶高的1.5倍，左倾15°插入壶中，加插经过修剪的八角叶一片，构成点线面的组合。

赏析：放下凡尘俗世，坐亦禅、行亦禅，心若无物就可以一花一世界、一叶一菩提。

③ **倾斜型**

作品：季秋之月（图11-3）

花材：桂花枝、小菊、红豆

花器：冰裂纹水盘（宽17厘米）

造型：倾斜型（木本线条美风格）

技法：桂花枝是水盘宽的1.5倍，右倾45°，带蕾小菊枝左倾15°，开花的小菊为主花，高度是整个作品高度下1/3处，向正前方45°插。

赏析："秋菊有佳色，裛露掇其英。"采撷秋天的最美，呼应着喝茶的心情。

④ **平展型**

作品：向阳春（图11-4）

图11-3 季秋之月

图11-2 一花一世界

图11-4 向阳春

图11-5　山野冷香

图11-6　玉壶生津

花材：石榴枝、康乃馨、高山蕨

花器：紫砂壶（高7厘米）

造型：平展型（木本线条美风格）

技法：主枝石榴高度是壶高加壶宽度的2倍，向右顺势平展而插，康乃馨为主花，高度在整个作品高度1/2处，向左15°并向前倾30°插。

赏析：康乃馨取含苞未放者，乃觉初阳升起之势，春日暖阳和煦，石榴枝头绿意浓。

⑤ 下垂型

作品：山野冷香（图11-5）

花材：六月雪、鼠尾草、小菊、高山蕨

花器：粗陶碗（宽21厘米）

造型：下垂型（木本线条美风格）

技法：六月雪向左呈135°插，主花白小菊高度是整个作品高度下1/3～1/2处，向正前方45°插。鼠尾草作陪衬，增加后围立体感和可看性。

赏析：山径崎岖落叶黄，青松疏处漏斜阳。鸣禽无数声相应，一阵微风野菊香。

2. 现代自由式插花造型

现代自由式插花基于东、西方传统插花造型，为了达到美的要求，对插花构图造型自由发挥，通过创作插花来表达个人的意念。

现代自由式插花可分为自然情调与抽象情调2种。自然情调的插花是模仿自然植物，发挥其本质的特点，予以再现和提高。而非自然情调的抽象式插花，把植物抽象构成造型的要素，即点、线、面三要素，按照自身的感性认识和创造力进行造型，使插花能推陈出新，与众不同。

点、线造型

作品：玉壶生津（图11-6）

花材：剑叶、石斛兰、肾蕨、高山蕨

花器：透明塑料盒（宽11厘米）

造型：点、线造型

技法：剑叶弯曲成圆形插于花泥里，剑叶尖端插于壶左形成壶嘴，加上壶柄、壶盖，用订书钉固定，在茶壶圆环内插一枝飘逸的石斛兰，绿叶覆盖花泥。

赏析：壶中乾坤多变化，花草可根据季节、茶品更换，一壶两杯，有两人品茶得趣之意。

3. 其他插花形式——浮花和敷花

浮花是模仿在水面上漂浮的花。它的特点是不用剑山，而靠水的表面张力作用把花和叶静静地浮在水面上，安然地表现花的静态美。宜选用浅皿和水盘，能表现出更多的水面。敷花是将花枝直接铺放在桌面并组合成美妙的画面，没有容器，可利用衬垫起到烘托美化作用，加上指形管，增加保水性，以延长观赏期。学会这两种插花形式，残枝断花都能充分利用好。

① **散点浮花**

作品：落花有意（图11-7）

花材：枫叶、澳梅

花器：黑陶浅盘（宽18厘米）

造型：散点浮花

技法：选择适合漂浮起来的花和叶，自然散放，也有花叶组成图案漂浮。

赏析：花自飘零水自流。一种相思，两处闲愁。

② **点、线造型**

作品：早春二月（图11-8）

花材：绣线菊枝、相思梅、高山蕨

花器：绿色指形管（长4厘米）

造型：点、线造型

技法：按插花的主枝（绣线菊枝）、主花（相思梅）、配叶（高山蕨）顺序组合成小束，插入指形管中保水，平放于竹垫上观赏。

赏析：花色含羞料峭中，绿意渐浓一枝春。

图11-7　落花有意

图11-8　早春二月

（三）插花作品的保养

插花作品的保养不同于花材的保养，主要是加水、喷水、三个远离和清洁保鲜。

1. 加水、喷水

作品插制的时候，水盘插花的水位和剑山针尖平，花瓶插花加水5～10厘米，作品完成后放到展示位置，再加水至容器沿口下1～2厘米处。大肚小口瓶中在保证枝条能吸到水的情况下，水位和空气接触面最大时为好。日常还要围绕作品，适当喷水雾，保持空气湿度，滋养枝叶花朵。

2. 科学放置，三个远离

作品放在室内要远离阳光、远离风口、远离成熟的水果。插花适宜凉爽环境，有一定的空气湿度。成熟水果散发的乙烯气体，使得花开放加快、易衰败。

3. 清洁保鲜

作品里所加的水，最好用加过消毒液的水，这样水中的枝干不易腐烂。日常喷水前检查插花作品，对个别枯萎的花叶应及时清理掉。用后的容器和剑山等要彻底清洗晾干，以防微生物宿存。

四、茶艺插花的欣赏

插花欣赏讲究三境三美和三位一体。

1. 三境三美

三境三美是指：①插花植物材料的自然姿态所形成的生境，表达出自然美；②插花构图造型所形成的画境，表达的是艺术美；③插花作品的形神兼备，表达的是意境美。自然之真，艺术之美，人文之善——学习和欣赏插花也就是对真善美的不懈追求。

2. 三位一体

三位一体指插花作品欣赏的外在整体美，即一景、二盆、三几架。茶艺插花中的茶席插花，体型小巧，精于花、器、几架的搭配，摆设的位置较低，离观赏者距离近，属于俯视静观。品茶者坐着品茗赏花，情绪从容，进而仔细端详花与器，得到怡情养性的目的。

五、茶艺插花演示

日常饮茶或茶艺演示中，为了配合茶趣，常用有特色的茶艺插花相配。此类插花以放在茶桌上的居多，在作品大小和意境表达上都应和茶性或茶席意境吻合。

（一）茶艺演示中的插花搭配

中国名茶众多，产地不同，茶性、茶味各有特点，所用之茶具及搭配的茶点、茶食也各具特色。各地有不同的植物种类（如市树、市花）、博古风气等，不同的饮茶和赏花习俗，应与之相谐，通过创意和联想，插制出具有不同地方特色的茶艺插花作品。

1. 以不同地方出产的茶为例

浙江绿茶多名品，杭州的西湖龙井更是名闻天下，花草植物资源丰富，自然景色山明水秀。杭州的市花为桂花，以桂花为主花更有香气相附，秋意韵浓。四季赏花风气日盛，春有海棠、牡丹，夏有莲、荷、鸢尾，秋有菊花、红叶，冬有双梅怒放。安吉为中国竹乡，佛肚竹、凤尾竹、菲白竹等插花更有清雅高洁之意。绍兴的兰花、四明的红枫、金华的山茶花和佛手、余姚的杜鹃、嵊州的玉兰等，均能显示出地方物产和特色。

2. 以基本茶类特性为例

六大基本茶类形状、香气、汤色、滋味各有特点，可以综合考虑某类茶产地的地形地貌，鲜叶、干茶形状，香气和汤色，其中的名茶品种名称等，进行与其相配的茶艺插花创作。如西湖龙井"色绿、香郁、味醇、形美"四绝，与其配合的茶艺插花，应花色淡雅，花形表现丰富，花香清淡幽远或无，与茶味相和衬托为好。

3. 以再加工茶类特性为例

花茶、果味茶、保健茶等所用的材料，可作为茶艺插花特色的表现方法。花茶所用香花有茉莉花、白兰花、代代花、柚子花、桂花、玫瑰花、栀子花、米兰、珠兰、树兰等。如喝茉莉花茶，在茶杯中插一小枝茉莉花，以求风味相合，更助茶性。荔枝、柠檬、猕猴桃、山楂、大核桃、枸杞等可摆放搭配插花或直接用作花材表现。菊花、槐花、问荆等保健茶的材料也可插花，以表现茶意。

4. 以茶名和花名类似为例

乌龙茶中的水仙、大红袍、肉桂、奇兰、黄金桂、瓜子金等，白茶中的白牡丹等，另有兰花、山茶花、梅花等花卉的具体品种名，如东方美人、明月秋水、飞燕素、尔雅、绿雪素等，其文雅有趣者与茶名相同或意相近者亦多，均可参考借鉴。如表现龙井茶和乌龙茶，花中带龙字的花材有龙口花、龙吐珠、龙胆花等。春天龙井新茶上市，配合的茶艺插花有"蒌蒿满地芦芽尖"，作品是在青花陶碗中垂直插上白色和乳黄色两枝龙口花，搭配早熟禾，水面上撒些浮萍，作春塘写景，以表现野趣盎然。茶者手持清茗，再赏此插花令人有雨余芳草、水绿滩平之思。

以下是6种不同类型的茶艺插花设计，希望能抛砖引玉，对大家有所启发。

① 一旗一枪

作品：一旗一枪（图11-9）

花材：黄金鸟

花器：竹盘（宽19厘米）

造型：倾斜型（三主枝风格）

技法：主枝黄金鸟向左呈45°和15°插好，自身的叶经过修剪配插于花枝两侧和正前方。

赏析：从水中沉浮的茶叶形状获取创作灵感，茶叶纤细俊秀，泡出来一芽一叶，便是"一旗一枪"。

② 茶香四溢

作品：龙韵茶香（图11-10）

花材：云龙柳、萱草、麦冬叶

花器：满月篮（框宽30厘米、内宽12厘米）

造型：倾斜型（木本线条美风格）

技法：第一主枝上段呈45°斜插，萱草为主花，在作品高度的下1/3处，搭配3片麦冬叶丰富背景。

赏析：茶香悠远四溢，袅袅而升；花色似汤色，温暖人心。

图11-9 一旗一枪

图11-10 龙韵茶香

图11-11　群芳最　　　　　　　　图11-12　青山出锦绣　　　　　　　图11-13　苦尽甘来

③ 祁门红，群芳最

作品：群芳最（图11-11）

花材：红叶小檗、多丁康乃馨、文松

花器：黑亚光字碗（宽16厘米）

造型：倾斜型（木本线条美风格）

技法：选1枝倾斜型的小檗枝，长度为碗口径的2～2.5倍，主花高度为作品高度的1/2，配叶文松陪衬造型并遮挡剑山。

赏析：作品花色亮丽，艳冠群芳，传达出"祁门红，群芳最"之意。

④ 青山黄芽

作品：青山出锦绣（图11-12）

花材：含笑、黄金鸟、相思梅、高山蕨

花器：炭烧木筒（高24厘米）

造型：平展型（木本线条美风格）

技法：含笑枝出筒口长度是筒高的1.5倍，顺势作水平插，黄金鸟为主花，相思梅和高山蕨陪衬。

赏析：青山出锦绣，黄芽当其一。聚天地精华，汇山水灵气。

⑤ 味酽一杯中

作品：苦尽甘来（图11-13）

花材：玉兰枝、红豆

花器：粗陶罐（高9厘米）

造型：倾斜型（木本线条美风格）

技法：将玉兰枯枝呈45°和30°倾斜固定于陶罐中，红豆当主花，朝正前方45°插好。

赏析：雾锁千树茶，云开万壑葱。香飘十里外，味酽一杯中。

图11-14　白牡丹

图11-15　飞雪迎春

⑥ 茶似牡丹

作品：白牡丹（图11-14）

花材：吉祥草、松虫草

花器：棕色瓷瓶（高16厘米）

造型：直上型（写景风格）

技法：主枝吉祥草自然成丛而插，出瓶口高度是瓶高的1.5～2倍，主花松虫草在整个作品高度的上1/3处。

赏析：茶以花名白牡丹，巧借花姿似牡丹，浅白粉紫渐变色，花亦清新衬茶韵。

（二）茶艺插花流程

1. 插花的基本步骤

插花的基本步骤为：立意→选材→造型。

（1）立意

用于茶艺演示所配的插花小品要求比较高，我们可根据所配合的茶席主题设计几款插花，考虑好花材、器皿、配件等，预先绘制草图，比较效果，决定出作品。

（2）选材

根据设计好的作品，准备材料，进行试插，不断改进，以求更完美。

（3）造型

插花过程演示如下：

① 走台：将插花所用之物放茶盘，端好并稳步上台，放右手边；

② 行礼、入座；

③ 开场白："我今天的插花搭配绿茶"或我"今天的插花作品——春江花月"；

④ 置物：从茶盘中拿出茶巾置胸前桌边，拿出剪刀至茶巾上，边讲边拿出几架和花器直接放正前方插花位置或转盘上（讲解词：这是炭烧艺术板、船形水盘）；

⑤ 花材：一一介绍展示花材，仍放回茶盘（讲解词：剑叶、石斛兰、高山蕨）；

⑥ 插花：按主枝、主花、配叶顺序制作；

⑦ 观赏：正面居中（讲解词：作品完成，春江花月：滟滟随波千万里，何处春江无月明！）→顺时针向右转45°（略停）→逆时针转回到正中位（略停）→逆时针向左转45°（略停），顺势端放在桌子左上角位置，花正面向右

45°，完成。将剪刀、茶巾放于茶盘，收拾好，放桌下凳子上。

六、茶艺馆插花布置与欣赏

茶馆中的插花应该属于环境花艺的一部分，不同于小巧专一的茶艺插花。茶馆作为承载中国传统文化的空间，体现民族特色和陈设艺术性是非常重要的。虽然茶馆中的环境花艺布置可委托专业的花店，但作为茶馆的经营者、管理者了解一下茶馆环境插花的常识，也是很有必要的。

茶馆中的插花布置应贵在少而精，可在盆栽植物陈设的基础上结合插花点缀，在重大节日时可加强插花布置，以营造立竿见影的迎宾气氛。

1. 门厅插花

门厅是茶馆的第一窗口，门厅插花应结合环境，在圆台、供桌、琴桌或直接着地进行插花布置。插花作品反映季节变化和表现节日主题，使客人有常换常新的感觉。作品"飞雪迎春"（图11-15），用"风雨送春归，飞雪迎春到。已是悬崖百丈冰，犹有花枝俏"表达百事和顺，健康长寿的美好寓意，可用于春节装饰。

2. 壁龛、走廊插花

在茶馆的墙壁和一些隔而不断的空间处理上有壁龛，里面可放置一些装饰器皿，也可插花布置。作品"亭亭玉立"（图11-16），简单的菖蒲和荷花组合，有清风荷香之感。

3. 装饰台插花

装饰台一般用作指明空间性质，引导客人走向。为了加深饮茶的文化价值与深度，可用插花作品配合书画、琴、香等展示。作品"谢却海棠"（图11-17），表现残红落尽，困人天气日初长，夏日品茶更惬意。

4. 服务台插花

服务台多为客人结账和询问的地方，摆放插花既起到装饰作用，又增添热情迎宾的友好亲切气氛。插花作品的视线焦点应控制在人站立时的水平视线上或稍偏下为好。多用水盆或矮脚花器插花。作品"争渡"（图11-18，见下页），日暮归路，行舟误入藕花深处，"争渡，争渡，惊起一滩鸥鹭"。

图11-16 亭亭玉立

图11-17 谢却海棠（引自《中国茶花之道》，作者：黄永川）

151

图11-18　争渡　　　　　　　　　　　图11-19　雅聚

5. 经理办公室插花

古时凡好茶者，多为文人雅士，"四艺"皆通。而今茶馆经理办公室里也应有特色，在雅致的空间中布置一盆简洁漂亮、生机勃勃的插花，在美化企业形象、活跃环境气氛、加快工作效率上都有潜移默化的作用。作品"雅聚"（图11-19）用修竹、菊花的气质来彰显茶人的宁静致远，淡泊明志。

技能篇

第十二章
当代常用茶具

茶具，指壶、杯、盏、碗、托、盘等泡茶、饮茶用具。"器为茶之父"，中国茶具的发展，大体是随着喝茶方式的演进而改变的。

至迟在两晋时，以浙江越窑为代表的青瓷产品中已出现专用于饮茶的带托盏具。然而饮茶之风此时仅在南方地区盛行，传至全国则在唐代。传世瓷质茶具中常见唐代的茶（荼）瓶、茶盏及盏托、茶臼及杵棒等。唐代瓷业生产有"南青北白"之说，即南方以越窑青瓷为代表，北方则以邢窑白瓷为代表。除了越窑和邢窑，生产瓷质茶具的瓷窑，南方还有瓯窑、寿州窑、洪州窑、岳州窑等，陆羽曾将这些窑口生产的茶盏做了大致的品评。

我国古代制瓷业发展到宋代呈现出百花齐放的繁荣景象，名窑林立大江南北，几乎每个窑口都生产茶具。宋代喝茶主要以点茶为主，以此种方式衍生出来的斗茶自宋初开始即风靡朝野。因宋代，斗茶主要比的是茶汤色，黑釉盏最能衬托白色茶汤，从而带动了建窑、吉州窑等黑釉茶盏的盛行。与此同时，青瓷类茶具仍占有相当大的比重，如北方的耀州窑、汝窑和南方的越窑、龙泉窑等。

明清时期，撮泡法兴起，茶具亦随之改变，碾、磨、罗、筅等茶具废而不用，专供泡茶用的茶壶和茶杯大行于世。因叶茶冲泡后茶汤呈绿色，与之相宜的白色茶盏备受推崇，黑釉盏逐渐消失。明代中期，文人品茶崇尚雅趣之风渐盛，紫砂茶具异军突起。至清前期，帝王均嗜茶，华丽的彩瓷风靡一时，彩瓷茶具大量出现。景德镇和宜兴两大陶瓷产地逐渐成为茶具的主要烧制中心。

在社会快速发展的今天，越来越多的人喜爱喝茶，创新茶类不断涌现，饮茶方式也日趋多样化，这促使茶具不断发展和创新。除景德镇和宜兴两地，南北方许多陶瓷产地多生产茶具，除常规形制，亦烧制个性化产品，以满足消费者的不同需求。

第一节　瓷质茶具的主要产地和特点

瓷质茶具经高温烧成，釉面光洁，胎质致密，气孔少，吸水率低，传热快，保温性适中，泡茶能获得较好的色香味。因此，瓷器是适用最广泛的茶具，适宜泡所有的茶品。瓷质茶具按品类大致可分为青瓷、白瓷、黑瓷、彩瓷四大类。

一、青瓷茶具及名瓷窑

青瓷的出现始于东汉末年，浙江上虞的小仙坛窑是最早生产青瓷的窑址之一。青瓷器具应用广泛，可做生活用具、陈设用具，部分又作丧葬用具。茶具是青瓷器物中的一大类，品种有茶盏及盏托、茶瓶、执壶、茶罐等。历代茶具重青瓷器具，首先，人们倾慕其釉色之美。青为自然之色，为东方之色，又有美玉之色，可与君子比德。其次，它质地细腻、造型端庄，纹饰雅致，常刻划有莲瓣、水波、缠枝牡丹、双鱼等纹饰，或釉面有开片，如蟹爪、冰裂、鱼子等。用青瓷茶具来冲泡绿茶，更有益汤色之美。历史上产青瓷茶具窑口众多，有浙江越窑、瓯窑、龙泉窑（图12-1）、南宋官窑、哥窑、陕西耀州窑，河南汝窑等。现青瓷茶具的主要产地包括浙江丽水地区的龙泉窑、河南平顶山地区的汝窑等。

1. 龙泉窑

龙泉窑在浙江西南部龙泉域内，从出土、传世器物来看，龙泉窑大规模的烧造历史从宋代一直延续至今。大约在南宋中晚期，其产品逐渐形成了独特的风格，由于熟练掌握了胎釉配方、多次上釉技术以及烧成气氛的控制，龙泉窑瓷器釉色纯正，釉层厚，成功烧制出粉青和梅子青釉，以釉色之美而备受推崇。自元代开始，龙泉窑产品开始大量销往海外。16世纪末，龙泉青瓷在法国大受欢迎，人们用当时风靡欧洲的名剧《牧羊女亚斯泰来》中男主角雪拉同的美丽青袍的颜色与之相比，称龙泉青瓷为"雪拉同"，视其为稀世珍品。受其影响，我国浙江、福建、广东、江西乃至周边国家如泰国、韩国、日本等地瓷窑先后仿烧龙泉窑青瓷产品，形成了一个庞大的龙泉窑系。

龙泉青瓷茶具中以宋代的长流执壶和青瓷斗笠盏、莲瓣盏较为有名（仿品如图12-2），这种造型的茶具与宋代饮茶方式不无关系。宋代以点茶为主，又有斗茶竞技的风靡，为了保证茶汤的效果，对注水也提出了新要求。长流执壶注嘴较长，且呈抛物线形，注嘴的出水口圆小俊俏，嘴与瓶身的接口较大，从而保证出水迅速、流畅，水量适中。斗笠盏则呈深腹、斜腹壁和散口造型，也有利于茶末与热汤直接接触混合，用竹筅击拂能更好地产生汤花。当代仿龙泉窑粉青茶具如图12-3。

图12-1　南宋 龙泉窑青瓷斗笠盏（故宫博物院藏）

图12-2　当代 仿南宋龙泉窑莲瓣盏（毛正聪 提供）

图12-3　当代 仿清雍正粉青釉茶具（李林 提供）

纹饰方面，龙泉窑青瓷多采用划、刻、印、贴、露、堆等多种方法，纹饰题材十分丰富，除宋代的莲瓣、双鱼等纹饰外，元、明两代还出现了云龙、飞凤、云鹤、鹿含灵芝、八仙等吉祥寓意的纹饰，以及"金玉满堂""福如东海"等汉字吉语。经元、明两代，龙泉青瓷虽有衰退之势，但传世器物中仍不乏精品，如荷叶盖罐、菊瓣碗等器物，可作存放茶叶、品饮之用。

如今，龙泉窑青瓷茶具中仍保留着"东方之青"的釉色感，类冰、似玉，冲泡绿茶时，与茶汤交融，正如宋代诗人笔下"玉瓯乳花""乳雾冰瓷"的描绘，能唤起人们内心的清韵与美好感受。此外，龙泉青瓷茶具在造型方面多保留宋代器物的雅正，流畅的线条、自然的形态，使人更得喝茶之趣，可陶冶性情、颐养身心。

2. 汝窑

汝窑位于河南平顶山的宝丰县，是宋代五大名窑之一。因宝丰在宋代隶属汝州，故瓷窑称为汝窑，在北宋后期曾为宫廷烧制御用青瓷。汝窑器物胎较薄，质地细腻，呈香灰色，修坯精细，一丝不苟。釉以天青色为主，釉面匀净滋润，光泽内含，除一些细小开片外，几乎不带装饰，将装饰的意韵蕴于如玉的釉质和古雅的造型中，把静穆含蓄之美推到了极致，是中国艺术的典型代表。

汝窑瓷曾被作为御用之瓷使用，产品多为宋代宫廷生活用具及陈设器。宋代皇室喜饮茶，所以汝窑茶具应大量生产过。然而，汝窑因金兵南下而停烧，生产时间较短，故传世汝窑瓷器不足百件，汝窑茶具更是稀少。传世器物中有大英博物馆馆藏汝窑茶盏托一件（图12-4）。茶盏托为茶盏底座，在宋、金时期较为流行，汝窑、钧窑、官窑、定窑等均有烧造，但以汝窑烧制的盏托釉色、器形最为优美。器物釉色青中泛蓝，俗称"雨过天青之色"，胎体厚薄处理适度、形态比例协调，均达到近乎完美的境界，为宋代茶具的典范。

汝窑胎土略显粗松，颜色颇似焚香时燃过的香灰之色，俗称"香灰胎"。不少器物釉面均开有片纹，片纹细碎如冰块开裂，俗称"冰裂纹"，底部多有"芝麻细小挣针"，俗称"芝麻挣钉"。后世多仿汝窑产品，明宣德时期，景德镇御窑厂开始仿制汝釉瓷器，清雍正、乾隆两帝更是钟爱汝窑器，仿制汝窑瓷器，器形有盘、瓶、炉、盏等。

现代仿汝窑茶具，釉色方面多有创新，不仅有宛如清澈湖水的天青色釉，有似玉非玉之美的月白釉，也有宛若天空之色的天蓝釉以及豆青之色的豆青釉等，器物有茶壶、茶杯等。汝窑茶具的美感，在于釉色清淡含蓄、不温不火，符合中国古代文人雅士的审美喜好，亦与品茶之雅趣相合（当代仿汝窑茶具如图12-5、图12-6）。

图12-4　北宋 汝窑盏托（大英博物馆藏）

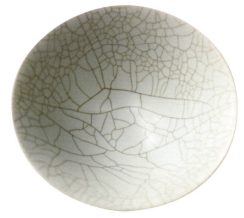

图12-5　当代 仿汝窑盏（东道汝窑 提供）

图12-6　当代 仿汝窑茶具（范随州 提供）

二、黑瓷茶具及名瓷窑

黑瓷为施黑色釉的高温瓷器，它与青瓷相伴而生。在东汉时期，以烧制青瓷著称的浙江上虞窑亦烧制黑瓷。后世黑瓷中以东晋时期德清窑黑瓷较为有名，釉厚如堆脂，色黑如漆，器形有盘、尊、罐等。唐代南方诸窑中也多烧制黑瓷，入宋以后，黑釉瓷器大量烧制，其中黑釉茶盏最为典型。这与宋代开始流行的斗茶有着密切的关系，宋人衡量斗茶的效果，一看茶面汤花色泽和均匀度，以"鲜白"为优；二看汤花与茶盏相接处水痕的有无和出现的迟早，以"盏无水痕"为上。所以，宋代的黑瓷茶盏成了瓷茶具中最大宗的品种。黑瓷茶具主要产地为福建建阳的建窑和江西吉安的吉州窑。

1. 建窑

建窑是我国烧造黑瓷声誉最高的一处窑场。与别的窑场不同，建窑以生产茶盏为主。在建窑窑址还发现有刻"供御""进盏"字铭的盏，是宋代为宫廷烧造的御用茶盏。茶盏造型多样，有大、小、敛口、敞口等不同形式，圈足小而浅。器物外壁釉至近足部，有明显垂流现象。其胎土富含铁质，呈黑紫色，在漆黑的釉面上布满形若兔毫或油滴（图12-7）、鹧鸪斑的结晶纹斑，极富妆饰意趣，更精彩的是曜变，在较大的结晶斑点周缘闪现出瑰奇的彩色，犹如日晕，美妙至极，传世品仅在日本有几件收藏。

宋代茶盏"贵青黑"，主要是因为黑色盏托最能衬托白色茶汤。两宋文献诗文中常出现对黑釉茶盏的吟咏，如陶毂《清异录》中载"闽中造盏，花纹鹧鸪斑点，试茶家珍之。"又如杨万里的"鹰爪新茶蟹眼汤，松凤鸣雪兔毫霜"等句，其记述绝大多数为福建建阳所产的建窑黑瓷产品。福建建窑黑釉茶盏除了釉面有兔毫、鹧鸪斑纹等变化外，还有坯体厚、盏腹深的特点，这对宋人点茶十分有利。因为盏深扣之才见"浮乳"，而坯体较厚保温持久，才能有"鹧鸪斑中吸春露"之景象。其他地方的茶盏，坯体太薄，或者颜色发紫，都比不上建盏。

元明以后，因饮茶方式的改变，以建窑为代表的黑釉茶盏逐渐退出了历史的舞台。然而在邻国日本，这类黑釉茶盏仍旧受到推崇，在成书于1511年（明正德六年），介绍将军家御用之物的《君台观左右帐记》中记载，曜变建盏是当时的"无上神品""罕见之物"，"其地黑，有小而薄之星斑，围绕之玉白色晕，美如织锦，万匹之物也"，而油滴盏则是"第二重宝，值五千匹绢"。

如今建盏烧制技艺不断完善，产品种类依旧以黑釉茶盏为主。黑色是人类对于早期世界的最初的色彩感知，器物中的黑釉则能包容各种釉色，调和各种色彩。正是建窑茶盏的黑釉的深远以及釉色的多变，让品茶人延伸出无限的想象空间（图12-8、图12-9）。

图12-7　南宋 建窑油滴天目茶盏
（大阪市立东洋陶瓷美术馆藏）

图12-8　当代 鹧鸪斑茶盏
（李达 提供）

图12-9　当代 曜变束口盏
（吴立主 提供）

2. 吉州窑

吉州窑创烧于唐代，宋、元瓷业有较大发展，产品面貌极为丰富，几乎无施不巧。但最能代表吉州窑特色的品种是黑釉器，除油滴、玳瑁、鹧鸪斑等釉里的"文章"外，还有木叶纹、剪纸贴花等匠心独运的装饰，展现出匠人巨大的创造才能。木叶纹是把天然树叶直接烧在黑釉碗上，以黑釉衬托出黄色的叶子剪影。玳瑁釉是在黑釉上饰以浅黄色斑点，色泽质感有如海洋动物玳瑁的甲壳。剪纸贴花主要装饰于碗内，效果极似民间的剪纸，题材广泛，多吉祥寓意。在吉州窑茶器中，以上提到的几种装饰比较常见。

吉州窑的茶盏装饰，与禅宗思想的影响有关。以木叶盏为例（图12-10），盏内施黑釉，碗底以木叶装饰，或舒展、或卷曲、或折叠，其树叶多取枯败的桑叶。这种装饰极富禅意，而且与著名的禅宗公案——"体露金风"所蕴含的禅理相近。公案出自宋代的《五灯会元》，其借"树叶凋落"，暗喻妄念、烦恼已断的清纯心境，而"体露金风"则好比历经苦行的禅者，在摆脱烦恼妄想之后，进入真空无我的"身心脱落"之境。又有宋白杨法顺禅师道"一叶飘空天似水，临川人唤渡头船"，盛满茶水后的吉州窑木叶盏，宛如天空澄澈的倒影，给人以视觉和精神的愉悦，也恰是"禅茶一味"的有力说明。

元代以后，吉州窑逐渐衰微。现代吉州窑的复兴工艺，不少能烧制出曾经吉州窑茶具的风韵。人们品茗时，看到茶盏上偶然幻化出某一物象，或是浮现枯叶（图12-11），或是月影梅花，或是剪纸贴花吉语（图12-12），便成为心头的一份惊喜。

图12-10　南宋 吉州窑木叶天目茶盏
（大阪市立东洋陶瓷美术馆藏）

图12-11　当代 吉州窑菩提叶茶盏
（空山茶觉 提供）

图12-12　当代 吉州窑剪纸贴花茶盏
（空山茶觉 提供）

三、白瓷茶具及名瓷窑

白瓷的出现始于北朝晚期（北齐），隋唐时白瓷工艺日臻成熟，历经宋、元、明、清，白瓷的生产始终不衰，且涌现出较多优质白瓷代表品种。唐代时，河北邢窑白瓷成为风靡一时的"天下无贵贱通用之"的名瓷，河南巩县、鹤壁、登封、陕西平定等北方地区均生产白瓷，在当时形成了"南青北白"的局面。宋代时，河北的定窑后来居上，成为宋代五大名窑之一。元代景德镇产枢府窑以"卵白釉"著称，其釉呈失透状，色白微清，恰似鹅蛋色泽，是元代官府机构在景德镇定烧的瓷器。明代瓷器中白瓷在各朝均有烧制，较具代表性的是永乐时期的"甜白"，器物多薄胎，能够光照见影，釉色莹彻，给人一种"甜"感。清代的白瓷则以福建德化白瓷为代表。

白瓷多以日用器为主，碗、盏、杯、壶等茶具造型为大类。白瓷茶具具有坯体致密、高温烧制，无吸水性，音清韵长等特点。白瓷因釉色洁白，能反映出茶汤色泽，传热、保温性能适中，实为饮茶器具中的基本款。白瓷茶具产地较多，这里主要介绍河北定窑、江西景德镇窑以及福建的德化窑。

1. 定窑

定窑在河北曲阳，因曲阳在宋代隶属定州，故名定窑。定窑创烧于唐代，至宋代因发明覆烧工艺而产量大增，形成自己独特的风格，曾为宫廷和官府烧制瓷器。其产品特色是胎质洁白细腻，造型规整纤巧，装饰以风格典雅的白釉刻、划花和印花为主；盘、碗口沿因覆烧无釉，常以金属片扣口，亦起到装饰作用。定窑器物的装饰图案十分丰富，有花卉、禽鸟、云龙、游鱼、婴戏等，极富生活气息。其器型也多样，如碗、盘、瓶、罐、炉、枕、壶等，目前传世及出土定窑器物中，茶具主要以碗、盏、盏托以及执壶为主。

定窑花瓷盏（图12-13）是活跃在宋代茶事中的器物，北宋僧释德洪有诗《郭祐之太尉试新龙团索诗》曰"政和官焙雨前贡，苍璧密云盘小凤"，"定花磁盂何足道，分尝但欠纤纤捧。"此处说的是使用定窑白瓷盏饮用龙纹团茶。在江苏江阴夏港的一座北宋末年墓葬中也曾出土一件银扣定窑白瓷盏，同时还有三件漆盏托和一对或作茶饼储放之用的漆盖罐，均是定窑瓷盏在宋代时用于饮茶的有力证明。

定窑除以白瓷驰名之外，还兼烧黑釉、酱釉和绿釉器，同时定窑的印花及覆烧工艺又影响了当时一批瓷窑，河南、山西、江西、四川都有窑场模仿定窑烧白瓷，形成以定窑为中心的定窑系。当代定窑茶具如图12-14、图12-15。

图12-13　北宋　定窑印花斗笠盏（故宫博物院藏）

图12-14　当代　定窑免修坯茶盏
（庞永辉　提供）

159

图12-15　当代　定窑"君子"茶盏（和焕　提供）

图12-16　南宋　青白釉刻花碗（抚州市博物馆藏）

2. 景德镇窑

宋代的景德镇窑以生产青白瓷著称，器型丰富，造型和装饰受定窑影响很大。因其釉色青中显白，白中泛青，又称"影青"。其产品胎薄质坚，造型秀雅，釉质纯净。目前景德镇烧青白瓷的窑址已发现有湖田、湘湖、胜梅亭、南市街等多处。南宋时景德镇青白瓷影响至安徽、广东、福建等地，有"江湖川广，器尚青白"的盛况（图12-16）。

青白釉瓷器釉质如玉，在宋代人的日用器中数量较大，如杯、碗、盘、盏、碟、执壶、瓜棱罐，瓷枕、香炉、香盒等。茶具中以斗笠盏最为常见，宋代时亦受世人喜爱。如北宋彭汝砺的《答赵温甫见谢茶瓯韵》中写道，景德镇的青白釉茶盏"我盂不野亦不文，浑然美璞含天真。光沉未入士人爱，德洁成为天下珍。"又有宋诗中明确记载用景德镇青白茶盏品饮，如"江南双井用鄱阳白薄盏点鲜为上"，双井为茶名，点鲜即为点茶方式。另景德镇湖田窑遗址出土过一件印有"茶"字的青白釉碗，合肥北宋马氏家族墓中出土一件青白釉斗笠盏，圈足底部墨书一"甘"字，均为饮茶之用。

青白釉瓷器的生产在元代继续延续，釉色较宋代略显青色，没有宋代那样清澈透亮，亦作外销器。明、清两代景德镇以单色釉和青花等彩瓷为主，青白釉瓷器的生产逐渐衰微。

景德镇青白瓷茶具，以器形优美圆润著称，其器形口腹过渡营造出优美的线条弧度，圆润而不失细腻，即使是瓜形、果形等方形器具造型，都采用圆角处理；其又以青白釉色取胜，色纯净淡雅，青中泛白，白中带青，有玉质的晶莹与光泽。与青瓷茶具相比，用青白瓷饮茶更有淡远之意。当代景德镇窑青白瓷茶具如图12-17至图12-19。

3. 德化窑

德化窑位于福建省中部的德化，已发现窑址近两百处，是我国古代沿海地区外销瓷的重要产地。德化窑在宋元时期以烧制青白瓷为主，明清时期进一步烧制出质地坚硬、釉呈牙白色的器物。其釉如凝脂，纯洁细腻，产品大量外销，在欧洲声誉很高。著名的旅行家马可·波罗曾至福建游历，他对德化白瓷曾赞美有加。德化窑除出产极富表现力的雕塑作品外，也生产大量的杯、盘、碗、炉等日用品。

图12-17　当代 景德镇青白瓷金钟杯（王尚宾 提供）

图12-18　当代 景德镇青白瓷斗笠盏（王尚宾 提供）

图12-19　当代 景德镇青白瓷盖碗（王尚宾 提供）

德化白瓷茶具的大量出现是在明代，这与饮茶方式的改变及明代文人的追捧有关。明人王罩及张潮在《檀几丛书》中认为"品茶用瓯，白瓷为良。"散泡法茶汤多为黄绿之色，白釉瓷器能将绿茶的自然之色表露出来，因此成为茶具主流。明代德化窑有乳白、猪油白、象牙白、葱根白之称，流传至欧洲之后，法国人又称之为"鹅绒白""中国白"等。

图12-20　明 德化窑堆贴梅花小杯
（南宋官窑博物馆藏）

精巧别致的德化窑堆贴梅花杯（图12-20）可视为茶器的典型代表。梅花因其高洁、坚韧不屈，与松、竹并称为"岁寒三友"，受到历代文人的喜爱。堆贴梅花杯将梅花装饰在有"象牙白"的釉色之上，更显其高雅，同时造型方面又有犀角、圆口、瓜棱、手形梅花杯等。堆贴梅花工艺是德化窑的一种创新装饰手法，它结合了堆花和贴花两种工艺，装饰效果立体感更强。除了梅花杯，德化窑中杯身呈八角、器身外壁印有八仙的八仙杯也较为典型。其器胎薄，特别是腹部能见手指的影子，若放在灯光或日光下能显示出肉红色，与文献中所记载的"以白中闪红者为贵"相一致。

清代德化窑在明人的基础上又有进一步发展，釉色微微泛青，主要以生活用具为主。德化窑釉色的洁白，与当地优质瓷土有着莫大关系。其瓷土具备玉石的内涵，加工之后胎土呈"糯米胎"，釉色则有黄玉、白玉的神韵。因瓷土优质，品茗时用德化杯，热香上扬，泛香持久。当代德化窑茶具如图12-21、图12-22。

图12-21　当代 德化窑茶具（龙鹏艺术馆 提供）

图12-22　当代 德化窑茶具（龙鹏艺术馆 提供）

四、彩瓷茶具及名瓷窑

彩瓷为带有色彩装饰的瓷器，中国历史上彩瓷品种繁多，尤其是明、清两代，景德镇生产的彩瓷品种可达数十种或上百种。

根据工艺方法，中国彩瓷可划分为釉下彩、釉上彩两大类。釉下彩为彩色纹饰在瓷器表面釉下，典型的窑口有三国、南北朝时期的越窑青瓷釉下彩，其次是唐代长沙窑、越窑釉下褐彩、宋代磁州窑系及元、明、清代景德镇的青花、釉里红等。釉上彩则为彩色纹饰在瓷器表面釉的上面，典型代表为六朝时期的越窑点彩装饰，宋金磁州窑、河南黑釉铁锈花、金代红绿彩，吉州窑金彩描花，以及元、明、清代景德镇的五彩、珐琅彩、粉彩、墨彩，民国的浅绛彩以及各种颜色釉上加彩等。此外还有釉下青花与釉上彩结合的斗彩工艺，如流行于明代成化年间的斗彩鸡缸杯、清雍正年间的粉彩斗彩等。

彩瓷茶具是明、清茶具中的一大类，器型有盖碗、茶杯、茶碗、茶壶等。人们用其品茶时，醉心于其胎骨透亮。又因其釉表各色花草图案或诗文，常被品茶人视为珍品。现以磁州窑、景德镇窑为例作主要介绍。

1. 磁州窑

磁州窑是北方重要的制瓷窑口，创烧于宋，延续至今。窑址在今河北省邯郸市彭城镇和磁县的观台镇。磁州窑烧瓷品种最为丰富，除白釉、黑釉之外，还有白釉划花、白釉剔花、白釉绿斑、珍珠地划花、白釉红绿彩和低温铅釉三彩等十二种之多，其中宋、金时期大量生产的白地黑花装饰产品最具特色，其黑白分明，有浓郁的民间生活气息。磁州窑纹饰常选用日常生活中喜闻乐见的素材，用简单、纯熟的概括手法生动地表现出来，常见的题材有婴戏、花草、鸟兽、波浪或诗词曲文装饰等（图12-23）。磁州窑产品影响深远，有一批瓷窑相继模仿，如河南、陕西、山西、山东乃至浙江、江西、广东、福建等地，形成了地域分布广泛的磁州窑系。

磁州窑作茶具，应从烧制仿建盏的黑瓷茶盏说起。受宋代"盏色贵黑青"的审美喜好，磁州窑利用本地资源和烧制工艺仿制建窑兔毫、油滴和玳瑁盏等。元代彭城磁州窑烧制黑釉天目碗，器型硕大，碗口径在15～20厘米之间，最大者在31厘米左右，符合北方人喝大碗茶的习惯。另彭城磁州窑中还有一种梅花点彩装饰的碗，其碗在胎体上施一层化妆土，外壁施釉不到底，外壁上方又涂抹一条带状色釉，在色釉带上点彩梅花，别有情趣。

磁州窑茶具介于黑白之间，黑白化境中又有些世俗的情怀，用其品茶，自有一番滋味。当代磁州窑白地褐彩茶具如图12-24。

图12-23　宋　磁州窑白釉刻花钵
（故宫博物院藏）

图12-24　当代　磁州窑白地褐彩茶具
（刘立忠　提供）

2. 景德镇窑

景德镇自元代开始成为全国的制瓷中心，产品包括青花、釉里红及一些釉下彩绘品种。至明、清代彩绘瓷得到极大发展，釉上彩、斗彩、素三彩、五彩、粉彩、珐琅彩等品种相继出现，达到非常高的制作水平，各种颜色釉瓷更是大放异彩。明清时期景德镇瓷器大量销往海外，制瓷技术也随贸易文化交往传播国外，对亚非及欧洲瓷器的出现起到关键作用。茶器类别的产品常见于元明清景德镇的瓷器中，如茶器中常见的元代高足杯、明代的压手杯、清代的盖碗茶壶（图12-25）等。

清代皇帝品茗，小器称为杯，大杯则叫碗、钟，较为有名的有用青花渲染"分水皴"效果的青花山水杯，注入茶汤，与山水有机结合渲染。清代康熙时期的青花十二月令花卉纹杯（图12-26），胎质极薄，一杯绘一花，有草木水石，并以青花书写五言或七言诗。用其来品饮，在四季花境中感受茶的美好，品完轻携赏玩，诗语画境、娇翠欲滴。又有清代乾隆时期三清茶钟，多装饰有梅花、佛手、松枝等，主要以雪水烹茶，沃梅花、佛手、松实啜之，名曰三清茶。1949年以后相当长的时期内，景德镇窑几乎是一家独大的日用瓷器生产基地。著名的7501毛瓷（图12-27），即为此期景德镇彩瓷茶具的经典代表。当代景德镇茶具如图12-28。

图12-25　清康熙　青花松竹梅纹茶壶
（故宫博物院藏）

图12-26　清康熙　青花十二月令花卉纹杯
（故宫博物院藏）

图12-27　当代　景德镇7501主席瓷（景德镇精益斋陶瓷博物馆藏）

图12-28　当代　手绘青花冰梅纹三多品茗杯（曹灼　提供）

图12-29　当代 骨瓷茶具（汉青陶瓷 提供）

图12-30　当代 骨瓷茶具（汉青陶瓷 提供）

图12-31　当代 骨瓷茶具（汉青陶瓷 提供）

五、骨瓷茶具

骨瓷属于软质瓷，是以骨粉加上石英混合而成的瓷土烧制而成。骨瓷始创于17世纪末18世纪初的英国，是世界上唯一由西方人发明的瓷种。它质地轻盈，呈奶白色。骨瓷茶具比起普通陶瓷质地更加轻巧，器壁虽薄，却致密坚硬，不易破损，釉面光滑，瓷质细腻，便于清洁。

从18世纪开始，骨瓷就在欧洲王室大放光彩，成为贵族餐桌上的常用品。骨瓷茶具更是受到英国皇室、美国中上层的青睐，他们用骨瓷茶具品饮红茶、花茶。骨瓷那柔和的奶白色、温婉的造型，无不透着贵族骨子里的典雅。

20世纪80年代，中国唐山成功烧制出了我国第一炉得到国际公认的骨瓷产品，并大量出口。迄今，我国河北、山东、上海、浙江等地均有品质精湛的骨瓷茶具出品。当代骨瓷茶具如图12-29至图12-31。

第二节 陶质茶具的主要产地和特点

陶器使用陶土制作，烧成温度较瓷器要低。陶器的造型通常比较古朴粗犷，颜色较深，器表略粗糙，胎厚，气孔多，传热慢，保温性能好。较瓷器而言，陶器更能凸显茶的韵味，适合冲泡黑茶、老白茶等，用于煮茶、煮水亦很合适。

一、宜兴紫砂茶具

宜兴紫砂是江苏宜兴丁蜀镇所产的一种质地细腻、含铁量高的特殊陶土紫泥烧成的无釉陶器。其胎质坚实细密，颜色为红褐色、淡黄色或黑紫色。其主要产品是茶壶。紫砂不同于普通的陶器，首先，其原料与一般陶器所用的黏土不同，紫砂是高岭土、石英、云母类黏土，其特点是含铁量高，同时还具有多种矿物元素；其次是烧成温度比一般陶器高，介于1100～1200℃之间。由于胎体由石英、赤铁矿、云母等多种矿物质组成，高温烧造时各种矿物质通过分解、熔融、收缩发生了质变，产生大量团聚体及少量断断续续的气孔。经科学检测，其气孔率介于陶器与瓷器之间，吸水率小于2%。这些都注定了紫砂具有良好的物理性能，突出表现在它的透气性适当、耐热性和隔热性强，冷热骤变时不易炸裂。

紫砂起源于明代中叶，其迅速勃兴是由于明代饮茶方式由烹点饼茶改变为冲泡散茶。泡茶需用新式茶具、茶壶。紫砂的特性可使茶味得到最佳发挥，最适合制作茶壶；并且因紫泥的可塑性强，茶壶造型可随心所欲地变化。紫砂壶逐渐被精于茶理的文人士大夫所关注，并有人参与设计制作，赋予它文人艺术品的性质。较为有名的是"西泠八家"之一的陈曼生，曾与宜兴紫砂同仁合作，设计出"曼生十八式"（图12-32）。当代紫砂茶具如图12-33至图12-37。

图12-32 清 井栏壶（无锡博物院藏）

图12-33 当代 光—日月—明·紫砂茶具（曹亚麟 提供）

图12-34 当代 溪趣·紫砂茶具（曹亚麟 提供）

图12-35 当代 竹—君风紫砂壶（曹亚麟 提供）

图12-36　当代 岁月有情 紫砂茶具（吴鸣 提供）　　图12-37　当代 庄子·子非鱼系列 茶具（吴鸣 提供）

二、建水紫陶茶具

中国四大名陶之一的建水紫陶，产自云南红河州建水县。其产品主要特点是用五种不同颜色的黏土经陶工泥料备制、手工拉坯、湿坯装饰、雕刻填泥、高温烧制、手工磨光六道制作工艺，形成"质如铁、亮如镜、润如玉、声如磬"的特点。尤其是湿坯装饰、雕刻填泥两道工艺，因汇入了文人书卷气而使建水紫陶独放异彩。其具体制作步骤是：先由书画家在湿坯的紫陶上进行书法和画面创作，再由雕刻工用阴刻、阳刻两种刻法刻出，并填入彩泥，经压实精修后得到画面。在传统紫陶茶壶的装饰画面构成上，一般有：一面为画，一面为书法；一面是残贴，一面是画；或者两面作画等表现形式。

建水紫陶茶具在清代大量出现，它的独特魅力在于别具一格的书画艺术，它以书画镂刻、彩泥镶填为主要手段，集书画、金石、镶嵌等装饰于一身，神形兼备，具有实用性兼具观赏性（图12-38）。

图12-38　当代 建水紫陶罗汉图系列茶壶（向进兴 提供）

三、钦州坭兴陶茶具

钦州坭兴陶，主要分布于广西钦州市钦江两岸，清代咸丰年间开始兴盛。坭兴陶以钦江东岸软泥与西岸硬泥按6:4比例混合而成，从而提高了陶泥的可塑性，确保了造型的多样性和浮雕刻画的精致传神。其胎质坚致，通体不施釉，器物烧成后进行打磨抛光处理，光润柔和并显出窑变的效果，呈现出古铜、紫红、铁青、金黄、墨绿等多种色泽及纹路变化，颇富特色（图12-39）。

四、重庆荣昌陶茶具

荣昌陶器已有800年的历史。它的陶土黏性和可塑性强，烧制的容器具有不渗漏、保鲜好等特点，素有"泥精"美称。荣昌陶分素烧和施釉两类品种，当地人称素烧的为"泥精货"，各种色釉装饰的叫"釉子货"。前者具有天然色泽，给人以古朴淡雅之感；后者有晶莹剔透之形，叩之能发出清脆悦耳之声，具有浓郁的地方特色。当代重庆荣昌陶茶具如图12-40至图12-42。

五、其他茶具

在文化创意层出不穷的当今社会，各类产品的竞争愈演愈烈，赏用结合的陶瓷茶具也不例外。

首先，从功能上讲，当下快节奏的生活方式，催生了一批造型简洁、使用便捷且便于携带的新型茶具。其次，随着人们生活环境的不断改善，陶瓷茶具已不再是孤立的产品，而是与环境空间有机结合的一部分。一些或华丽、或简约、或古典、或现代的创新茶具越来越普遍地进入人们的日常生活中，构成一幅与环境协调统一的立体装饰画面。

图12-39　当代 钦州坭兴陶茶壶
（玉茗堂 提供）

图12-40　当代 荣昌陶茶具
（梁先才 提供）

图12-41　当代 荣昌陶扁石瓢壶
（周寅初、周健 提供）

图12-42　当代 荣昌陶提梁茶壶
（林宏焱 提供）

　　此外，近年来南北各地的人们还热衷于烧制和使用柴烧茶具。柴烧是中国最传统的烧制陶瓷器的方式之一。柴烧茶具的特点是：在烧制过程中，让木柴燃烧所产生的灰烬和热量直接附着在茶具坯体上，当窑内温度达到1200℃以上时，茶具成品就会形成光泽温润、层次丰富的自然落灰釉，具有一种独特的浑厚、古拙的美感。这种釉不是人工可控的，是柴窑烧制过程中独有的现象。也正因如此，柴烧茶具很难提前预料出窑后的效果，每一件作品都是独一无二的，能够满足当代个人品位的需求。

　　当代各类创新茶具如图12-43至图12-46。

图12-43　当代　白釉茶具（赵磊 提供）

图12-44　当代　柴烧茶具（袁存泽 提供）

图12-45　当代　柴烧茶具（许超奇 提供）

图12-46　当代 建水紫陶柴烧茶具（肖春魁 提供）

第三节　茶具的选购与保养

想要品一杯好茶，除了茶叶的品质外，茶具的选择也至关重要。茶具的分类有很多，茶具的使用也颇为讲究。下面简要谈谈如何选购茶具以及茶具的清洁保养。

一、选购

茶器选购时不但要求精美，而且要便于使用。茶具的选购应从材质、造型、细节等方面入手。

1. 看材质

选购茶具时，首先要注重材质的安全性，以无异味、环保、不伤害身体为基本原则。茶叶需用沸水冲泡后品饮，故茶具需耐高温，且经高温淋烫后无有害物质产生。有些陶瓷厂家为使产品烧制后色泽鲜艳漂亮，会在原材料里添加一些化学物质，长时间使用这类带有化学原料的茶具喝茶，会对身体造成一定的影响。因此，一些色泽过于艳丽的茶具要谨慎选购。

2. 看造型

茶具的造型非常丰富，造型之中体现了创作者的构思。正如奥玄宝《茗壶图录》中描述紫砂壶：温润如君子，豪迈如丈夫，风流如词客，丽娴如佳人，葆光如隐士，潇洒如少年，短小如侏儒，朴讷如仁人，飘逸如仙子，廉洁如高士。每个人可根据自己的审美喜好和使用习惯来选择不同的器型。对于手型较小的女性来说，一般会选择一些比较小巧的茶具方便使用；男性可选择稍大一些的，但器型过大也会影响茶汤的味道。此外，如果茶具不顺手，在使用过程中可能会出现烫手或失手摔碎等情况。

3. 看细节

以壶为例，选购时应注意，容积和重量比例恰当，壶把提用方便，壶盖周围合缝，壶嘴出水流畅，才算是完美的茶壶。检验方式：可在壶中装入3/4容量的水，用手平提起茶壶、缓缓倒水，如果感觉顺手，即表示该壶重心适中；再用食指紧压盖上气孔，倾倒壶中的水，若滴水不流即表示壶盖与壶身相吻合。

此外，好瓷器的表面温润洁净，用灯光照射透亮无暇。彩绘的瓷器，要注意分辨釉上彩和釉下彩：釉下彩是在素坯上彩绘后施一层透明釉，经1200℃以上高温一次烧成，抚之手感光滑，安全性高；釉上彩则是在已烧好的瓷器釉面上进行彩绘，再入窑二次烧成。由于烧成温度不高，经受得起这种温度的色料很多，因而色彩较釉下彩更丰富，画面抚摸有凹凸感，一般不建议作为食器使用。陶器一般较少上釉。上釉的陶器，注意颜色不要选择过于鲜艳的。

二、日常保养

茶具使用过程中，要注意日常保养，才能保证茶器干净整洁，使用时间更久（图12-47）。

1. 轻拿轻放，及时清理

泡茶时，茶具应轻拿轻放，以免磕碰损坏或者脱釉。泡完茶后，应及时用热水将茶具冲洗干净，以免茶渍残留。尤其要注意的是，不能把轻薄的瓷质茶具直接放到出水量又大又急的水龙头下冲淋，这么做极易损伤茶具口沿及圈足。泡完茶后，茶底要及时倒掉，放过夜的茶垢不易清洗。

瓷质茶具清洗时避免使用尖锐的清洁工具（如钢丝球、硬毛刷），以免在瓷器表面留下划痕。汝瓷等带有天然开片纹理的茶具，因泡茶过程中会有茶色渗入，而深得一些爱茶人士的喜爱，这类茶具不宜经常清洗，如果要清洗可以加入小苏打或者米醋浸泡，然后用干布擦拭即可。

2. 精心保养紫砂壶

紫砂壶使用后，要先用热水冲烫一下，再用软刷刷干净，最后沥干水。泥质好的紫砂，经过养壶泡茶少许，用布干擦就能看出哑光色质，油性很重，养护时间越长，色质越深沉、古朴。

图12-47　案头茶具（涂睿明 拍摄）

第十三章
红茶审评

红茶作为当今全球生产地域最广的茶类，品质表现的差异度比较明显。基于外形特征分类，可分为工夫红茶、小种红茶和红碎茶三大类。由于制法不同，红茶所形成的品质以及相应的要求也不同，而审评的侧重点亦不同。

第一节　红茶审评方法

　　红茶的审评操作依照国家标准GB/T 23776—2018《茶叶感官审评方法》规定进行，审评术语参照国家标准GB/T 14487—2017《茶叶感官审评术语》的内容使用。

一、操作方法

　　在生产验收和贸易中，审评红茶中的毛茶、精制茶，常需对照标准样进行评定，采用比标准样"高""低""相当"之类的评语。从品质评价的角度审评红茶，一般不采用标准茶样，仅从审评中指出茶叶品质的优缺点，以了解茶叶本身和改进生产为目的。

　　评茶操作流程：取样→评外形→称样→冲泡→沥茶汤→评汤色→闻香气→尝滋味→看叶底。对其中的每一审评项目均应写出评语，需要时加以评分。

　　不论是对标（样）审评，还是品质综合评定，审评红茶采用的方法是，取有代表性的茶样150～200克放入茶样盘中，评其外形；随后从样盘中撮取3.0克茶倒入150毫升审评杯内，再用沸水冲至杯满（保持茶与水的比例为1：50），立即加盖浸泡5分钟；随后将茶汤沥入审评碗内，评其汤色，并逐次嗅闻杯内香气；待汤色、香气评好，再用茶匙取近1/2匙茶汤入口评滋味，一般尝味1～2次；最后将杯内茶渣倒入叶底盘中，审评叶底品质。

　　红碎茶审评时，可以采取在茶汤中加入牛奶评审品质。加奶审评的操作方法与常规评茶方法相同，只是在冲泡完成，将茶汤倒入审评碗以后，在碗中加入15毫升纯牛奶，即茶汤容量的1/10；然后审评加入牛奶后的汤色和滋味，使用的术语及评分要求有相应调整，自成体系。加奶审评时，红茶的香气和叶底审评不受影响。

二、品质评定评分方法

　　不同红茶的感官品质可以通过评分进行量化区分。红茶品质评定评分方法目前应用较多，需要审评人员结合审评的程序，根据相关品质标准，采用百分制，对外形、汤色、香气、滋味和叶底等五个审评项目，给每个茶样的每项因子进行评分，并加注评语，评语应参照引用GB/T 14487—2017《茶叶感官审评术语》。为了提高审评时评分的准确度，评审人员首先应对评分的范围做一个设定。根据审评方法标准，在各审评项目评分时，对品质优良的茶叶，通常以95分为中准，评分范围设定为90～100分；对品质正常的茶叶，通常以85分为中准，评分范围设定为80～89分；对品质存在缺陷或不良的茶叶，通常以75分为中准，评分范围设定为70～79分；如果评分低于60，表明茶叶品质不合格。

随后，将单项因子的得分与该因子的评分系数相乘，并将各个乘积值相加，即为该茶样审评的总分。依照总分的高低，完成对不同茶样品质的排序。

在GB/T 23776—2018《茶叶感官审评方法》标准中，工夫红茶、小种红茶（同属条红茶）的评分系数，与红碎茶不同，需要注意。

第二节　红茶品质要求

小种红茶、工夫红茶、红碎茶具有红茶的共同特征，但生产工艺的变化造就了茶类品质在统一的基础上又各有不同的表现。

一、外形

当前中国所产红茶，以工夫红茶为主，多以产地命名。在生产中，依据原料来源常划分为大叶种和中小叶种两类。工夫红茶外形品质特点是：大叶种工夫红茶（图13-1）外形肥壮显金毫，色泽棕褐；中小叶种工夫红茶条索细紧，多锋苗，色泽乌黑油润。品质缺陷则表现为：外形规格混乱，形态、色泽不一，身骨空松轻飘，色泽枯灰。

传统的小种红茶，外形粗壮紧实，身骨重，无茶毫，色泽褐红，形态与中小叶种工夫红茶相似（图13-2）。

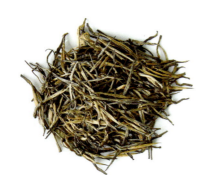

图13-1　滇红金芽外形　　　　　　　　　　图13-2　小种红茶外形

红碎茶由于揉切方式的不同，在颗粒卷紧度和颜色上存在一定差异，转子揉切机加工的红碎茶外形色泽棕（乌）润、颗粒紧实；而CTC揉切机加工的红碎茶外形颗粒圆结重实，即使是末茶也呈砂粒状，色泽棕红（褐）。

二、汤色

红茶的汤色，传统以红艳明亮为优，红亮次之，汤色浅薄或深暗浑浊皆为缺陷。但近年来随着名优红茶的发展，由于嫩度的显著提升，原料所含的茶多酚有所不足，致使最终的汤色难以达到红艳。因此对这类原料嫩度很好的工夫红茶，汤色注重明亮度，颜色类型反而不做过多强调，从橙黄到橙红、金红，都属于正常的汤色（图13-3、图13-4、图13-5）。

图13-3　滇红金芽茶汤　　　　　　图13-4　小种红茶茶汤　　　　　　图13-5　不同红茶汤色对比

三、香气

工夫红茶香气的基调是甜香，以浓郁显品种、地域或季节香气为上乘表现，嫩度好、做工到位，有毫香和花香出现，尤其是借鉴乌龙茶做青工艺后，特定品种的花香更易凸显。红碎茶的香气品质要求与工夫红茶相似。传统小种红茶由于干燥工艺的特殊性，香气带桂圆甜香，显松烟香，这是茶类的辨识特征。

四、滋味

工夫红茶滋味以甜醇为特色，大叶种加工的产品滋味浓度更高，呈现浓爽的特点，中小叶种工夫红茶的滋味以甘甜鲜醇居多。传统的小种红茶滋味特点是醇厚甘甜。红碎茶的滋味要求是"浓、强、鲜"，要求味感表现明显，醇和反而不是优良品质。随着原料嫩度的下降，各种红茶滋味的细腻感会逐渐减弱。

五、叶底

工夫红茶叶底要求红亮、匀整，其中大叶种产品强调肥软，中小叶种以细软为佳，欠匀、粗硬、破碎、色暗为差（图13-6）。小种红茶叶底要求与工夫红茶相似（图13-7）。红碎茶的叶底要求红、匀、软、亮。

图13-6　滇红金芽叶底　　　　　　　　　图13-7　小种红茶叶底

第三节　常用红茶审评术语

红茶审评可以使用茶类通用的术语，也有茶类特定术语的表述应用，例如表述加奶审评中的红茶汤色的术语等。由于红茶是全球生产、消费范围最广的茶类，1982年，国际标准化组织（ISO）就已发布了关于红茶审评术语的国际标准ISO 6078:1982 *BLACK TEA–VOCABULARY*（红茶——术语），其后版本有修订。在国际间的交流和贸易中，审评术语标准发挥了重要的作用。

一、外形审评术语

细嫩：芽叶细小柔嫩，多见于春季产的小叶种高档工夫红茶。

细紧：条索细，紧卷完整。用于优质条红茶。

细长：细紧匀齐，形态秀丽。多用于高档条红茶。

乌黑：深黑色。用于描述嫩度良好的中小叶种红茶的干茶色泽。

乌黑油润：亦称"乌润"，深黑而富有光泽。多见于嫩度好的中小叶种高档红茶。

肥嫩：芽叶肥壮。常见于大叶种工夫红茶。

匀称：大小一致，不含梗杂。

棕褐：色泽暗红。多用于大叶种工夫红茶。

粗壮：粗大壮实。见于嫩度中等的工夫红茶。

金毫：高档茶中的毫尖茶。多见于大叶种工夫红茶。

毫尖：红碎茶中被轧切后碎粒状毫茶。多见于大叶种红碎茶。

雄壮：肥壮硕大的金毫。多见于大叶种工夫红茶。

颗粒：圆而紧的颗粒茶。

身骨：指茶叶质地的轻重。常用于工夫红茶的精制茶。

净度：指精制茶形态整齐程度，也指精制茶中有否含茶或非茶物质夹杂物。

面张茶：常指精制茶中 4～5孔茶。

上段茶：用于工夫红茶较为粗壮的茶。

中段茶：比上段茶形态更小，完整的茶叶。

下段茶：比中段茶更细的茶，常指碎茶和粉末。

致密：压制成砖状的红茶外形特点，如米砖茶。

二、汤色审评术语

红艳：红茶汤色鲜艳、红亮透明，碗沿呈金圈。多见于制作优良的大叶种工夫红茶和红碎茶。

红亮：汤色红而透明。多见于优质红茶。

玫瑰红：茶汤红似玫瑰。

金黄：有黄金般的色泽。常见于发酵轻或嫩度好的原料的茶汤。

粉红：红白相融后明快的浅红色。多用于加奶审评中发酵轻的红茶。

姜黄：红茶茶汤中加入牛奶后呈现的一种淡黄色。多见于茶多酚和茶黄素含量较低的小叶种红碎茶，加奶审评时表现的汤色。如江南地区部分小叶种红茶，其中春茶的乳色大多呈姜黄色。

冷后浑：红茶茶汤冷却后形成的棕色乳浊状凝体。多见于优质大叶种红碎茶。

乳白：加入牛奶后，红茶茶汤呈乳白色。多见于滋味淡、质地较差的中小叶种红碎茶。

棕黄：汤色色泽浅棕带黄。多见于发酵程度轻的大叶种红碎茶。红碎茶在制作中萎凋和发酵轻，又经快速干燥，汤色和叶底大多呈棕黄色。

三、香气审评术语

秋香：某些地区秋季生产的红碎茶具有独特的香气，为一种季节香。如10月初广东生产的高档红茶具有特殊的季节性茶香。

季节香：在特定时间段生产的茶叶具有的特殊香气。如广东英德在9月中旬至10月上旬生产的高档红茶香气特别清香高锐。这种香气具有明显的时期性。

地域香：具有特殊地方风味的茶叶香气。如云南红茶特殊的糖香。

浓郁：香气高锐馥郁，浓烈持久。

纯正：香气正常。表明茶香既无突出的优点，也无明显的缺点，用于中档茶的香气评语。

纯和：香气纯而平常，但不高。

平和：香味不浓，但无粗老气味。多见于低档茶。

焦糖气：老火茶特有的糖香。多因干燥温度过高，茶叶开始轻度焦化所至。

足火香：茶叶香气中稍带焦糖香。常见于干燥温度较高的制品。

松烟香：茶叶中含有松脂燃烧的香气。常见于传统小种红茶。

四、滋味审评术语

鲜爽：鲜美爽口，有活力。多见于优质红茶。

鲜浓：茶味新鲜浓爽，多见于优质红茶。

甜爽：茶味爽口回甘。多见于春季加工的优质中小叶种红茶。

甜和：也称"甜润"。甘甜醇和，用于描述工夫红茶。

浓强：味浓，富有刺激性。多见于大叶种红碎茶。高含量多酚类化合物形成的滋味特点，品质优良。

浓强鲜：味浓而鲜爽，富有刺激性。专用于高档红碎茶。9月中旬至10月上旬华南地区生产的优质红碎茶，大多具浓强鲜的特征。

浓烈：茶味极浓，有强烈刺激性口感。常用于云南等地夏秋季生产的优质红碎茶。

浓爽：味浓而鲜爽。多用于发酵适度、制作精良的优质红茶。

浓醇：醇正爽口，有一定浓度。多用于发酵适度、制作良好的优质条形红茶或发酵偏重的红碎茶。

浓厚：茶味浓，口感丰富有层次感。

清爽：茶味浓淡适宜，柔和爽口。多用于发酵程度较轻，新鲜的中小叶种红茶。

甜醇：味道醇和带甜。多见于中小叶种的优质红茶。

鲜醇：茶汤内含物丰富，味道鲜爽甘醇。

醇厚：茶味厚实醇正。

醇正：茶味单纯，无异味。

花香味：包含鲜花的香味。多见于发酵较轻的红茶。

收敛性：富有刺激性，茶汤入口后，口腔有收紧感。

味浓：口感刺激性强。多用于夏秋季大叶种红茶。如云南和海南夏秋季生产的红碎茶滋味很浓。在红碎茶中味浓一般是好茶。

口味：亦称"口感"。茶汤的滋味综合感受，亦指对味道的喜好。

辛涩：茶味浓涩不醇，仅具单一的薄涩刺激性。多见于夏秋季的下档红茶。

异味：杂异滋味的总称。茶叶滋味中带有其他物质的味道，影响协调感。常因加工、存放不当所致。

五、叶底审评术语

鲜亮：色泽新鲜明亮。多见于新鲜、嫩度良好而干燥的高档茶。

柔软：细嫩绵软。多用于高档的红茶，如一级"祁红"外形细嫩，叶底柔软。

红匀：红茶叶底匀称，色泽红明。多见于茶叶嫩度好而且制作得当的制品。

舒展：冲泡后的茶叶自然展开。制茶工艺正常的新茶，其叶底多呈现舒展状（图13-8）。

图13-8　不同品种红茶叶底

第四节　常见红茶品质弊病

红茶的质量缺陷，从田间到车间，以及在贮运过程中，都有可能出现。分析品质弊病，有助于我们全面地了解红茶品质，也能在工作中更好地发挥作用。以下是一些红茶产品中常见的品质弊病。

一、外形品质弊病

红筋：红茶的筋皮毛衣显露。

露梗：工夫红茶中带梗。

短碎：工夫红茶的碎片、梗朴过多。

粗老：原料嫩度差的产品外形表现。

毛糙：粗老，大多是筋皮毛衣或未经精制红毛茶。

松散：揉捻不紧的条红茶外形表现。

松泡：粗松轻飘的条红茶外形表现。

老嫩混杂：嫩茶、老茶不分。

规格乱：多用于精茶中分档不清。

花杂：大小不匀，正茶中含老片、梗杂。

枯棕：干茶呈暗无光泽的棕褐色。多用于粗老的红碎茶。

脱档：精茶中上、中、下档茶比例不当。

夹杂物：茶叶中含有非茶杂物。

二、汤色品质弊病

红褐：汤色褐中泛红。多用于描述氧化过度的低档红茶。

浅薄：汤色浅淡，茶汤中水溶物质含量较少，浓度低。常用于低档红茶。

暗红：颜色红而深暗。多用于发酵过重或含水率过高，存放时间过长的红茶。

三、香气品质弊病

香短：香气保持时间短，很快消失。

香贫：香气低弱。

钝熟：香气熟闷。多见于茶叶嫩度较好，但已失风受潮，或存放时间过长、制茶技术不当而发酵偏重的红茶。

粗青气：粗老的青草味（气）。见于萎凋和发酵程度偏轻的低档红茶。不萎凋的红茶粗青味（气）特别重。

粗老气：茶叶因粗老而表现的内质特征。多用于各类低档茶，一般四级以下的茶叶，带有不同程度的粗老味（气）。

异气：非茶叶香气。茶叶香气中出现其他杂异的气味。多因加工、存放不当所至，包括机油、油漆、尘土等不协调气味。

樟脑气：茶叶吸附樟脑块的气味，属一种不愉快的异味。多见于茶叶与带樟脑气的物品混放所致。

烟气：茶叶在烘干过程中高温碳化释放的气味物质被在制品吸附，或吸收了燃料释放的杂异气味。多见于烘干机漏烟产生煤或柴烟气。

酸馊气：腐烂变质茶叶发出的一种不愉快的酸味。红茶初制不当的部分尾茶可发生酸馊气。

青气：成品茶带有青草或鲜叶的气息。多见于夏秋茶揉捻和发酵不足的下档红茶。

老火：茶叶在干燥过程中温度过高，使部分碳水化合物转化产生。

霉气：茶叶受潮变质，霉菌污染或贮藏时间过久，含水量高，产生的劣质气味。

陈气：香气滋味不新鲜。多见于存放时间过长或失风受潮的茶叶。

四、滋味品质弊病

生味：因鲜叶内含物在制茶过程中转化不够而显生涩味。多见于萎凋、发酵程度轻的红茶。

生涩：味道生青涩口。红茶萎凋程度轻、时间短、发酵不足等，都会产生生涩味。

浓涩：味道浓而涩口。多用于夏秋季生产的红茶。如萎凋轻、发酵不足的红碎茶。

味淡：由于水浸出物含量低，茶汤味道淡薄。多见于粗老红茶。

平淡：浓强度低。常用于描述低档红茶的滋味。

苦涩：茶汤味道既苦又涩。多见于夏秋季萎凋和发酵偏轻、茶多酚含量很高或花青素含量高的紫芽种鲜叶为原料的大叶种红碎茶。

青涩：常用于萎凋轻、揉切不充分、发酵又不足的红茶。

乏味：茶味淡薄，缺少浓强度。常用于低档红茶。

走味：茶叶失去原有的新鲜滋味。多见于陈茶和失风受潮的茶叶。

苦味：味苦似黄连。被真菌危害的病叶，如白星病或赤星病叶片制成的茶，以及个别品种的茶叶滋味也具有苦味的特性。

熟味：茶味缺乏鲜爽感，熟闷不快。多见于失风受潮的或发酵过重、存放时间过长的红碎茶。

酸味：含有较多氢离子的茶汤所带的味道，多因发酵过度所致。

粗淡（薄）：茶味粗老淡薄。多用于低档茶。如"三角片"茶，香气粗青，滋味粗淡。

粗涩：滋味粗青涩口。多用于夏秋季的低档茶。

五、叶底品质弊病

单薄：叶张瘦薄，多用于生长势欠佳的小叶种鲜叶制成的条形茶。

叶张粗大：大而偏老的单片、对夹叶。常见于粗老茶的叶底。

瘦小：芽叶单薄细小。多用于施肥不足或受冻后缺乏生长力的芽叶制品。

摊张：摊开的粗老叶片。多用于低档毛茶。

猪肝色：偏暗的红色。多见于发酵较重的中档条形红茶。

卷缩：开汤后的叶底不展开。多见于陈茶或干燥过程中火功太高导致叶底卷缩。条索紧结，且泡茶用水不开，叶底也会呈卷缩状态。

第十四章
乌龙茶审评

乌龙茶的主要产区分布在福建、广东、台湾等三省，目前其他地区也有生产。乌龙茶尤其注重茶树品种的差异，加上特定的原料成熟度要求，茶类专有工艺的选择跨度大，造就了这一茶类极其鲜明的品质特色。乌龙茶的审评，需要重视区域特征和品质特征，注意分辨同样的品种、出产于不同地区的乌龙茶品质风味上的差异。

第一节　乌龙茶审评方法

　　乌龙茶的审评操作方法主要有两种，除了与其他茶类审评通用的150毫升标准审评杯审评法以外，源自工夫茶饮用习俗的传统法也被应用，传统审评方法采用钟形有盖茶杯冲泡。其特点是：用茶多，用水少，泡时短，泡次多。审评时也分干评和湿评，通过干评和湿评，识别品种和评定等级优次。

一、操作方法

　　乌龙茶外形审评，是取有代表性的茶样150～200克放入茶样盘中，必要时进行把盘操作使茶叶分层，评其形态、色泽、整碎与净度。

　　整个评茶操作流程：取样→评外形→称样→冲泡→沥茶汤→评汤色→闻香气→尝滋味→看叶底。对其中的每一审评项目均应写出评语，需要时加以评分。

　　通用法审评乌龙茶内质，冲泡时保持茶与水的比例为1：50，采用150毫升标准审评杯，取3.0克茶倒入150毫升审评杯内，再用沸水冲至杯满，立即加盖浸泡5分钟（如是球形的乌龙茶，则冲泡时间为6分钟）。随后将茶汤沥入审评碗内，评其汤色，并逐次嗅闻杯内香气。待汤色、香气评好，再用茶匙取近1/2匙茶汤入口评滋味，一般尝味1～2次。最后将杯内茶渣倒入叶底盘中，审评叶底品质。

　　传统法审评乌龙茶内质，冲泡前，先用开水将杯盏烫热。称取样茶5.0克，放入容量110毫升的审评杯，然后冲泡。冲泡时，如果有泡沫泛起，冲满水后可用杯盖将泡沫刮去，杯盖用开水洗净再盖上。第一次冲泡时间为2分钟，注水加盖静置1分钟后可嗅闻杯盖香气；第二次冲泡3分钟，注水加盖静置2分钟后嗅闻杯盖香气；第三次及以后则每次冲泡5分钟，在注水加盖静置4分钟后嗅闻杯盖香气。每次嗅香时间最好控制在5秒内。每次嗅香后，再倒出茶汤，看汤色，尝滋味。一般冲泡3次，需要时也可增加冲泡次数，以耐泡有余香者为好。广东省在当地审评乌龙茶的操作中，三次冲泡时间与国家标准有所不同，第一次浸泡1分钟，第二次浸泡1.5分钟，第三次浸泡2分钟。具体操作方法见图14-1至图14-15。

图14-1　看外形　　　　　　　　图14-2　称样　　　　　　　　图14-3　冲泡器具配置

图14-4　第一次冲泡　　　　　　图14-6　带汤闻香　　　　　　图14-7　沥汤1

图14-8　沥汤2　　　　　　　　图14-9　第二次冲泡　　　　　图14-10　沥汤3

图14-11　第三次冲泡　　　　　图14-12　带汤闻香2　　　　　图14-13　沥汤4

图14-14　评茶汤　　　　　　　图14-15　评叶底

二、品质评定评分方法

采用评分的方式，体现乌龙茶的感官品质水平，也是一种常用的品质审评方法。审评人员按照审评的程序，根据相关品质标准，采用百分制计分，对外形、汤色、香气、滋味和叶底等五个审评项目，给每个茶样各项目进行评分，并加注评语。为确保审评时评分的准确性，评审人员需要对评分的范围做一个设定。根据审评方法标准，在各审评项目评分时，对品质优良的茶叶，通常以95分为中准，评分范围设定为90～100分；对品质正常的茶叶，通常以85分为中准，评分范围设定为80～89分；对品质存在缺陷或不良的茶叶，通常以75分为中准，评分范围设定为70～79分；如果评分低于60，表明品质不合格。

随后，将单项因子的得分与该因子的评分系数相乘，并将各个乘积值相加，即为该茶样审评的总分，依照总分的高低，完成对不同茶样品质的排序。

乌龙茶评分应注意的是，由于审评的方式不同，既有通用的柱型杯一次审评方法，也可采用传统的钟形有盖茶杯多次冲泡审评。不同冲泡方式下的感官品质表现会有差别，需要评茶人员掌握相应的评判尺度。在用传统法多次冲泡的情况下，通常香、味以第二次冲泡的表现为重点，同时也要结合其他各次冲泡的品质表现，进行各审评项目的综合计分。

第二节　乌龙茶品质要求

乌龙茶审评以香气、滋味为重点，结合外形、汤色、叶底进行品质评价，且重视耐泡程度。这一茶类由于做青工序的参数选择范围广，造就了不同做青程度的产品感官品质表现特色各异。

一、外形

乌龙茶外形审评以条索、色泽为主，结合嗅干香。条索看松紧、轻重、壮瘦、挺直、卷曲等。色泽以砂绿或褐黄油润为好，以枯褐、灰褐无光为差。干香则嗅其有无杂味、高火味等。毛茶外形因品种不同各具特色，如水仙品种的外形肥壮，主脉呈宽、黄、扁；黄棪品种外形较为细秀；佛手品种外形重实呈海蛎干状，色泽油润。

二、汤色

在传统钟形有盖茶杯审评中，汤色审评以第一泡为主，以金黄、橙黄、橙红明亮为好。汤色视品种和加工方法而异，也受火候影响，一般而言火候轻的汤色浅，火候足的汤色深，高级茶火候轻汤色浅，低级茶火候足汤色深。但不同品种间不可互

图14-16　茶叶审评

比，如武夷岩茶火候较足，汤色也显深些，但品质仍好。因此，乌龙茶汤色仅作参考。

三、香气

传统器具审评嗅杯盖香气，在每泡次的规定时间后拿起杯盖，靠近鼻子，嗅杯中随水汽蒸发出来的香气，第一次嗅香气的高低，是否有异气；第二次辨别香气类型、粗细；第三次嗅香气的持久程度。乌龙茶以花香或果香细锐、高长的见优，粗钝低短的为次。评定时应仔细区分不同品种茶的独特香气。如黄棪具有水蜜桃香，毛蟹具有桂花香，肉桂具有桂皮香，单丛具有花蜜香等。

图14-17　不同乌龙茶对比

四、滋味

滋味有浓淡、醇苦、爽涩、厚薄之分，传统盖碗法审评以第二次冲泡为主，兼顾前后，茶汤入口刺激性强、稍苦回甘爽，为浓；茶汤入口苦，后味也苦而且味感在舌心，为苦。评定时以浓厚、浓醇、鲜爽回甘者为优，粗淡、粗涩者为次。

五、叶底

叶底可放入装有清水的叶底盘中，看嫩度、厚薄、色泽和发酵程度。叶张完整、柔软、肥厚、色泽青绿稍带黄，红点明亮的为好，但品种不同叶色的黄亮程度有差异。叶底单薄、粗硬、色暗绿、红点暗红的为次。一般而言，做青好的叶底红边或红点呈朱砂红，猪肝红为次，暗红者为差。评定时要看品种特征，如典型铁观音的典型叶底会出现呈"绸缎面"肥厚的叶质。

第三节　常见乌龙茶审评术语

乌龙茶审评可以使用茶类通用的术语，但特定的茶类术语相对丰富，这与乌龙茶在传统生产地区进行审评时，采用地方习惯性描述有关。

一、外形审评术语

蜻蜓头：茶条肥壮，叶端卷曲，紧结似蜻蜓头。

螺钉形：茶条卷曲如螺钉状，紧结、重实。

壮结：茶条壮实而紧结。

扭曲：叶端折皱重叠的茶条。

砂绿：色似蛙皮绿而有光泽，优质青茶的色泽。

青褐：色泽青褐带灰光，又称宝光。

鳝皮色：砂绿蜜黄似鳝鱼皮色。

蛤蟆背：叶背起蛙皮状砂粒白点。

乌润：乌黑而有光泽。

三节色：茶条尾部呈青绿色，中部呈黄绿色，边缘淡红色，故称三节色。

二、汤色审评术语

金黄：茶汤清澈，以黄为主带有橙色。

橙黄：黄中微带红，似橙色或橘黄色。

橙红：橙黄泛红，清澈明亮。

清黄：茶汤黄而清澈。

三、香气审评术语

浓郁：带有浓郁持久的特殊花果香，称为浓郁。

馥郁：比浓郁香气更幽雅的，称为馥郁。

浓烈：香气虽高长，但不及"浓郁"或"馥郁"。"强烈"与此同义。

清高：香气清长，但不浓郁。

清香：清纯柔和，香气欠高但很幽雅。

甜香：香气高而具有甜感。

四、滋味审评术语

岩韵：指在香味方面具有特殊品种香味特征。为武夷岩茶特有。

音韵：指在香味方面具有特殊品种香味特征。为铁观音茶特有。

浓厚：味浓而不涩，浓醇适口，回味清甘。

清醇：入口有清鲜醇爽感，过喉甘爽。

醇厚：浓纯可口，回味略甜。

醇和：味清爽带甜，鲜味不足，无粗杂味。

五、叶底审评术语

柔软、软亮：叶质柔软称为"柔软"，叶色发亮有光泽称为"软亮"。

绿叶红镶边：做青适度，叶缘朱红明亮，中央浅黄绿色或青色透明。

第四节　常见乌龙茶品质弊病

乌龙茶的品质弊病，产生的原因众多，这与茶类的原料成熟度状况、制作工艺得当与否直接相关。乌龙茶的质量跨度可谓是所有茶类中最大的，审评时需要进行全面的了解。以下是一些乌龙茶产品中常见的品质弊病。

一、外形品质弊病

枯燥：乌龙茶外形干枯无光泽。按叶色深浅程度不同有乌燥、褐燥之分。

乌褐：季节、水分控制等不当所导致的外形色泽。

二、汤色品质弊病

浑浊：杀青、揉捻、包揉水分存在问题，导致汤色不清。

红汤：浅红色或暗红色，常见于陈茶或烘焙过头的茶。

三、香气品质弊病

生青：做青、杀青不足，在香气中出现青草气。

闷火、郁火：青茶烘焙后，未适当摊凉而形成的一种令人不快的火功气味。

猛火、急火：烘焙温度过高或过猛的火候所产生的不良火气。

发酵气（味）：摇青不匀、老嫩叶差异大，香气和滋味透出的不愉快味道。

青闷：摇青不足、走水不畅产生的闷味。

四、滋味品质弊病

粗浓：味粗而浓，入口有粗糙辣舌之感。

青涩：涩味且带有生青味。

苦涩：走水不良，形成苦且后涩的滋味。

淡薄：凉青过度、原料偏粗老所致，滋味平淡缺乏厚度。

渥红味：做青过度，滋味透出的不愉快味道。

粗淡：原料偏粗老形成的滋味。

欠纯：嫩度、大小不一，香气、滋味不协调所致。

异杂味：其他物质污染。

五、叶底品质弊病

暗张、死张：叶张发红，夹杂暗红叶片的为"暗张"，夹杂死红叶片的为"死张"。

青张：叶底中夹杂色深较老的青片。

第十五章
代表性少数民族茶艺

少数民族茶艺百花齐放，各具特色，是茶艺的重要组成部分。本章主要选取白族三道茶、土家族擂茶、侗族打油茶、蒙古族奶茶、藏族酥油茶、拉祜族罐罐茶等茶艺进行介绍。

第一节　白族三道茶茶艺

　　白族人对茶有着深厚的情感，有关茶的传说、故事、谚语等很多，成为白族茶文化重要组成部分。白族"三道茶"在当地俗称"绍道兆"，是云南大理白族招待贵宾的一种饮茶方式，在明代时就已成了白族人待客交友的一种礼仪，其独特的"一苦、二甜、三回味"的三道茶茶艺驰名中外。

一、起源

　　早在汉代大理就有"叶榆焙茗"之说，"叶榆"即大理，"焙茗"就是烤茶，说明大理人在汉代就喝香酽的烤茶，大理白族饮茶、种茶、制茶的历史已有1500多年。在唐代《蛮书》中记载，南诏时期（738—902）白族有饮茶的习惯，感通寺的僧人在这一时期开始种茶、制茶，后经宋、元、明各代，感通寺种茶、制茶蜚声在外。

　　除了感通寺的感通茶，大理还有大理茶，其制作技艺在明代达到一定的水平。大理茶主要分布在云南西南部及中缅边境，是原始茶树近缘野生种之一。由于该茶含有较多的多酚类物质，收敛性强，被茶厂收购加工成边茶销往西藏等地。

　　1949年以后，大理地区种茶、制茶企业如雨后春笋般不断涌现出来，出现一些省内的名优茶企业、茶产品，推动了大理白族茶产业和茶文化的快速发展。

二、器具与食材

　　白族"三道茶"的茶具及其制作方法都十分考究。托盘用红漆木制作，烤茶罐用黑色土陶罐，用白瓷带蓝釉花的无耳锥形茶盅盛茶汤，有小、中、大三种。此外还有铜质火盆、火炉、滤网架、玻璃茶盅，烧水用的铜茶壶，扎染的蓝色桌布、铜三脚架、火扇、吹火筒、石臼、小方桌（茶桌）、小木方凳或条凳。

1. 第一道茶的器具和食材（图15-1、图15-2、图15-3）

图15-1　茶杯

图15-2　剑川黑陶烤茶罐

图15-3　茶叶

2. 第二道茶的器具和食材（图15-4、图15-5、图15-6）

图15-4　茶杯

图15-5　茶叶、核桃、乳扇、红糖、白糖

图15-6　煮茶罐

3. 第三道茶的器具和食材（图15-7、图15-8、图15-9）

图15-7　茶杯

图15-8　花椒、生姜、桂皮、蜂蜜

图15-9　煮茶罐

三、流程

（一）制作

1. 第一道茶

用铜壶煨开水，将小土陶罐底部预热，待发白时投下茶叶，抖动陶罐使茶叶均匀受热，待茶叶烤至焦黄发香时，冲入少量开水，罐中发出噼啪声，稍加熬煮便制成了头道"苦茶"。

头道茶经烘烤冲泡，汤色如琥珀、香气浓郁，但入口很苦，寓意要想立业，先学做人。要想做人，必先吃苦。吃得苦中苦，方为人上人。

2. 第二道茶

重新用陶罐置茶、烤茶、煮茶，同时将切细的乳扇、核桃仁、芝麻、红糖等置入小碗内，之后将烤煮好的滚烫的茶水斟入小碗内，七分满为宜，与作料调和。二道茶香甜可口，浓淡适中，寓意人生在世历尽沧桑后，苦尽甜来。

3. 第三道茶

再次用陶罐置茶、烤茶、煮茶，另一边同时煮花椒、生姜、桂皮，待花椒、生姜、桂皮水煮好，倒入茶壶，再倒入烤煮好的茶水，调入蜂蜜，即可将调制好的茶汤分入碗中敬给客人。客人接过茶时旋转晃动，使茶水与作料均匀混合，趁热品茶。第三道茶其味甘甜中透出肉桂、花椒的清芬与香郁。寓意着人生苦短、岁月漫长，酸甜苦辣、冷暖自知，回味无穷。

（二）分茶

分茶时，通常在红漆木茶盘上摆好六个茶盅，摆成一个圆形或两横排、两竖排，表示祝福宾客家人团团圆圆、和和美美之意或预祝宾客事业、家庭六六大顺。

分第一道苦茶时，把煮好的茶汤逐一倒进六个小号茶盅里，茶杯很小，称为牛眼盅。一般只倒茶盅半杯满，寓意让客人虽要吃苦，但要少一点；分第二道甜茶时，把制好的茶汤分别倒进六个中号茶盅里，约有茶盅的七分满，寓意让客人先苦后甜，甜的生活要多一点；分第三道回味茶时，把制作好的茶汤分别倒进六个大号茶盅里，约有茶盅的六分满，寓意让客人细细的、慢慢地体会这人生的各种滋味。

（三）敬茶与品茶

由白族青年小伙阿鹏双手端红漆木奉茶盘，白族少女金花双手将茶盅敬奉给客人。

请客人品"苦茶"很有讲究，不但要品茶，还要吃上白族同胞制作的各种有民族特色的茶点。当白族金花用双手把苦茶敬献给客人时，客人也必须双手接茶，并一饮而尽。喝了头道苦茶后，客人可随意取食桌子上摆放的茶点，如瓜子、松子、花生、糖果类。

接着用第二道甜茶敬客人，品了第二道茶，客人依然是继续吃些茶点，等待烹制第三道茶。

客人接过敬奉的第三道茶时，要一边晃动茶盅，使茶汤与各种配料均匀混合，一边口中要"呼呼"作响地吹茶汤，趁热品茶。

（四）口感及功能

"三道茶"的头道苦茶又称"烤茶""雷响茶"或"百抖茶"，味苦酽；二道甜茶，能提神，使人神清气爽；三道回味茶，甘、苦、麻、辣，喝了满口生香，回味无穷。"三道茶"不仅能解渴提神，而且有帮助消化、降低胆固醇的功效。

四、演示

1. 头道茶（苦茶）

投茶。

抖烤。

注水。

煮茶。

分汤。

2. 二道茶（甜茶）

煮烤茶。

烤乳扇。

切乳扇。

将乳扇丝、核桃仁、芝麻、红糖放入小碗，冲入煮好的茶汤。

3. 三道茶（回味茶）

左罐煮水，右罐煮烤茶。　左罐加花椒。　　　　加桂皮。

加生姜。　　　　　煮花椒、桂皮、生姜。　倒入煮好的烤茶，调入蜂蜜。

五、音乐与舞蹈

演示茶艺时，如表现民间清新、朴素的主题，可选用享誉中外的电影《五朵金花》主题歌曲《蝴蝶泉边》；若表现喜庆场面，可以选择白族霸王鞭、金钱鼓等民间音乐。

舞蹈编排，如表现喜庆，可以选择白族最有特色的霸王鞭、八角鼓舞蹈；如表现清雅，则可以选择白族少女跳的手巾舞或草帽舞。

六、解说词

彩云之南，高原之巅，苍山下，洱海边的大理故都，世代居住着勤劳勇敢、热情好客的白族人。相传三道茶原为古代南诏王招待贵宾的一种饮茶礼仪，后来流传到民间，年复一年，成为白族以茶待客的习俗，成为大理白族人民的待客礼仪，保留至今。

白族三道茶，白族称它为"绍道兆"，一苦、二甜、三回味，是三道茶的特点。喝三道茶，当初是白族人在求学、学艺、经商、婚嫁时，长辈对晚辈的一种祝愿。经过不断的演变，白族人民无论在节庆、婚嫁时都采用这一礼仪待客。白族三道茶演示融合了优美的白族音乐旋律与白族特色舞蹈表演，让客人在观赏白族三道茶茶艺时，感受白族人的热情好客，得到美妙的艺术享受（图15-10）。

图15-10　白族三道茶茶艺演示（除本图外，本节图片均由甘丽雯提供。演示者：昆明学院学生）

第二节　土家族擂茶茶艺

土家族主要分布于江西、湖南、四川、贵州的武陵山脉一带，这里有"八千奇峰，三百秀水""芳草鲜美，落英缤纷"之誉，自然环境优越，气候宜人，适宜茶树生长，自古都是名优茶的重要产区。茶早已融入土家人的生活中，渴了要喝茶，饿了要吃茶，待客时要敬茶，重要节日更离不开茶。不同地区的土家人饮茶有不同的风俗习惯，主要有罐罐茶、盐茶、油茶、阴米茶、擂茶等。而擂茶，既是土家人世代相传的吃茶方法，也是土家人款待客人的最高礼仪。

擂茶又名"三生汤"，是以生茶叶（茶树鲜叶）、生姜和生米仁为主要原料经一起研碎，加水后烹煮而成的汤，故而得名。擂茶既是充饥解渴的食物，又是祛邪驱寒的良药。除了茶叶、生米、生姜三种主料外，还可以加入花生米、黄豆、芝麻、核桃仁、绿豆等，故其还有"五味汤""七宝茶"等名称。

一、起源

关于擂茶的起源，有不同的说法，但多数学者认为湖南省桃花源是擂茶的发祥地。相传，汉代建武二十三年（47）夏天，东汉名将伏波将军马援带兵南征五溪蛮，路过乌头村（今桃源）时发生了瘟疫，将士纷纷病倒，当地百姓敬献祖上相传数代的良方，制作成汤药，将士们喝后药到病除，从而大振士气，举旗大捷。康熙年间所修的《桃花源县志》中记载："马援征以溪蛮……将兵行有纪，鸡犬不惊。"于是，"马援凿石室以安民，民间献擂茶以报德。"马援与将士们开凿的石室经过2000年的风雨沧桑后，至今保存完好，为擂茶的起源提供了有力的证据。

随着社会的发展变革，虽然饮茶的方式发生了很大的变化，但是擂茶作为一种具有深厚文化底蕴的文化习俗流传至今，让我们能充分领略古老茶俗的魅力。

现在，在湖南的桃源、桃江、安化，福建将乐，台湾新竹等地均饮擂茶。特别是在湖南安化、桃江一带，不论寒暑，一年四季都会打擂茶喝。如果家里来了客人，或遇到红白喜事，更是少不了打擂茶招待客人。

各地制作擂茶时都需要通过"擂"粉碎食料，只是在添加配料和调制时，擂茶的稀稠、咸淡方面有所区别。如台湾新竹擂茶习惯加入药材；桃江擂茶一般放糖，制成"甜饮"；桃源擂茶则放盐，大多为"咸食"；安化擂茶有甜有咸，有浓有稠，品种很多。饮擂茶能止渴、消炎、防暑、抗寒、充饥……

二、器具与食材

擂茶制作的工具十分古朴，其中擂棍和擂钵为专用工具。

1. 擂棍

取材于樟、楠、枫、油茶等粗杂木，长66～132厘米，上端刻环沟，系绳悬挂，下端刨圆，做成便于擂转的擂柱，如图15-11所示。

2. 擂钵（盆）

口径20～25厘米，内壁布满辐射状沟纹的特制陶盆，有大有小，呈倒圆台状，如图15-12所示。

图15-11 擂棍

图15-12 擂钵

图15-13　木勺　　　　　　　　　　　　　　　图15-14　木盘、碗

3. 鼎锅

用于烧水或煮茶的锅，铁或铝制均可。

4. 盘碗等

木盆用于盛放擂茶汤，木勺用于搅拌擂茶，碗用于盛放擂茶招待客人。除擂棍与擂钵外，其他都为辅助工具，可根据需要而增减。如图15-13、图15-14所示。

5. 食材

大米、芝麻、玉米、生姜、花生米、盐、茶叶（鲜叶或干茶）等。

三、流程

1. 备具迎宾

主人迎客入室，恭请入座，并拿出擂棍、擂钵等器具与备料打擂茶招待。

2. 擂茶制作

（1）投入配料

将准备好的原料投入擂钵中。

（2）反复研擂

为了使茶香味浓，表达对宾客的礼敬，一定要手工现场擂制，一边擂一边加入少量开水，直至所用配料擂碎成糊状。

（3）沸水调制

将开水注入擂钵中，并不断用擂棍搅拌。

（4）加盐调味

加入适量的盐调味。

3. 擂茶敬客

摆上配擂茶的点心：花生米、瓜子、南瓜子、红薯片等。

主人给客人盛上一大碗，双手恭敬地递到客人手上。

四、演示

示例：安化土家族擂茶

1. 备具迎宾

备具迎宾。

2. 备料

备料。

3. 投料研擂

投料研擂。

擂成糊状。

4. 沸水调制

沸水调制。

5. 加盐调味

加盐调味。

6. 擂茶敬客

擂茶敬客。

五、音乐

可选用《春到湘江》《苗岭的早晨》《喜洋洋》等乐曲。

六、解说词

1. 入场

安化是古老的茶乡，也是梅山文化孕育地之一，这里人杰地灵、景美物丰、饮茶习俗丰富。其中，擂茶不仅味美可口，还有强身健体的功效，制作过程也颇有情趣。千百年来，饮茶的方式不断推陈出新，但饮用擂茶仍是一种具有深厚底蕴的文化习俗，它的流传，它的存在，让我们能充分领略到古老茶俗的魅力。

今天喜闻有贵客远道而来，迎着晨雾，多情的茶女便怀着激动的心情在林间张望，眼前是一望无际的青青茶园，细嫩的茶尖挂着露珠，晶莹剔透，枝头鸟儿欢快地歌唱着。看，茶园里绿枝摇曳，那是我们欢快的舞姿。听，那婉转的鸟啼，是我们清脆的歌声。

"姐妹们，贵客来了，快快准备！"

"来了！来了！"

尊贵的客人请上座，来尝一尝我们精心制作的擂茶。

2. 备具备料

高山砍来山茶木，削个擂槌打擂茶。

先放茶叶、花生米，再放豆子、炒芝麻。

客人来了先请进，让客上坐喝擂茶。

擂棍，是用山茶树的木料所制，擂出的茶有一种独特的清香。擂钵，是用硬陶烧制的，内有齿纹，能使钵内各种原料容易被碾碎。擂茶所用的原料由米、茶叶、生姜、花生米、白芝麻等配料组成。每种配料都已经过不同的方法精心加工。

3. 磨料

"擂茶"是很有表现力的艺术，擂茶时无论是动作，还是擂钵发出的声音都极有韵律。我们将邀请有兴趣的宾客上台一起体验。

米、花生米、芝麻，含有丰富的营养物质，具有益气力，长肌肉，补脾和胃之功效。

姐妹们采摘新鲜茶叶，是为了让客人能喝上最香、最可口的擂茶。茶叶有提神悦志、去滞消食、清火明目的功效，把它加入擂钵中细细擂碎。再加入适量生姜，生姜具有散寒发汗、温胃止吐、杀菌镇痛、抗炎之功效。

在这个过程中，擂钵中各种配料混合，被擂得越来越细碎，散发着诱人的香气。

4. 冲调

我们将开水注入擂钵中，并不断用擂棍搅拌，再用适量的盐调味。一锅"水乳交融"、香喷喷的擂茶就制作好了。

5. 奉茶

用木勺将擂茶分斟到茶碗里，并按照长幼顺序依次敬奉给客人。"擂茶"营养丰富，味美香浓，既可作食用，又可作药用；既可解渴，又可充饥。安化人将其视为琼浆玉液，奉献给各位，以表达我们的热情和敬意。

6. 品饮

喝一口擂茶，花生芝麻的浓香、茶的清香让人心旷神怡，咸中带甜的滋味令人口舌生津、余味无穷。尤其是在谷雨时节，用鲜茶叶打出来的擂茶使人胃口大开。

我们为各位嘉宾敬上一碗擂茶，祝各位生活圆圆满满、幸福如意、长寿安康！

7. 结束

擂茶一杯回味长，以茶结缘情意浓。安化的山水让您流连忘返，土家族的擂茶令您如痴如醉！愿擂起来趣味十足、喝起来香喷喷的擂茶，能成为您爱上安化的又一个理由！今天的擂茶演示到此结束，我们以至诚之心期待您的再次光临！

第三节　侗族打油茶茶艺

栖居在湘、黔、桂三省交界处的侗族人民，在待客上主要有三道宴，即拦门宴、油茶宴与合拢宴，它们是富含民族特色、地域个性的饮食文化代表。其中，油茶介于"小吃"与"正餐"之间。

一、起源

侗族先民多数散居在山高水冷、气候严寒、蛮烟瘴气和毒蛇蚊虫横行的地区，在缺医少药的年代，喝油茶能御寒防病。习惯成自然，打油茶便成为代代沿传的饮茶习俗。

茶油、茶叶和糯米是打油茶制作的三大基本原料。随着生活物资的丰富，油茶中添加的作料也日渐增多，包括油果、肉末、糍粑、水圆等。油茶具有解渴充饥、提神醒脑、祛风祛湿、防治感冒等功效。在生活中，打油茶是侗族人的一种重要的社交形式，对联络左邻右舍，甚至村寨之间的关系起到了重要作用。如侗族男女青年"行歌坐夜"时，会聚于某家一起打油茶；亲邻之间闹了别扭之后，会互送油茶化解郁结；谁家有了喜事都会烹煮一大锅油茶邀亲朋来分享喜悦，饮用油茶时以年龄大小来分次序。

二、器具与食材

1. 器具

带柄有嘴铁锅（便于倒出茶汤）、木锤、竹编茶滤、开口茶水壶、木碗、竹筷、茶盘。

2. 食材

主料：茶叶。

配料：茶油、葱花、盐、米花、姜丝、花生米、黄豆、芝麻、时鲜瓜菜、红薯、猪肝、粉肠、瘦肉、虾米、牛背筋、酸鱼、酸肉等（图15-15）。

图15-15　备料

三、流程

制作炸米花→炒茶与煮茶→分茶→敬茶与品茶。

四、演示

（一）茶席与服饰

1.茶席

侗民自纺、自织、自染的侗布铺于茶台做底，再将金黄的、象征着丰收的侗族稻米铺满茶台，桌上摆放竹编的蜻蜓、蝉、麻雀等小物，突出侗民生于自然、拥抱自然的民族特性。

2.服饰

茶师穿无领大襟衣，衣襟和袖口镶有精细的马尾绣片，图案以龙凤为主，间以水云纹、花草纹。女性下着短式百褶裙，脚登翘头花鞋；发髻上饰环簪、银钗或戴盘龙舞凤的银冠，佩挂多层银项圈和耳坠、手镯、腰坠等银饰。

（二）茶艺演示

1.炸米花

先将糯米蒸成饭，阴干备用，即为阴米，作为油茶的主要原料。然后，打油茶时把阴米放进烧沸的油锅内，并将其炸成香甜爽脆的米花。

2.炒茶、煮茶

锅里放茶油，烧热后放葱、蒜、茶叶等搅打待出味后，再加水煮沸两三分钟，将竹编茶滤搁放在开口茶壶上，沿着锅嘴倒出茶汤。

3. 分茶

滤净茶汤，然后按照喝茶人数，在茶盘中摆好茶碗，将芝麻、姜丝、油果、花生、黄豆、米花、时鲜瓜菜、红薯等素食材，以及猪肝、粉肠、瘦肉、虾米、牛背筋、酸鱼、酸肉等荤食材依据喜好选择放入碗中，撒上葱花、盐等佐料，冲入滚沸的茶汤，即成。

4. 敬茶与品茶

将油茶敬奉给客人。油茶快打好时，主人就会招待客人围桌入座，由于喝油茶时碗内加许多食料，因此，还需要用筷子相助。吃油茶时，客人为了表示对主人热情好客的回敬，赞美油茶的鲜美可口，称道主人的手艺不凡，总是边喝、边啜、边嚼，在口中发出"啧、啧"声响。

　　喝茶时，主人只给你一根筷子，如果你不想再喝时，就将这根筷子架到碗上，主人一看就明白，不会再斟下一碗。客人一般要喝三碗，还要遵守一定的传统礼节，即主人说声"请"以后，再饮用，饮后待主人收拾完毕方能退席。

五、音乐

　　侗族大歌被列入联合国《人类非物质文化遗产代表作名录》，它源于自然，歌唱自然，模拟鸟叫虫鸣、高山流水等自然之音。可选用侗族大歌的代表作《蝉之歌》。

六、解说词

亲爱的各位朋友，大家好！侗族人栖居在湘、黔、桂三省交界处。油茶于侗族人而言，不仅仅是一味祛邪去湿的良药，更是一种联络左邻右舍的重要社交形式。它是侗家儿女青春激扬的见证者，侗族男女青年"行歌坐夜"时，会聚于某家一起打油茶；它是侗家百姓间抚慰人心的解语花，亲邻之间闹了别扭之后，会互送油茶化解郁结；它是侗家人尊老美德的承载者，饮用油茶时以年龄大小来分次序，一碗小小的油茶中载着"友善、和谐、尊老、共享"的文化内涵。

千家侗寨，花桥流水田园，大自然如诗如画的美境，滋养着侗乡人艺术的灵魂。来吧，和我一起来看看这诗的海洋、歌的故乡！

来吧，来吧，来到侗乡。去看看那飞阁垂檐层层而上的鼓楼，耸于侗寨之中，巍然挺立，气概雄伟，这是侗寨的心脏啊！古时，凡有外来官兵骚扰，寨主登楼击鼓，咚咚鼓声响彻村寨山谷，侗寨居民便同仇敌忾，共御外敌。

来吧，来吧，来到侗乡。来听听这多声部、无指挥、无伴奏、自然和声的侗族大歌，让生命与歌，融合成岁月的河。

来吧，来吧，来到侗乡。与我喝一碗侗乡油茶，品一品油茶中载着的"友善、和谐、尊老、共享"。

第四节 蒙古族奶茶茶艺

内蒙古自治区四季分明，冬春季寒冷，夏季炎热，降水量少，人们对饮品的需求甚高。蒙古族夏秋季主要饮酸奶，四季均离不开奶茶，因此，民间俗语称"宁可三日无食，不可一日无茶"。这表明奶茶在蒙古民众生活中的重要地位。

一、起源

蒙古族的牧业生产方式决定了他们的饮食主要为肉类和奶类，营养价值高，但不易消化，而茶恰好起到了消脂去油的作用。元代，西南的茶叶作为贡品陆续输入宫廷，蒙古族开始较为广泛地接受茶叶，饮茶在元代宫廷非常流行，一直延续至今。

二、器具与食材

1. 器具
小型杵臼、茶锅、茶桶、茶壶、汤勺、茶碗。

2. 食材
捣碎的砖茶，制作奶茶的水、鲜奶、黄油、盐等，以及配食的奶制品、肉干等（图15-16至15-18）。

图15-16　茶叶

图15-17　制奶茶原料

图15-18　配食

三、流程

制作奶茶的流程，包括准备原材料和熬制两部分。

蒙古族传统的熬茶方式，有着相应的程序和礼俗。熬制奶茶要用专门的锅，在熬制奶茶之前，要先将锅洗干净，如果锅不干净，会产生异味。熬制茶所使用的水质十分重要，不可使用混浊或碱性过大的水熬茶，否则茶汁会褪色变味。如果使用软水煮茶时要放少量的食用碱，如用雪水或河水煮茶，也需要加一点碱。碱可以增加茶的浓度，使其入味。但使用硬水煮茶时则不能再用碱。

熬茶前，先将砖茶用小型木制杵臼捣碎，放入凉水锅中，捣碎的砖茶投茶量以漂浮在水的表层上薄薄的一层为宜。也可根据不同地区饮茶浓度的习惯确定。煮茶要掌握一定的火候，待茶水沸腾后，用铜勺扬洒若干次，使茶汁熬成咖啡色后，加入鲜奶；再用铜勺扬洒，使茶汁和鲜奶充分融合，并根据口味加少许的盐（有些地区不加盐），即可饮用。蒙古族喝茶时必须配有奶制品或者煮好的手扒肉、风干肉、炸制或烤制的面点（图15-19）。

四、演示

1. 点火

清洗奶茶铜锅，点火，准备煮茶。

2. 放茶煮沸

将备好的清水倒入锅中，放入砖茶、炒米、盐，大火熬至沸腾。

3. 捞出茶叶

茶水烧开后5分钟，用勺扬茶水1分钟，煮3分钟，用漏勺捞去茶叶、炒米。

4. 加奶、黄油等

加入适量鲜牛奶（水奶比例2：1），用勺扬至茶乳交融，再依次加入炒米、黄油、盐。

5. 扬茶、煮沸

不断用勺扬茶约2分钟，使之成为馥郁芬芳的奶茶。

6. 奉茶

奶茶盛于碗中约八分满，用左手托住碗底，右手拿碗，奉给客人。有些部落是将奶茶放在客人面前的桌上。

五、音乐

马头琴曲《草原蒙古人家》。

六、解说词

茶，是天地间的草木精灵。走过万里茶道，当茶从南国行至边城，成为浓郁沧桑的奶茶。从此便融入草原的长风，浸入戈壁的冷月，伴着悠扬的长调与马头琴，成为此处最迷人的烟火与生气，成了草原文化的象征。

它是我们的生命之饮，让我们的男儿雄壮，让我们的女儿美丽，让草原的朝暮岁月充满生机。它是我们给朋友最美好的赠礼。

今天，为了远方的客人，它走过千年，行至此处，奉到君前。

朋友，喝了这杯奶茶吧！

捧着它，我们可以讲述一个很长的故事。

可以回味一段迷人的历史。

可以开启友谊或爱情的好梦，

可以吟诵一首终生难忘的长诗。

感谢我们今天的相遇，茶香人语，正当此时。

图15-19　蒙古族奶茶茶席

第五节　藏族酥油茶茶艺

藏族人民的生存环境和饮食结构独特，形成了丰富多彩、独具特色的饮茶习俗。茶在藏族的饮食文化中占有极其重要的地位。酥油茶是藏族最佳的饮料，是一种在茶汤中加入酥油等作料，经特殊方法加工而成的茶饮。每当贵客临门，主人会端上美味可口的酥油茶。客人在喝茶前先用无名指沾茶少许，弹洒三次，奉献给佛、法、僧三宝。

一、起源

藏族被称作"嗜茶"的民族，这与其历史文化、生活环境和生活习惯有紧密联系。藏族聚居地普遍海拔高，高寒缺氧，气候恶劣；作为游牧民族，藏族同胞的食物多以牛羊肉、糌粑、乳等油燥性之物为主，缺少蔬菜，唯有富含茶多酚、氨基酸、维生素、蛋白质，并具有清热、润燥、解毒、利尿等功能的茶能弥补藏族饮食中的缺陷，起到去腥除燥、帮助消化、健身防病的作用。

藏族人喜食酥油茶。喝上一杯温热的酥油茶，感觉如同置身在美丽的蓝天白云雪山之间。酥油茶已成为藏族文化、风俗的名片。

二、器具与食材

1. 器具

煮茶罐、茶壶、打茶筒、托盘、木碗（图15-20）。

2. 食材

主料：茶叶、酥油。

配料：核桃仁、芝麻、花生米、生鸡蛋、盐巴等（图15-21）。

图15-20　器具

图15-21　原料

三、流程

制作茶汤→加入作料—打茶→加热酥油茶→分茶→敬茶与品茶。

四、演示

（一）茶席与服饰

选择民族茶具煮茶罐、茶壶、打茶筒、木质茶碗等，以藏族人家生活用具等作为搭配装饰，突出藏民居家生活的特色与气息（图15-22）。

藏族少女内着白色红边内衬，外穿大襟加珞花领氆氇袍，头戴镶有珠宝的长布带配饰（图15-23。演示者：云南农业大学茶学院学生）。

图15-22　茶席设计

图15-23　藏族酥油茶艺

（二）茶艺演示

1. 准备茶汤

在煮茶罐内加水，煮沸后投入茶叶，熬煮约半小时，使茶汁浸出。

2. 打酥油茶

滤去茶渣，将热茶汁倒入打茶筒，再加入适量的酥油、盐等。（根据需要和个人爱好，加入核桃仁、芝麻、花生仁、生鸡蛋等，然后盖上打茶筒），用手握住直立于打茶筒中能上下移动的木棒，上下搅动，轻提、重压，不断上下舂打，使茶与其他配料充分融合，水乳交融，当打茶筒内发出的声音由"咣当、咣当"转为"嚓、嚓"声时，酥油茶便打好了。

3. 加热酥油茶

将打好的酥油茶倒入煮茶壶中加热，或直接分茶饮用。

4. 分茶

将煮好的茶均匀分入木碗中，每杯七分满，敬茶、品茶。

5. 敬茶与品茶

浓茶敬客，请各位客人品饮茶汤。客人边喝酥油茶边吃糌粑，慢品细咽，切不可端起茶碗一饮而尽。藏族酥油茶一般以喝三碗为吉利。

每喝一碗茶，都要在碗底留下少许，一方面表示对主妇打茶手艺的赞美，一方面表示还要继续喝，这时主妇会再来斟满。当不想再喝时，就把添满的茶汤一饮而尽，或者把剩下的少许茶轻轻泼在地上，表示已经喝好了，主妇就不会继续添茶。如果不想喝，就不要动茶碗，如果喝了一半不想再喝，主人添满茶后先放着，等告别时一饮而尽，这样才符合藏族的礼节。

如遇亲人要出远门，家人敬上一碗又一碗的酥油茶，临上马还得喝三碗才能起步。藏胞相信，来自东方的茶叶是吉祥之物，可以保佑旅行者逢凶化吉。

五、音乐

藏族民间歌舞形式多样，特色鲜明。在茶艺演示中选用旋律优美辽阔、婉转动听的音乐《卓玛》《布达拉》等。

六、解说词

各位朋友，大家好！下面我们将为大家演示藏族酥油茶茶艺。

西藏，千山之巅，万水之源——这里有着传统的文化信仰，这里是藏羚羊的摇篮、牦牛的乐园，这里孕育了世世代代我们的藏族同胞，他们居于这蓝天白云险峰之间，以奶、肉、糌粑为食。"其腥肉之食，非茶不消；青稞之热，非茶不解"。饮茶成了他们均衡营养的必备之选。喝酥油茶成了如同吃饭一样重要的日常需要。

危耸的皑皑雪峰，辽阔的高原牧地，这个充满神秘、充满诱惑的地方，让人没有理由拒绝。让我们用强烈的好奇心，叩响雪域风情的神秘之门，一起去靠近它。

走吧，走吧，到西藏去。让那片青藏高原在眼前慢慢地升起，托着一列列青衣白冠的群峰和一座座暗红色的庙宇，诵咏的声音如经幡在清澈的风中飘扬着，还有一位走在草地上的美丽姑娘，她的名字叫卓玛。

那个叫卓玛的姑娘就是我心中的西藏。

走吧，走吧，到西藏去，那里有着牛马成群的绿色草原、陡峭峻伟的银色雪山，湍流不息的碧色江河，还有雄鹰。高原上的雄鹰冲起盘旋的时候，天空就无比高远深邃。雄鹰与传说中的绿鬃雪狮是高原上的灵魂。

在圣洁的雪山下，在静谧的湖水旁，在阳光下，在我们身边飘浮着酥油茶的芳香，那杯温热的酥油茶就是我心中的西藏。

（行礼谢幕）扎西德勒！

第六节　拉祜族罐罐茶茶艺

茶叶是拉祜族的主要饮品之一。拉祜族男女老幼皆有饮茶的嗜好，每天要喝三次茶。拉祜族认为茶最解疲劳，让客人先喝茶是礼貌待客；如果先问客人吃不吃饭，则有把客人当成"讨饭人"之嫌。拉祜族敬茶，有"头道茶自己喝，二道茶敬客喝"之说，意思是把苦的留给自己，把好的敬给客人，同时表示茶里无毒，客人可以放心饮用。

一、起源

拉祜族主要分布在云南澜沧江两岸的普洱、临沧两个地区，早期游牧为生，后不断向南迁徙，逐渐形成了现在的聚居区，自称"拉祜"。"拉祜"是本民族语言中的词汇，"拉"为虎，"祜"为将肉烤香的意思。拉祜族早期喜食各种肉类，常常狩猎各种野生动物获得肉食。自迁入澜沧江流域后，受到当地的土著民族布朗族、佤族等的影响，开始种茶、制茶，形成了饮茶的嗜好。在拉祜村寨，到处有古茶树。拉祜人在长期种茶、饮茶的过程中，形成了自己独特的茶文化。

拉祜族的饮茶习俗有烤茶、竹筒茶、火焯茶、糟茶、丁香茶等。拉祜族的日常问候语是"喝不喝茶？"，而不是"你吃饭了没有？"。饮茶前，主人先用食指或拇指将茶水弹向火塘，表示祭神，主人喝过之后，按先老人、后客人的顺序由左到右敬茶。敬茶时，茶水不能斟得太满，否则视为不尊重客人；要双手捧茶，将茶杯由下慢慢举上，目视对方，敬给客人。

二、器具

竹篾桌、竹编火围、铁火盆、铁三脚架、铜水壶、陶茶叶罐、土陶烤茶罐、陶水罐、陶公道杯、葫芦汤滤、陶茶碗（图15-24）。

三、流程

净具→烤茶→煮茶→分茶→敬茶与品茶。

四、演示

（一）茶席与服饰

图15-24　拉祜族罐罐茶器具

在拉祜族火炭罐罐茶的茶艺演示中，可采用室外背景（图15-25），以拉祜族传统民居、竹林为背景，突出拉祜族山寨的风情。

茶席中的插花选用拉祜族喜爱的竹子为花材，凸显自然清新的风格。

演示者，男子的服饰为：黑色对襟短衫、宽筒长裤，上衣领部、衣角、袖口用彩线或彩布条、布块镶绣。女子衣饰则是着手工编织的黑色右襟长袍，袖口、衣边均用彩线镶嵌，在衣襟上再镶饰贝壳；伴舞穿黑色镶嵌彩线的右襟短衫，裤脚镶有二三条色彩鲜明的色布花边的宽脚裤。

图15-25　火炭罐罐茶茶席

（二）茶艺演示

1. 烤茶

先将烤茶罐放在火塘上用文火烤热，然后投入7～8克晒青毛茶抖烤，使茶叶受热均匀，待茶叶叶色转黄，焦香扑鼻时为宜。

2. 煮茶、净具

待茶烤好后注入沸水，再往茶罐里面投入1枚烧红的火炭，煮3～5分钟，茶水变浓即可。拉祜人盛茶使用的是当地特有土陶烧制的陶罐和陶碗，凸显古朴的风格。分茶前，要把茶碗用沸水温烫清洗一遍。

3. 分茶

将罐内煮好的茶汤滤入陶公道杯，再分入茶碗。

4. 品茶

邀请宾客大碗品茶，体现拉祜族人的热情好客（演示者：云南省临沧技工学校学生）。

五、音乐

选用拉祜族歌曲《啊哩啰》。

六、解说词

各位尊敬的嘉宾，大家好！

欢迎大家观赏拉祜族罐罐茶茶艺演示。

在云南临沧这片神奇的土地上，拉祜族是最早发现茶和利用茶的民族之一。自称是"猎虎民族"的拉祜族，是临沧历史悠久的世居民族之一，约11世纪前后开始迁入临沧、双江等地。临沧市的拉祜族现主要分布于双江、临翔、耿马、沧源等地，总人口约8万人。拉祜族同胞在生活中至今仍保留着不少原始的习俗，如不论男女老少都抽旱烟，农忙时封芦笙、农闲时开芦笙，有满山遍野谈恋爱和"哭嫁"的习俗。

拉祜族同胞自古就有饮茶的嗜好，并在长期种茶、饮茶的过程中，形成独特的茶文化，火炭罐罐茶就是临沧拉祜族独特的一种茶饮。根据拉祜族的饮茶习俗加以艺术加工编创的拉祜族火炭罐罐茶茶艺，体现了拉祜族小伙和少女在劳动之余，围坐在一起喝茶解乏、载歌载舞、谈情说爱的情形。现在，就请大家观赏临沧拉祜族火炭罐罐茶茶艺。

火炭罐罐茶茶汤橙黄明亮，焦香浓郁高长，滋味醇厚回甘，喝起来过瘾，令人回味。烤茶茶性甘温，具有祛寒养胃、消食解腻、提神醒脑之功效，木炭具有消食健胃的作用。茶水中加入烧红的木炭熬煮，茶汤将茶与木炭二者的功效融合在一起，相得益彰。

现在请各位嘉宾品饮火炭罐罐茶。饮茶时，先用食指和拇指将茶水弹向天空，祭天祭地，再饮用。拉祜族火炭罐罐茶香气浓郁，滋味浓醇，止渴生津，提神解乏。

茶艺演示到此结束。谢谢观赏！

第十六章
代表性地方特色茶艺

本章主要介绍江南青豆茶、四川长嘴壶、广东潮州工夫、三清茶、恩施油茶汤等地方特色茶艺。

第一节　江南青豆茶茶艺

青豆茶，又称熏豆茶、烘青豆茶、芝麻茶、七味茶等（图16-1），是我国江南地区既古老又时兴的一种民间饮茶习俗。

一、起源

饮用青豆茶的区域主要集中在富庶的鱼米之乡——古运河畔的湖州南浔、德清、余杭和太湖沿岸的江苏吴江一带。特别是太湖沿岸地区，许多农家还将青豆茶作为招待毛脚女婿首次登门的礼仪之一。

关于青豆茶的起源民间有两种传说，一种流传于杭嘉湖民间，据传夏朝治水高手防风氏在古运河畔治水，当地百姓用橙子皮、野芝麻泡茶为他祛湿驱寒，并用烘青豆作为茶点佐茶。防风氏性子急，将豆倒入茶中，连茶汤带烘青豆一口吞吃。从此，这种饮茶习俗便沿袭下来。另一种传说流传于江苏吴江、浙江南浔一带，相传吴国大将伍子胥曾在今吴江市庙巷乡开弦弓村屯兵，当地百姓自发地采集青毛豆烘干，以充军粮慰劳伍将军。伍大将军吃了烘青豆口干，就用开水冲泡，还加些茶叶，成了香喷喷、咸津津的青豆茶。从此，在太湖沿岸流传成俗。

以上民间的传说，虽无确切史料佐证，但却表达了江浙地区人们对青豆茶的喜爱。

这种加入作料的调饮吃茶方式早在唐代便有记载。陆羽《茶经》六之饮中记载："饮有粗茶、散茶、末茶、饼茶者，乃斫，乃熬，乃炀，乃春，贮于瓶缶之中，以汤沃焉，谓之痷茶。或用葱、姜、枣、橘皮、茱萸、薄荷之等，煮之百沸，或扬令滑，或煮去沫……"据明代《钱塘县志》记载，当时钱塘人"以紫苏籽，渍枳皮和茶叶饮之"。

图16-1　江南青豆茶

另在《易牙遗意》中描述：明代苏州已有"盐豆"，是用新黄豆淘净，再用盐水、调料煎煮，再在火上焙干。到了清朝，以嫩青豆用盐水煮后熏烘，已与今日的熏青豆无多大差别了。另外古籍中多有关于"熏豆子茶""木樨青豆茶"的描述，这便是现今青豆茶的前身。

二、器具与食材

1. 茶具

选用器具有青花小碗或者农家陶瓷小碗、赏茶碟、茶叶罐、配料缸、水盂、水壶、茶匙、架、茶巾、托盘等（图16-2）。

图16-2　青豆茶器具

2. 食材

绿茶、烘青豆、盐渍橘皮、胡萝卜干、紫苏籽、芝麻、桂花等。还可根据各人的喜好加入扁尖笋干、香豆腐干、枸杞、腌姜片、盐等多种佐料等。

三、流程

端盘上场→布具→赏茶与配料→温碗→置茶及配料→温润泡→冲泡→奉茶→收具→端盘退场。

四、演示

1. 端盘上场

准备泡茶器具及配料，并按图16-2顺序摆放。端盘上场。

2. 布具

将茶盘中的茶具按从右及左的顺序摆放在茶桌上。

3. 赏茶与配料

取少许茶叶及配料缸中的配料，依次放入赏茶荷中，并向品茶者展示。

4. 温碗

向小茶碗中依照逆时针顺序依次注入四分之一热水，温润小茶碗后弃水。

5. 置茶及配料

依次向3个小茶碗中加入茶叶和各种配料。

6. 温润泡

先注入约三分之一的开水，温润茶叶及配料。

7. 冲泡

逆时针依次向小碗中注入热水至七分满。

8. 奉茶

向品饮者奉茶。

9. 收具

奉茶毕，返回入座，依布具相反顺序收具。

10. 端盘退场

端盘起身后，行礼。退场。

五、音乐

宜选用具有江南特色的背景音乐。以下两首作品比较适合本套茶艺。

《紫竹调》源于苏南民歌曲调，后改编为沪剧的唱腔和伴奏曲牌，再经过丰富加工，逐渐发展成为一首丝竹名曲。乐曲短小精干，曲调优美生动，节奏轻快活泼。

《荡舟乌镇》展现了中国江南水乡乌镇的一幅烟雨濛濛的水墨画卷。江南水乡，小桥流水，美景如画，坐在岸边品上一杯青豆茶，岂不快哉。

六、解说词

一幅烟雨濛濛的水墨画卷渐渐展开，小船摇曳在一江春水中，清一色的石板路，青瓦房、老砖瓦间依稀还弥漫着旧时光的气息。小桥流水，美景如画，坐在岸边品上一杯青豆茶，惬意闲适。

杭嘉湖平原土壤肥沃，物产富饶，勤劳智慧的江南水乡人，创制出青豆茶这一地方特色美食，也是他们待客迎宾的诚挚礼节。

要想品尝青豆茶，制作烘青豆是一件头等大事。当地人喜好在田埂及房前屋后的自留地种满毛豆，每当立秋前后，那碧浪滚滚的豆蔓布满田野。成熟的青豆被收割回家，要剥出豆仁、盐水余煮、炭火熏烤、翻身等工序才能做好烘青豆。制作好的烘青豆，几个月甚至几年都不会变质。

泡青豆茶一般用白壳花边小瓷碗，以茶叶和烘青豆为主料，同时配有"茶里果"，诸如盐渍橘皮、胡萝卜干、紫苏籽和芝麻等一同冲泡而成，花花绿绿的一杯茶，茶色却是清透，一点不浑浊。

吹开泛在茶汤表面的芝麻，碧绿的茶叶、绿莹莹的熏豆、红色的萝卜丁撩帘而现。小饮一口，咸中有甜，鲜里带香。

品饮青豆茶，是门'技术活"，通常为"头开品评，二开尝味，三开连汤带茶叶、烘青豆和佐料都吃掉"。

一碗青豆茶香、咸、甘、涩俱全，有如人生百味，各品其意，回味无穷。

第二节　四川长嘴壶茶艺

长嘴壶是我国特有的一种茶具，常用于茶馆冲泡茶或掺水。长嘴壶及其表演是群众喜爱的一项民俗文化，是中国茶文化的组成部分，是宝贵的非物质文化遗产。

一、起源

长嘴壶茶艺起源于何时何地，迄今未见确切的文献记载。后人只能从民间口头传闻和少数茶人世家的家谱中略知一些情况。长嘴壶约于晚唐五代出现在四川成都一带和沱江、长江（主要指岷江，明代徐霞客之前认为岷江是长江上游主流）沿岸的茶馆里。

四川古称天府之国，物丰民富，经贸繁荣，隋唐时即有"扬一益二"之说。成都周围岷、沱水网密布，市镇罗列，舟楫便利，航运商贸发达。四川盛产茶叶，民谚早有"扬子江中水，蒙山顶上茶"之说，茶馆遍及城乡。而江岸茶馆地处河埠码头，茶客多过往商贾旅客，行色匆匆；或者焦急候船，时间紧迫，船到就走；或者行船停靠，商家水手旅客蜂拥上岸，急寻茶水解渴，稍事休息，又要登程。特别是夏秋水涨船多，人客更旺，茶馆常"打涌堂"。老板、服务员必须想方设法快速冲水泡茶，满足客人需要，否则生意被别家茶馆抢走了。于是长嘴壶应运而生。同时茶馆多卖绿茶、花茶，短时冲泡即可饮用，从清末开始一直延续到二十世纪五六十年代。

成都茶馆一般喜用壶嘴一尺到一尺五寸（33～50厘米）的铜壶为客人掺茶沏水。而沿沱江、长江、嘉陵江沿岸城市的茶馆就喜用两尺（约66厘米）甚至更长壶嘴的铜壶掺茶。这与各地区的茶馆桌椅板凳尺寸、茶馆规模有关。成都茶馆用的竹椅、竹桌较矮；而川南、川东和川北喜用大的方桌和长板凳，方桌和长板凳较高，也就使长嘴壶掺茶技艺得到充分发挥。现在一尺左右的长嘴壶越来越少，而根据茶馆掺茶和演示的需要，长嘴壶茶艺演示多使用"一米长壶"。

长嘴壶的使用历史悠久，随着饮茶的普及和茶艺的发展，逐渐从便利实用的技术，演化为兼有实用方便性和演示观赏性的长嘴壶茶艺。由于长嘴壶演示类型多样，无法在本节一一介绍，下面以"敬世界一杯中国好茶"男女长嘴壶茶艺演示（获得四川省第二届工匠杯茶艺大赛金奖，见图16-3）为例，介绍其冲泡器具及流程。

图16-3　长嘴壶茶艺：敬世界一杯中国好茶

二、器具

长嘴壶、盖碗、大瓷壶、银勺、小茶碗、水方（图16-4）。

图16-4 器具

三、流程

行礼→泡茶→敬茶。

四、演示

（一）茶艺演示

1. 男士行礼、泡茶

① 祥龙行雨。

② 力拔山河。

③ 鸿运当头。

④ 青龙取水。

2. 女士行礼、泡茶

① 借花献佛。

② 闭月羞花。

3. 男女共礼、泡茶

① 高山流水。

② 厚德载物。

③ 龙行天下。

④ 雄鹰展翅。

4. 敬世界一杯中国好茶

带上长嘴壶和盖碗茶，共同敬世界一杯中国好茶。

（二）茶艺演示图解

1. 男士行礼、泡茶

男子行礼。

祥龙行雨。

力拔山河。

鸿运当头。

青龙取水。

2. 女士行礼、泡茶

女子行礼。

借花献佛。

闭月羞花。

3. 男女共礼、泡茶

男女同礼。

高山流水。

厚德载物。

龙行天下。

雄鹰展翅。

4. 敬世界一杯中国好茶

敬世界一杯中国好茶。

五、音乐

选用《敬世界一杯中国好茶》为背景音乐。

六、解说词

我去过世界各地，许多国家都有不同的饮茶风俗。以茶为媒，我结识了许多外国朋友。一些外国朋友问我："中国是茶的故乡，那中国最好的茶是什么茶？"虽然习茶多年，我却对这个问题的回答犹豫起来。带着问题，我回到了家乡四川。

我的师兄是个老茶人，他做茶、习茶多年，应该知道答案。"扬子江中水，蒙山顶上茶。四川是中国茶文化的发祥地，好茶出自四川，四川人爱喝的茶就应该是好茶。"师兄如是说。

可是，四川名茶众多，四川人最爱的是什么茶呢？盖碗茶，每一个四川人都有着这样的回答。

盖碗茶揭示了中国茶道最核心的思想。杯盖为天，杯身为人，杯托为地，天地人三才合一，体现了中国人天人合一的哲学理念，蕴含了中国茶文化思想核心——和。

盖碗茶要和长嘴壶搭配，才能泡出中国文化平和之中的奋进，谦和背后的坚韧。长嘴壶相传产生于晚唐五代时期文人雅士的茶事活动中，他们"以壶为剑"，表达他们的激荡情怀。携壶汲飞瀑，呼我烹石花。风涛泻江滩，松籁起蒙山。千载以来，文人们钟爱的剑壶和盖碗茶，已由大雅之堂传入市井茶坊，成为了中国茶馆里一道独特亮丽的风景线。

来如雷霆收震怒，罢如江海凝清光。沸水在长嘴中汩汩流过，冲泡盖碗茶则温度刚好。

瑟瑟香尘瑟瑟泉，惊风骤雨飞雪霜。沸水从剑壶中远远射出，撞击茶叶翻滚舒张，香飘四方。

茶以载道，是东方的哲学，茶汤泡出了中国文化的底色。每一杯茶都凝聚着无数中国人的勤劳与智慧，每一杯茶都是中国对世界善意的回应与表达，每一杯茶都有中国对人类发展积极的思考与努力，这五千年璀璨的中华文明浸润的香茶也许就是我一直在寻找的最好的中国茶。

带上我的壶和师兄，敬世界一杯中国好茶。

第三节　潮州工夫茶艺

潮州工夫茶历史悠久，有"中国古代茶文化活化石"之称，"潮州工夫茶艺"为国家级非物质文化遗产项目。

一、起源

潮州工夫茶艺风行于明末清初时期，在现存文献中，潮州"工夫茶"一词最早出现在俞蛟所著的《潮嘉风月》中，描写了广东潮州、嘉应州（今梅州）一带的社会风情及船上的生活。文中记述"工夫茶艺"烹泡如下："工夫茶，烹治之法，本诸陆羽《茶经》，而器具更为精致，炉形如截筒，高约一尺二三寸，以细白泥为之……先将泉水贮铛，用细炭煎至初沸，投闽茶于壶内，冲之。盖定，复遍浇其上，然后斟而细呷之……"

清朝末期，潮州人翁辉东撰写的《潮州茶经》中说到烹泡工夫茶精致之处，"不在于茶之本质，而在于其茶具器皿之配备精良，以及闲情逸致之烹制。"（传统工夫茶器具见图16-5）

图16-5　潮州工夫茶四宝（本节图片均由潮州市天羽工夫茶文化交流中心提供）

潮州工夫茶艺，选用特定材质的冲泡器具及其配套材料，按照独特考究的烹泡程式进行乌龙茶冲泡的潮州传统茶艺。具有"和、敬、精、乐"的精神内涵。

二、器具

主要茶器为茶壶、茶杯、砂铫、泥炉，又称茶器四宝，其他事茶器皿、生火材料为辅助茶器。

1. 泡茶器

泡茶器以朱泥壶（孟臣壶，图16-6）与盖瓯（盖碗）为主，朱泥壶以宜兴紫砂壶、潮州手拉朱泥壶为佳，容量120毫升左右；盖瓯为白瓷敞口型，容量90～150毫升，以120毫升为宜。

2. 品茗杯

品茗杯以潮州枫溪所产的白瓷小杯为主，容量25～35毫升，传统习惯中数量是3个（图16-7）。

3. 砂铫

砂铫（图16-8）以潮州本地砂泥烧制而成的砂铫为佳，容量300～500毫升，其他符合安全和卫生标准材料制成的煮水器也可代替使用。

4. 泥炉

泥炉以红、白泥小炉为主（图16-9），泥炉直径12～20厘米，高25～40厘米。可用小型远红外线炉、电陶炉代替传统泥炉。

图16-6　潮州手拉朱泥壶

图16-7　白瓷杯及茶盘

图16-8　砂铫

图16-9　红泥炉

图16-10　泡茶器（下为壶承、中为丝瓜络）

图16-11　一正茶洗、两副茶洗

图16-12　羽扇

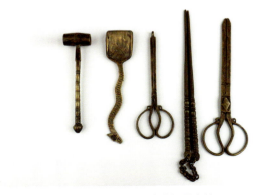

图16-13　生火铜器套件
（从左到右铜锤、铜铲、小铜钳、铜火箸、大铜钳）

5. 茶盘

茶盘为敞口浅腹瓷盘，口径15～22厘米，高2～5厘米，用于放置茶杯。

6. 壶承、丝瓜络

壶承为浅腹瓷盘（图16-10），高4～5厘米，根据茶壶或盖瓯大小选择直径适合的壶承。丝瓜络需无异味，软硬适中，放于壶承中作为壶垫，减少磕碰磨损。

7. 茶洗

茶洗由一正茶洗、二副茶洗组成（图16-11）。正洗为圆形浅腹瓷盘，口径12～18厘米，高4～5厘米，放置备用的茶杯。副洗其一与正洗相似，大小相宜，用以浸泡茶壶；其二为圆形瓷碗，倾倒茶渣和废水。

8. 水瓶

水瓶用于添水，容量约1000毫升。

9. 水钵

水钵为宽口、束脚、圆腹的瓷缸体，容量约5000毫升。

10. 龙缸

龙缸用于储水的水缸，容量适宜，带盖。

11. 羽扇

羽扇（图16-12）用于生火时扇风用，大小与泥炉相适应，以传统鹅毛羽扇为佳。

12. 生火铜器套件

生火工具包括铜锤、大铜钳、小铜钳、铜铲、铜火箸（图16-13）。生火时，铜锤用于敲炭，大铜钳用于夹冷炭，小铜钳用于夹热炭，铜铲用于清理炭灰和添加橄榄炭，铜火箸用于拨炭。

13. 竹薪、坚炭或橄榄炭

生火材料包括竹薪（图16-14）用于引火，坚炭（图16-15）、橄榄炭（图16-16）同为燃烧材料。坚炭以荔枝炭、龙眼炭为主，橄榄炭由乌榄核烧制而成。

14. 茶台（茶几）

茶台（图16-17）用于放置泡茶器、茶壶、茶盘、茶杯、茶洗、茶巾等冲泡器具的桌子，形状、材质、规格不限，以方便冲泡为宜。

15. 炉台

炉台（图16-18）用于放置泥炉、砂铫、水瓶、生火铜器套件等。

16. 茶巾

茶巾以吸水性强的布料为佳，用于擦拭茶桌或者壶底水渍。

17. 茶罐

茶罐是储藏茶叶的容器，要求密封性佳，以前多用潮阳产的锡罐（图16-19），现代以不锈钢罐、陶瓷罐为主。

图16-14 竹薪

图16-15 坚炭

图16-16 橄榄炭

图16-17 茶台

图16-18 炉台

图16-19 锡茶罐

图16-20 素纸

18. 素纸

素纸（图16-20）为长20厘米、宽20厘米的绵纸，用于炙茶、倾茶。

三、流程

备具→生火→净手→候火→倾茶→炙茶→温壶→温杯→纳茶→润茶（高注）→刮沫→烫杯→高冲→滚杯→低斟→点茶→请茶→闻香→啜味→品韵→谢宾。

四、演示

1. 备具

备具如下图。

① 茶巾折叠好，放置在壶承后方。

② 茶壶水平放置在壶承内，壶嘴朝向可根据习惯用手决定，但不可对着品茗者。

③ 茶杯呈"品"字形放置在茶盘中间，"品"字头朝向主泡。茶巾、壶承和茶盘，三者按先后顺序，从泡茶者正前方延伸，成一条直线。

④ 正茶洗放置在茶盘左侧，盘内备有干净茶杯；副茶洗1置于茶盘右侧，其盘内装冷水（或热水，视情况确定使用），用以浸泡茶壶；副茶洗2置于壶承左侧或茶台之下，用以倾倒茶渣和废水。

⑤ 将素纸沿中线对折再对折成小正方形，与茶罐一同放置在正茶洗左上方，距离依泡茶者可操作范围而定。

⑥ 炉台置于主泡茶台的右侧，距离依泡茶者可操作范围而定，泥炉置于炉台中间，生火材料及生火铜器套件置于泥炉右边，羽扇置于泥炉左边。

潮州工夫茶备具

2. 生火

砂铫添水，竹薪点燃，用坚炭或橄榄炭生火，为煮水作准备。

3. 净手

茶师进场，从椅子左边入座后净手并擦干。面带微笑向嘉宾行礼（鞠躬30°）。

4. 候火

扇风催火，使炭充分燃烧，表面呈现灰白色。

5. 倾茶

泡茶者左手握住茶叶罐上方1/3处，将茶罐移至胸前交接至右手，右手握住茶叶罐下方。左手旋转开盖，将盖子与罐身分置于左右两侧。

泡茶者左手拿起素纸移至胸前，双手打开素纸后置于左手掌心，用右手食指按压纸张中心，形成自然弧度；右手将茶罐拿起，倾倒适量茶叶于素纸上。

　　盖好茶罐，双手行侧弧线，将茶罐放回原位。双手沿原弧线归位。将盛有茶叶的素纸进行炙茶。茶器沿弧线移动，不可直接横越其他器皿做直线移动。下同。

6. 炙茶

泡茶者将砂铫轻放在主泡茶台右下角的位置，双手拿捏素纸两端对角，将盛有茶叶的素纸移至泥炉上方10～15厘米处，以顺时针和逆时针方向交替移动。中间翻动茶叶一至二次并作上下5～15厘米移动，炙至茶叶香清味纯即可。

7. 温壶

泡茶者左手将壶盖揭开，右手将砂铫移至高于壶口约5厘米处，淋壶口一圈后拉高水注至10厘米处将水注满，盖上壶盖，在高于壶盖5厘米处淋浇盖眉后将砂铫归位。

8. 温杯

泡茶者拿起茶壶，轻压茶巾，行弧线移至茶盘上，从最右边的杯子开始，沿逆时针方向将壶内热水均匀倒入茶杯中，沥干，行弧线将茶壶放回壶承上。

温杯，以右手为例，右手食指和拇指拈起最右边的茶杯，杯口向左，置于茶盘顺时针方向上的另一杯中，食指松开，中指托底沿，拇指快速拨动杯口边沿，使茶杯轻巧向前滚动一圈即可。后用拇指、食指轻拈杯沿，中指轻抵杯底，轻点一次，将杯中余水点尽后归位。第二、三杯操作相同。

9. 纳茶

泡茶者双手持壶把和壶嘴，将茶壶抬高3~4厘米，旋转约90°使壶嘴向内后，放回壶承。左手揭开壶盖置于盖置上。

左手托住素纸，右手中指轻压素纸上方的同时，左手食指和中指顺势夹住素纸。用右手食指和中指，将炙好的部分条状茶叶纳于壶底和近壶嘴处，细末部分放置中上层，再将余下的条状茶叶置于上面。茶叶用量约占茶壶八成左右为宜。

纳茶完毕，将素纸折好归位。双手端起茶壶，左手托壶，右手轻拍壶身后将茶壶旋转90°水平放回壶承。

10. 润茶（高注）

泡茶者左手开盖，右手取砂铫将沸水沿壶内低注一圈后，提高砂铫，选择茶壶内侧某一点定点注入沸水，至水满溢出壶口。

11. 刮沫

泡茶者用左手捏住茶壶盖钮，沿壶口行"之"字走向，将茶沫轻轻旋刮，盖定，再用沸水淋于盖眉后将砂铫归位。

12. 烫杯

泡茶者提壶在茶巾上轻点擦拭壶底水渍，行弧线至茶盘上，从"品"字头的杯子开始，沿逆时针方向，在各个杯子之间倾洒茶汤烫杯，倾尽茶汤后将茶壶归位，然后将茶杯绕茶壶在近主泡内侧行弧线把茶汤弃于副洗2，再沿弧线归位。

13. 高冲

左手开壶盖，右手取砂铫将沸水沿壶内均注一圈，再定位壶口内沿某点，拉高并均匀注入沸水。注水时不可断续、不可急迫，忌直冲壶心。水满盖定，再淋壶身。

14. 滚杯

冲注后将砂铫移至茶盘注水淋杯，注满水后将砂铫归位，再按温杯步骤操作。

15. 低斟

泡茶者提壶，行弧线移至右边副茶洗1的冷水（或热水，视情况确定使用）中浸泡2秒左右，再提壶移回茶巾上擦拭壶底后移至茶盘，先将壶嘴前部（盖瓯前端）的少许淡茶汤倾倒于茶盘中，然后沿逆时针方向往各杯倾洒茶汤，先注三分，再斟至七八分满为佳。斟茶过程要求茶汤均匀。

16. 点茶

茶壶内茶汤将尽时，巡回向各杯点滴茶汤，手法要稳、准、匀，确保壶中茶汤沥尽。

17. 请茶

主泡右手手指并拢掌心向上，拇指稍微内收，沿顺时针方向走弧线，敬请客人品尝茶汤。

　　如有主客，以主客为第一位；如无主客，第一轮冲泡从主泡左边的第一位开始，由左到右，依次是第一、二、三位嘉宾品饮，第二轮冲泡则为第二、三、四位品饮，第三轮冲泡是第三、四、五位品饮。依此循环为规则，品饮者包括主泡在内不超过五位。主泡一般不参与品饮第一轮冲泡的茶汤。

18. 闻香

用拇指和食指轻捏杯沿，顺势稍微倾倒表面的少许茶汤，中指托起杯底，端至鼻前嗅闻。

19. 啜味

分三口啜饮（吸气把茶汤啜入口腔），徐徐下咽，让茶汤与舌面各部位充分接触，全面感受茶汤滋味。

20. 品韵

品饮茶汤后，把茶杯余下的茶汤弃于副茶洗2中，轻扇茶杯，稍凉则吸嗅杯底，赏杯中韵香。

21. 谢宾

待品茗者品尝完毕，泡茶者将茶杯收齐后谢礼。

⑦ 净手所需的器物提前准备。

⑧ 盖瓯冲泡的步骤参照朱泥壶冲泡的程式。

五、音乐

本套茶艺宜选用潮州筝曲。潮州筝，又称"南筝"，是中国筝重要流派之一。其以曲调柔美、细腻而著称，向来为世人所喜爱，且流传甚广。代表曲目有《寒鸦戏水》《西江月》《出水莲》《粉红莲》《小桃红》《锦上添花》等。

六、解说词

潮州素有"海滨绉鲁""岭海名邦"之赞誉。有潮水的地方就有潮（州）人，有潮（州）人就有潮州工夫茶艺（图16-21）。

图16-21 潮州工夫茶艺演示

韩愈开潮，广启蒙蛮。十相留声，茶香留韵。

清代俞蛟在《潮嘉风月》中记载："工夫茶，烹治之法，本诸陆羽《茶经》，而器具更为精致……"言明工夫茶师法古人，器具更加精致。

潮州工夫茶艺传承了崖宋茶文化遗风，有中国古代茶文化"活化石"之称。

下面请欣赏《潮州工夫茶艺冲泡技术规程》二十一程式的演示。

第一式：备器

将器具摆放在相应位置上，俗话说"茶三酒四"，茶杯呈"品"字形摆放。

第二式：榄炭烹清泉

泥炉生火，砂铫添水，添炭扇风。

第三式：沐手事佳茗

烹茶净具全在于手，洁手事茗，滚杯端茶。

第四式：扇风催炭白

扇风助燃，当炭燃至表面呈现灰白色，即表示炭火已燃烧充分，杂味散去，可供炙茶。

第五式：佳茗倾素纸

所用素纸为绵纸，柔韧且透气，适合炙茶提香。

第六式：凤凰重浴火

炙茶，能使茶叶提香净味。炙茶时，茶叶在炉火上移动而不停住，中间翻动茶叶一到二次，至闻香时香清味纯即可。

第七式：孟臣淋身暖

壶必净、洁而温。温壶，提升壶体温度，益于激发茶香。

第八式：热盏巧滚杯

滚杯要快速轻巧，轻转一圈后，务必将杯中余水点尽，是潮州工夫茶艺独特的温杯方法。

第九式：朱壶纳乌龙

纳茶时，将部分条状茶叶填于壶底，细茶末放置于中上层，再将余下的条状茶叶置于上层，用茶量占茶壶容量八成左右为宜。

第十式：甘泉润茶至

将沸水沿壶口低注一圈后，缘壶边拉高砂铫注入沸水，到水满溢出。

第十一式：移盖拂面沫

提壶盖将茶沫轻轻旋刮，盖定，再用沸水淋于盖上。

第十二式：斟茶提杯温

运壶至三个杯子之间，倾洒茶汤烫杯，然后将杯中茶汤弃于副洗，提高茶杯温度。

第十三式：高位注龙泉

高注有利于起香，低泡有助于释韵，高低相配，茶韵更佳。

第十四式：烫盏杯轮转

用沸水依次烫洗茶杯，潮州工夫茶讲究茶汤温度，再次热盏滚杯必不可少。

第十五式：关公巡城池

每一个茶杯如一个"城门"，斟茶过程中，每到一个"城门"，需稍稍停留，注意每杯茶汤的水量和色泽，三杯轮匀，称"关公巡城"。

第十六式：韩信点兵准

点滴茶汤主要是调节每杯茶的浓淡程度，手法要稳、准、匀，必使余沥全尽，称"韩信点兵"。

第十七式：恭敬请香茗

行伸掌礼，敬请嘉宾品茗。

第十八式：先闻寻其香

用拇指和食指轻捏杯缘，顺势倾倒表面少许茶汤，中指托杯底端起，杯缘接唇，杯面迎鼻，香味齐到。

第十九式：再啜觅其味

分三口啜品。第一口为喝，第二口为饮，第三口为品。芳香溢齿颊，甘泽润喉吻。

第二十式：三嗅品其韵

将杯中余下茶汤倒入茶洗，点尽，轻扇茶杯后吸嗅杯底，赏杯中余韵。

第二十一式：复恭谢嘉宾

茶事毕，微笑并向品茗者行礼。

潮州工夫茶艺二十一程式演示到此结束。

第四节　三清茶茶艺

三清茶饮茶习俗是清代宫廷的一种饮茶方式，现在北方满族人群中仍可见到。人们寄情于"三清"，表达了对清廉和美好生活的向往。

一、起源

三清茶始于清乾隆年间。康熙年间，皇帝在乾清宫大宴文武百官，命与会者仿柏梁体赋诗进览的宴会习俗。到了乾隆年间，乾隆皇帝将茶宴联句的地点由乾清宫移至重华宫。在晚清徐珂的《清稗类钞》"高宗饮龙井新茶"中记载："高宗命制三清茶，以梅花、佛手、松子瀹茶，有诗纪之。茶宴日即赐此茶，茶碗亦摹御制诗于上，宴毕，诸臣怀之以归。"从乾隆八年（1743）起，乾隆帝每年正月上旬择吉日，钦点宗室、大学士、内廷翰林等能诗者到重华宫举行茶宴联句，诗人夏仁虎仰慕这一宫廷茶宴："沃雪烹茶集近臣，诗肠先为涤三清。"

时至今日，虽然对于清代的三清茶中是否有茶，学者们尚存在不同的观点，但在当今北方满族的日常生活中已然流行着以"茶"为主，"沃"以"梅花、佛手、松实"的独特调饮方法。梅花寓傲雪精神，又因其五瓣象征五福；松柏冬夏常青，凌寒不凋，寓意长寿；佛手谐音福寿。这三者都是古代文化中的吉祥符号，三者同时又可入药，有滋补壮体的作用。一杯"三清茶"寄托了人们对健康、富裕、幸福等美好生活的向往，也蕴含清廉、育德、和谐相处、清心自悦的境界。

二、器具与食材

三清茶的冲泡非常讲究。它须具备三个条件，即：三清、贡茶、盖碗，三者齐全才可称之为三清茶。

1. 器具

（1）盖碗

泡茶器一般选用盖碗（图16-22）。

（2）其他器具

煮水壶、水方、盛茶器、筷子、配料盘。

2. 食材

（1）贡茶

龙井茶曾为贡茶，处于绿茶魁首地位。

（2）三清（图16-23）

① 松实，即松子。

② 佛手，果实鲜黄色，香气浓郁，理气和胃。

③ 梅花，根据当时北京的气候，蜡梅恰好在新年正月时含苞欲放，由奉宸苑职掌花圃供奉梅花。

图16-22　盖碗　　　　　　　　　　　　　　　　　图16-23　三清

三、流程

（一）三清茶宴传统流程依据

据故宫博物院的研究员研究，乾隆皇帝的三清茶宴，具备十二个要素：

室——雅室居然可试茶。

备——竹炉瓷杯伴清嘉。

温——清风入窗温雅器。

置——越瓯琳琅置天家。

赏——松仁、佛手与梅英。

沸——沃雪烹茶集近臣。

浸——一家平安赏御茗。

吟——传出柏梁诗句好。

闻——诗肠先为涤三清。

敬——皇恩浩荡泽如春。

赐——赐茶众臣心似水。

品——仙茶君子悟清真。

（二）流程

本套茶艺的流程为：煮水→冲泡→敬茶→品茶与点心。

四、演示

图16-24　茶席

（二）茶艺演示

1．煮水

将采集好的雪水煮沸备用。

2．温具

温紫砂壶及盖碗，让其保持热度。

3．冲泡

将佛手丝用筷子夹入紫砂壶中，冲进沸水，至壶的二分之一，再将12颗松子放入，冲沸水至九分满。此时，将每个盖碗中各放一朵五瓣梅花，再放入贡茶龙井，把泡好的佛手、松仁冲入盖碗的八分满。

4. 敬茶与品茶

盖碗和点心放入托盘，奉给客人。

（一）茶席

选择煮水壶、紫砂壶、粉彩盖碗、茶叶罐、水盂、配料瓷罐、竹筷子等满族家庭生活用具等搭配装饰，突出满族生活的特色气息（图16-24）。

演示者身着合身的满族旗人之袍——旗袍，头发整齐梳在脑后。

演示者回到座位后进行示饮。两拇指相对，另四指向掌心屈伸呈弧形，两手心相对并接近茶杯托，左手端起后，右手拿开盖子，专注地欣赏碗中鲜嫩茶叶和可爱的腊梅花朵，细细品闻茶香与花香，用碗盖子将茶与花慢慢拨开，再将盖口朝向自己，食指抵押住盖纽，进行示饮。示饮后将盖子放正，微笑目视品茗者，示意客人品茶及点心。当茶汤喝完可以再次续水，当最后一杯茶汤喝完后可以品嚼香脆的松子仁。

五、音乐

三清茶寓意高洁清雅，以典雅素淡、简洁凝练的乐曲作为背景音乐。

六、解说词

大家好！下面是满族三清茶茶艺演示。

"风流儒雅千古帝，三清一杯礼上臣"，三清茶则是乾隆皇帝的独创，昔日的重华宫三清茶宴，不仅是乾隆年间最重要的皇家宴会，也是每年正月最为重要的一次君臣雅集活动。"沃雪烹茶集近臣，诗肠先为涤三清。""高节为邻德表贞，喉齿香生嚼松实，心神春满泛梅英，拈花总在兜罗手。"三清茶不仅营养美味，更是精神上的一次洗涤。一杯"三清"在手，正是味蕾与精神的双重享受。

《三清茶》诗

梅花色不妖，佛手香且洁。松实味芳腴，三品殊清绝。

烹以折脚铛，沃之承筐雪。火候辨鱼蟹，鼎烟迭生灭。

越瓯泼仙乳，毡庐适禅悦。五蕴净大半，可悟不可说。

馥馥兜罗递，活活云浆激。偓佺遗可餐，林逋赏时别。

懒举赵州案，颇笑玉川谲。寒宵听行漏，古月防愚玦。

软饱趁几余，敲吟兴无竭。

以三清比三德，品茗联句赋诗文，重华文宴集群仙。

（行礼谢幕）

第五节　恩施油茶汤茶艺

恩施油茶汤是恩施当地土家族人的传统饮品，也被称为中国古老饮茶方式的"活化石"。

一、起源

恩施油茶汤传承了中国古代的茶叶饮用方式。三国魏张辑的《广雅》中记载："荆、巴间采叶作饼，叶老者，饼成，以米膏出之。欲煮茗饮，先炙令赤色，捣末置瓷器中，以汤浇覆之，用葱、姜、橘子芼之。其饮醒酒，令人不眠。"

"煮茗饮"这一饮茶方法盛行于荆、巴间，而恩施正好在荆、巴之间，其制作饮用方法其实是半饮半食制法，在制作中还加入葱、姜、橘子等调味品，在恩施流传至今，演变成"油茶汤"这道美食。

二、器具与食材

1. 器具

炉子、三脚铁撑架、铁锅、木锅盖、火钳、吹火筒、火柴、引火纸、竹/木椅子、装水的竹/木筒、木瓢、托盘、碟子、陶碗勺、西兰卡普桌布等。

2. 食材

主料：恩施玉露茶。

配料：油、炒阴米子、炒包谷子、花生米、干豆腐果子、葱、姜、蒜、盐等。

三、流程

入场行礼→男女对歌→打油茶→分茶→敬茶与品茶→谢礼奉茶。

四、演示

（一）茶席与服饰

准备器具，以西兰卡普（一种土家族织锦）桌布等土家生活用品作为搭配装饰，具有土家族特色与生活气息（图16-25）。

演示者着红黑主色块的土家民族服饰，西兰卡普，土家包头。

图16-25　土家油茶汤茶席（本节图片均由湖北恩施学院硒茶学院提供）

1. 入场行礼

　入场。　　行礼。

2. 男女对歌：《六口茶》

　男女对歌。

3. 打油茶

① 用旺火将铁锅加热，放入油，先把花生米炸成金黄色后装盘；再将豆腐干炸好后装盘，炸豆腐干时要掌握火候，不能炸糊；另备有炒阴米子、炒苞谷子，可炸可不炸。

② 锅中放猪油少许，待油温加热至六成时，放入姜末、蒜末，放入茶叶翻炒，倒入适量开水，以水没过茶叶为宜，用锅铲煸炒略压，以加速茶汁溢出，使茶汤更香醇。等水沸腾1～2分钟，再加入大量水，加盖烧开，等水开后加入葱花。

4. 分茶

陶碗中盛入炒阴米子、炒苞谷子、花生米、豆腐果子等。汤烧开后，放盐适量，浇入陶碗中，这样滚烫喷香的油茶汤就做好了。

5. 敬茶与品茶

① 敬茶，将油茶汤碗放入托盘中，双手为客人奉上，客人也会双手接茶。

② 品茶，喝油茶汤也有学问。土家人有一句俗语：油茶汤不冒气，巴（即烫）坏傻女婿。

6. 谢礼

一碗香喷喷的油茶汤。

（二）茶艺演示

恩施油茶汤传统的喝法是不用勺或筷子，端着碗转着圈喝，要求把汤和辅料同时喝完，或是拿一根筷子插在碗里慢慢划圈，边划边喝。若要同时把汤和辅料都喝干净，需要一点技术，用土家人的话说就是"舌头上要长钩钩"。其奥妙是边喝边不停地使汤"浪"动，随着汤的浪动，食物漂浮起来就可趁机喝掉。

在土家山寨有些老人喝油茶汤时嘴还不用接触到碗，只在碗边上空用巧劲一吸，碗中之物便进入口中，其中趣味，妙不可言。

五、音乐

入场行礼背景音乐：《龙船调》前调。

冲泡环节背景音乐：《六口茶》。

谢礼奉茶背景音乐：《龙船调》。

六、解说词

荆、巴间采叶作饼，叶老者，饼成以米膏出之。欲煮茗饮，先炙令赤色，捣末置瓷器中，以汤浇覆之，用葱、姜、橘子芼之，其饮醒酒，令人不眠。

（男女对歌《六口茶》）

男：

喝你一口茶呀问你一句话，

你的那个爹妈噻在家不在家？

女：

你喝茶就喝茶呀哪来这多话，

我的那个爹妈噻已经八十八。

男：

喝你二口茶呀问你二句话，

你的那个哥嫂噻在家不在家？

女：

你喝茶就喝茶呀哪来这多话，

我的那个哥嫂噻已经分了家。

男：

喝你三口茶呀问你三句话，

你的那个姐姐噻在家不在家？

女：

你喝茶就喝茶呀哪来这多话，

我的那个姐姐噻已经出了嫁。

男：

喝你四口茶呀问你四句话，

你的那个妹妹噻在家不在家？

女：

你喝茶就喝茶呀哪来这多话，

我的那个妹妹噻已经上学哒。

男：

喝你五口茶呀问你五句话，

你的那个弟弟噻在家不在家？

女：

你喝茶就喝茶呀哪来这多话，

我的那个弟弟噻还是个奶娃娃。

男：

耶耶，

喝你六口茶呀问你六句话，

眼前这个妹子噻今年有多大？

女：

你喝茶就喝茶呀哪来这多话，

眼前这个妹子噻今年一十八。

合：

呦耶呦耶哆呦呦耶，

眼前这个妹子噻今年一十八耶！

板楯夷蛮，巴人后裔，武陵土家；集天地之灵气，煮醇厚之油茶；待宾客之妙品，汇山肴之精华；揉捻清明之春色，咀嚼民族之奇葩。清新一族，脆酥润滑。口齿留香，朵颐愉悦，神清气爽，乐煞"毕兹卡"（土家族自称）。

第十七章
茶席设计

随着茶文化的日益繁荣，人们不再满足于对茶物质形态的认知，对茶文化衍生出来的审美形式与内容的构建充满兴趣。近年来，茶席设计成为茶文化爱好者跃跃欲试的实践领域。通过茶席，将传统美学思想融入当代审美精神领域。既可以挖掘中国传统茶文化的美学精髓及深刻内涵，又是对快节奏工作和生活下，人们身心健康的关注与抚慰。通过茶席设计实践，加深爱好者对茶的认知，提升文化与审美修养。

第一节　茶席的概念

茶席设计是一门新兴的学科，有其科学性、审美性可以探究，要将现代美学法则应用到茶席设计中，调动视觉、嗅觉、听觉等感知。

一、茶席溯源

茶席是自二十世纪八十、九十年代至二十一世纪初在茶文化生活中悄然普及的一个新名词。中国古代并无"茶席"的专有名词，但"席"古已有之，本义指用芦苇、竹篾、蒲草等编成的坐卧铺垫或搭棚子的片状物。如"我心匪席，不可卷也"（《诗经·邶风·柏舟》）、"结发同枕席"（《玉台新咏·古诗为焦仲卿妻作》）等，后引申为座位、席位，如"席而无上下，则乱于席次矣"（《孔子家语》），引申为成桌的饭菜、酒筵，如"饮酒酣，武安起为寿，坐皆避席伏"（《史记·魏其武安侯列传》）。

从遗存的诗、画中可以了解到，当代茶席的形式大致始于唐代，多称之为"茶宴"。吕温有一篇《三月三日茶宴序》，是关于唐代文士上巳节饮事的记录。晚唐至五代佚名《宫乐图》（现存于台北故宫博物院）表现了后宫佳丽围坐在茶桌前，一边品茗，一边雅乐，幽娴自得的茶宴场景。

宋代文人雅士饮茶，多将茶席设置在山水园林中，还将取形于自然的器物置于席间，并将"焚香""插花""挂画"与"点茶"一起合成"四艺"在茶会上赏玩。虽未称其为"茶席"，但形式与当代茶席几无二致。

茶自中国走向世界，获得全球各地人们的喜爱，各地将中国茶与本地文化、习俗相结合，形成符合各自审美标准的饮茶风俗及体系。如在日本，"茶席"作为专有名词，约出现于江户时代（1603—1868）后期，但其概念比较宽泛，相当于"茶屋"或"茶室"，如《华属世代自游自在》中有"……左侧的古池前是第一间茶席三巴亭茶席……"其包含的要素比较多。除了茶室外，日本的"茶席"还有点茶的座席、喝茶客间及茶会等意思。韩国则将"茶席"看成摆放各种点心、茶果、糖水等食物的席面，指的是茶、果及点心。

在中国，"茶席"作为专有名词最早出现于童启庆主编的《影像中国茶道》一书。其中对茶席的解释是"泡茶、喝茶的地方。包括泡茶的操作场所、客人的座席以及所需气氛的环境布置"。乔木森在《茶席设计》一书中说，"所谓茶席设计，就是指以茶为灵魂，以茶具为主体，在特定的空间形态中，与其他的艺术形式相结合，所共同完成的一个有独立主题的茶道艺术组合整体。"此后，对茶席多有论述，但对茶席与茶席设计在内容的划分上仍未有定论。

二、茶席的概念

当"席"与茶文化相融合，逐步演进成内容丰富且形象具体的茶文化呈现的形式。茶席区别与茶空间的概念，茶席是指以茶为核心，以茶具为主体，在特定的空间范围内，融合其他艺术形式，共同呈现具有独立主题的茶道艺术组合。即以茶品、茶器组合、茶花、茶挂、相关工艺品等物态为构成要素，表现一个独立的茶文化主题的饮茶活动区域。因此，茶席是茶空间的核心，集中体现空间的个性风格。

茶席以中国传统美学为基础，借助现代美学、人体工学的相关理论，来探究茶席之美。

三、茶席的形式

茶席的形式可依操作、功能等划分。

1. 依操作分类

就泡茶操作而言，茶席的形式可以分为地面茶席与桌面茶席。

地面茶席即效仿古人席地而坐，茶席在地面上铺就，操作人跪坐或盘腿坐。这样的茶席，适合在野外自然空间里，较自由轻松的氛围。

桌面茶席，是在高台或桌面上铺设茶席，操作人垂足而坐。这样的茶席，比较适合在室内，较庄重雅静的氛围。

2. 依功能分类

就茶席的功能而言，茶席的形式又可以分为家庭实用式、舞台演示式、产品展示式、陈列展览式。

家庭实用式茶席适用范围最广，以实用为主，其目的是能够令主人从容便捷地泡好一杯茶。

演示式茶席越来越多地出现在诸如城市广场活动、主题雅集等场合。演示式茶席，茶道具符合观众较远距离欣赏，操作过程有演示效果。

产品展示式茶席，是专门为某个产品设计的茶席，可以围绕一款新茶，通过茶席的形式来介绍产品的个性及使用方式。这样的茶席是为产品服务的，突出产品审美为主，为销售产品服务。

陈列展览式茶席用于藏品展示，用具有历史年代感的茶器具设计的茶席，一方面展示古代工匠的精湛技艺和茶文化理念，另一方面也通过器物呈现古代的饮茶方式。这样的茶席往往作陈设、观摩用。

四、茶席的特征

在中国，饮茶设席的形式很早就有，但专称其为"茶席"并给予明确定义却是茶文化发展到当代的产物。在漫长的茶文化历史演进过程中，一代代茶人参与创造并逐渐形成当代多姿多彩的样貌。总体上说，茶席具有五大特征，即时代性、民族性、地域性、文化性、审美性。

1.时代性

饮茶方式随着时代的变迁而不断演变，相应的茶具及茶席也发生改变。饮茶从唐以前的生煮羹饮至唐代煮茶、宋代点茶、明清撮泡法到当代以泡饮为主，借鉴古人的饮茶习俗，与之相应的茶席也体现了鲜明的时代特征。

2.民族性

中国是一个多民族的国家，各地区民族有不同的饮茶习俗。即使在同一个民族，不同聚集地的部落也会呈现不同的饮茶特色，这就使不同民族的茶席风格各异。像白族三道茶、藏族酥油茶、土家族擂茶等，茶席各有特色，体现了各民族和而不同的民族文化思想。

3.地域性

地域环境是人类赖以生存的基础，对饮茶文化的形成与交流有着不可忽视的作用。环境对茶文化的影响以南北差异最为明显，过去南方人喜欢喝绿茶，北方人喜欢喝花茶；南方人茶具精致，喜欢小杯小盏，北方人豪爽，大碗茶流行；北部游牧民族喝奶茶，岭南地区喝工夫茶；各地的饮茶文化千姿百态，茶席就有了地域的特性。

4.文化性

不同的文化背景决定了茶席呈现的主题、择具及其他茶席元素的差异，比如儒、释、道三家对茶文化的理解与认识同中有异；同一个文化圈不同阶层也存在文化理念的差异，比如同是唐代的茶具，法门寺地宫出土的鎏金茶具组合与陆羽二十四器反映唐代不同阶层的审美；宋代赵佶《文会图》、张择端《清明上河图》中的茶席也能让人感受到文化层次性的差异。

5.审美性

茶席的审美性与设计者年龄、阅历、爱好、感悟等主客观因素不无关系。一般年轻的茶席设计者作品色彩明丽、层次丰富、活泼有生机；富有阅历的长者的茶席显得沉稳、规范、耐品；文人的茶席偏向书卷气的文雅；少数民族茶席又有本民族原始的审美特色。

五、茶席的基本构成要素

（一）茶品

茶品是茶席的重要主体，也是茶席的物质和思想基础。茶席设计时，首要考虑的是为什么主题、选择什么茶。需要了解认识茶的色、香、味、形、产地与历史等。

品好茶、欣赏茶，让人关注"茶"这个茶席的核心，才是创作与欣赏茶席的正确方式。

（二）茶具

茶具是茶席构成因素的主体。茶席具有实用性与艺术性相结合的特点。在茶席设计时，重点考虑茶具的种类、色泽、质地、样式、装饰、轻重、厚薄、大小及其文化内涵等。

不同材质的茶器具有不同的风格，与不同的茶类相宜。陶器表面疏松，造型、外观、色彩多体现古朴的原生态；瓷器表面光滑细腻，给人光洁透净之感；紫砂具有天然纯朴的色泽，或圆润或方正的器型，给人古拙淳厚、雅致脱俗的文人气质；竹木类茶具在茶席中常处于辅助地位，其天然的材质，明朗的质感，长期摩挲使用，表面出现包浆，更有岁月感；玻璃类茶器，以其鲜艳的色彩给人纯净清透、形态流畅的美感；金属类茶器较昂贵，给人以华贵、稳重的视觉美感。此外，器物的肌理即材质纹理也是形成茶器具实用与审美体验的外在形式，如紫砂壶上的诗词、绘画。

茶席上的茶器具多以组合的形式呈现，形式上应符合美的艺术规律，同时便于操作。

（三）铺垫

铺垫是以棉、麻、丝、沙石等为材料，铺于桌面或地面的铺衬、托垫。器物不直接接触桌（地）面，铺垫一般质地比较柔软，可以使器物保持洁净、安全。另外，铺垫也能传达茶席的美学追求，对茶席器物的烘托和主题的体现起着不可低估的作用。

铺垫的类型，主要分为织品类和非织品类。织品类有棉、麻、丝、化纤、蜡染、扎染、印花、毛织等。非织品类如竹编、草秸杆、树叶、纸、沙、石、等。

铺垫的形状一般有正方形、三角形、长方形、圆形、椭圆形、几何形和不规则形等。不同形状的铺垫能表现茶席不同的分隔、层次与图案，启发人们对茶席整体构思的理解。

铺垫的色彩让观者产生联想，是表达主题的重要手段。了解色彩的色相、明度、彩度等属性，并合理搭配。

铺垫的方法也有许多种，有单铺、叠铺、十字铺、S形铺等。铺垫可以有两层，一层打底，一层为桌旗。也可以是多层叠铺，用以增加桌面的层次感。或摊在地上，或搭一角、垂一隅，既可作流水蜿蜒之意象，又可如绿草茵茵之联想，大大丰富了茶席的设计语言。

铺垫的质地、款式、大小、色彩、纹饰，需根据茶席设计的主题，运用对称、不对称、烘托、反差、渲染等手段加以选择。如果泡绿茶可选择淡绿色或者白色桌布，泡红茶如九曲红梅则可选择带有梅花的红桌布等。

不是所有的茶席都需要铺垫，质地好的原木桌、石桌，有美丽的天然肌理，是表现自然意境的审美主体，可以不用铺垫或局部铺垫。

（四）插花

茶席一般都有花的元素，大概是受到宋代文人生活四艺"焚香、挂画、插花、点茶"的影响。

鲜花出现在品茗环境中，由来已久。至明代，茶席中置插花已十分普遍。袁宏道在《瓶史》中写道赏瓶花"茗赏者上也，谈赏者次也，酒赏者下也"。可见茶与插花的关系密切，非同一般。

茶席插花需体现茶席的主题，追求崇尚自然、朴实秀雅的风格。基本特征是：简洁、淡雅、小巧、精致。不求花繁多，只一两枝便能起到画龙点睛的效果。插花注重线条，构图的美和变化，以达到朴素大方，清雅绝俗的艺术效果。茶席插花的形式一般以东方自然插花造型较为常见。

茶席插花的花材限制较小，山间野地，田头屋角随处可得，也可到花店购买。需要注意的是，花材不宜体量过大，色彩以清雅为美，花香也不可过于浓烈，以免夺茶香。由于茶席中的插花处于配合地位，因此，需要根据茶席的主题来营造花的意境。情感内容也可以通过花的色彩来表现。如红色表示热烈、兴奋，绿色表示生机、健康等。

花器是插花的基础和依托。造型的构成和变化很大程度得益于花器的形与色。茶席花器一般不大，质地以竹、木、草编、藤编、陶、瓷、紫砂为主，体现原始、质朴、自然之美。

除了插花，茶席上也可以摆放盆花、盆景，这些植物与四时茶席美美与共，不失为一种好的选择。应立足中国传统美学思想，学习中国花艺典籍，参照中国古代绘画作品，学习插花艺术。

（五）焚香

人们从动物或植物中获取天然的香料，焚熏时获得嗅觉和精神上的美好享受。我国盛唐时就流行熏香，并使其成为一种艺术，与茶文化等共同发展。鉴真东渡，把香传入日本，逐渐形成后来的日本香道。

茶席中用香以自然香料为主，一般选择清雅的香，不使用气味特别强烈的香。

香是茶的配角，香炉在茶席中的摆放，要遵循以下原则：①不夺香。清淡平和，与茶相称。②不抢风。一般不宜将香炉放置在茶席前位、中位，应放置于侧位。③不挡眼。便于取放茶器，可以放在茶席侧位，或另设香席。

（六）茶挂

书画统称为挂画或挂轴，茶席背景中的书画称为茶挂，是将书法、绘画作品悬挂于茶席或周边的墙面、屏风、空中，以突出茶席主题，美化茶席。

挂轴由天杆、地杆、轴头、天头、地头、边、惊燕带、画心及背面的背纸组成。其形式有单条、中堂、屏条、对联、横披、扇面等。内容可以是汉字书法，如大篆、小篆、隶书、草书、行书、楷书等；也可以是绘画，尤其以中国水墨画为最佳。

陆羽《茶经·十之图》就提倡将茶事写成字挂在墙上，以"目击而存"。这应该是茶挂最早的来历。茶挂多以茶事为内容，表现人生境界、乐生态度、生活情趣等。如"廉美和敬""君不可一日无茶""欲把西湖比西子，从来佳茗似佳人""客来敬茶""诗写梅花月，茶煎谷雨春"等。

（七）背景

对茶席的审美需要一个相对围合、稳定、安全的视觉空间，这个设定在茶席背后的艺术物态，称之为茶席的背景。茶席背景的存在，对观众审美茶席起到视觉引导的作用，使观众准确地获得茶席所传递的意境。

茶席的背景包括室内、室外背景。室外背景，以现存的树木、假山、建筑物、公共景观为背景。室内背景如果是演示型茶席，背景可以是舞台；家庭实用式茶席则可以花窗、墙面、玄关为背景；陈列展览式茶席也可以博古架、展品柜为背景。

由于茶席的主题常常是变化的，因此，茶席的背景也可以通过设计常换常新。室内的茶席可以通过窗棂向室外借景、借光线，以达到背景变化的效果。也可以利用室内的植物、茶挂、屏风、织物、造型物（如雕塑）、灯光等，应尽可能与不断变化的茶席主题相贴切。

需要注意的是，有形的背景之外，无形有声的音乐也是茶席的背景。可以根据茶席的主题选择适宜的音乐，且一般选择乐曲，不选歌曲。

（八）茶点

饮茶佐以点心的传统唐代就已盛行，茶宴中茶点十分丰富。当今茶席中饮茶，亦常设佐茶的茶点、茶果、茶食。茶点可分为干、湿两类，茶果则包括干果、鲜果。选择茶点，要与品饮的茶叶口感相适宜。绿茶选用清淡的点心，如绿豆糕等；红茶、乌龙、普洱等茶类可配一些西点蛋糕、蜜饯等。可根据不同季节、特殊的节日选择茶果、配茶点。喜庆的茶席配以红枣、花生、桂圆、莲子等；端午吃粽，重阳吃糕，中秋佳节可配食月饼。茶点不宜多，以精致著称。也可根据不同人群选择，照顾到老人、小孩和特殊忌口的茶友。

"美食不如美器"，对点心盘的配置与摆放也需要用心重视，以小巧、精致、清雅为要。干用碟，湿用碗，干果用篓，鲜果用盘，茶食用盏。在色彩上，红配绿、黄配蓝、白配紫、青配乳，因时因景制宜。茶点茶果摆在茶席的前中位，或前边位，便于取用，又不影响奉茶、品茶。

（九）相关物品

在茶席中放置一些装饰品、茶宠，可增加对茶席主题的衬托。相关的物品种类很多，可以是自然物，也可以是生活用品，还可以是乐器、艺术品、传统劳动用具、古物等。这些器物是茶席主器物的补充，对主题起到烘托与深化的作用。要注意的是，避免体积过大、色彩过艳、质地不搭，避免与主茶器的冲突，避免分散对茶的注意力。

第二节　茶席设计的原则

掌握茶席设计的基本结构、方法和艺术表现技巧，对于运用这一艺术形式来表现丰富多彩的茶文化内容，有着重要的创造意义。

一、茶席设计的概念

茶席就结构形式而言，是在某一主题下，以平面的铺垫为基础，将已备好的品饮器具在空间中按照艺术美学法则展开，从而形成特有的结构形式。既可利用器物的造型语言、形象展现静态美，也可通过茶人的泡茶、奉茶、饮茶过程来体现其中动态美的意蕴。

茶席设计是指以茶和茶具为主体，在一定的事茶空间，与其他艺术形式相结合，构建一个具有独立主题、品茶功能的文化空间的创造活动。茶席设计过程其实是茶席的创作过程。

二、茶席的主题

茶席的主题要求单一性，一个茶席一个主题。茶席主题的凝练与选择，可以从古诗词中找一句自己喜欢的诗句，根据其意境进行茶席设计；也可以取意山水林泉、松竹梅等被赋予人格精神魅力的自然景物；也可以应合四时节序，或参悟禅道佛心。像惠风和畅、真水无香、烟云供养、竹影清风、室雅兰香、寻梅踏雪……都是可以取意的茶席主题。

三、茶席的题材

与茶生活相关的方方面面，传递健康理念、表现真善美的道德情操、带来美感体验的万事万物，都可以在茶席中反映，成为茶席的题材。

常见的茶席题材可列举以下几类。

（一）茶品题材

茶本身就包含了许多为容。不同的茶产地有不同地域文化，包含着许多值得珍视的情感，这些情感可以通过茶席的形式表达。

再从茶品特性看，茶初饮微苦，细品回甘。有人把茶与人生联系起来，就会在一杯茶里感受到春、夏、秋、冬四季的变化；从茶汤的滋味里细品人生的起承转合；从茶的冲泡、奉饮中感悟人生。

（二）茶事题材

日常生活与历史文化事件都是艺术的表现对象，可以从中找到茶席设计的题材。如神农尝百草、陆羽著《茶经》、明太祖罢造龙团等；也可以是特别有影响力的茶文化事件，如白居易诗请韬光禅师、卢仝品七碗茶、苏轼与司马光的论茶墨妙香等；亦可以是茶席设计者喜爱并深深难忘的与茶有关的事件。这些生动、活泼的事件作为茶席题材，可以从崭新的角度发现茶生活，充实丰富茶席的思想内涵。

（三）人物题材

精于茶道之人，那些默默在山间劳作的采茶人，在茶坊制茶的茶师，茶文化的传播者，还有默默耕耘的教师、科技工作者、工人、农民……践行社会主义核心价值观的人都可以作为茶席表现的题材，传递一种敬仰、追慕、亲切、温暖的情感。

四、茶席设计的原则

（一）单一主题原则

首先要明确主题。在茶席设计时，要紧紧围绕主题展开铺陈，与主题无关的元素尽量弃用，使茶席和谐统一，给人留下深刻美好的印象。

（二）茶与茶器搭配原则

茶席上的每一件器物都必须服从茶这个主体，不能喧宾夺主。茶具选择要结合以下三点：

1. 根据茶品的性质选择茶具

如高级绿茶外形优美，开汤后，芽叶舒展，汤色清绿明亮，适用玻璃杯冲泡、观赏。乌龙茶香高浓郁，需要选用保温贮香性能较好的紫砂茶具；盖碗适用性广泛，一般常用来便捷冲泡各种茶品。

2. 根据泡茶目的选择茶具

对同一款茶冲泡目的不同，可以选用不同的茶具来表现。如冲泡红茶，若要鉴赏红艳明亮的茶汤，可以选用白瓷茶具。

3. 依据茶席主题选择茶具

同是一种茶，不同地域民族有它特有的品饮方式，如南方工夫茶、北方盖碗茶、边疆调饮茶；不同阶层的人饮茶，一般也会根据身份爱好选择茶具。

（三）整体性原则

为创造让客人安静饮茶的氛围，茶席上的茶具组合要从质地、造型、视觉效果等方面考虑整体性，不可盲目混搭。茶席色彩不能太繁复，多用近似色或同类色，质地最好不要超过三种以上，在器物造型上也务求统一。

（四）实用性原则

实用性的茶席才能被运用到日常茶生活中。一个理想的茶席，首先应符合人体工学的原理，比如席位设置合理、泡茶者有舒适感。桌椅的高度、间距与泡茶人的身材比例相适合，座椅稳定、舒适，手脚伸展便捷；茶具组合处于茶席显著位置，主泡器与茶杯等用具都在安全的一臂范围之内，肢体舒适平衡，体现和谐之美。在茶席实用性方面要做到便于铺设、方便操作、易于收纳。

（五）形式美原则

茶席设计的合理性与美观性在于将器物有机地排列组合，将茶席各器物的色彩以及长宽等，按一定的形式规律逐渐变化调和成不单调、温和而优雅的舒适氛围，从而完美表达设计者的构思与精神旨归。

一般的单色茶席显得单调，而色彩过于绚丽的茶席则使人无法集中注意力，这就需要运用美学法则进行搭配。色彩方面，灰色、浅咖这些中间色可以起到调和作用。茶席中体型大的器物数量不宜多，会给人视觉上的拥挤感，也不便操作。但小器物过多，则显得没有层次感，各组成要素之间，需保持数量、大小的协调，最终达到茶席在视觉上的舒适感。

第三节　茶席设计的技巧和程序

茶席设计是一项集茶文化创意与创作的活动，既是对生活知识、茶学知识、美学知识等的综合考量，也是对茶文化传承与前瞻发扬的创造性实践活动，既是体力劳动，更是智力劳动。

一、技巧

有关茶席设计的技巧主要体现在以下几个方面。

（一）灵感获得

灵感，是偶然状态下的意外启迪和心理获得。灵感不是消极等待就可以获得的，而是产生于思维和行为的运动之中。因此，获得灵感需要主动出击，去观察生活，发现美的事物和情感。茶席设计可从以下几方面获得灵感：

1. 从茶中获得灵感

可以尝试从茶本身入手，获得创作茶席的灵感。从茶的色、香、味、形可以联想到春天的茶园、辛苦的茶农、勤劳的采茶女、育种的科学家、千里之外的家人朋友等，茶席要表现人与这款茶的千丝万缕的关系，这是茶席设计非常有价值的表现内容。

2. 从茶具中获得灵感

茶具是茶席的主体，其质地、造型、色彩、组合决定了茶席的整体风格。茶具本身还凝聚着茶席所体现的地域文化、时代背景。从茶具审美中获得灵感，在茶席上像无声的音乐一样错落有致、配套统一的呈现，是茶席成功直观的体验。

3. 从茶事中获得灵感

事茶是一种生活方式。艺术源于生活，高于生活。将茶事活动与生活结合，将时事与家事通过茶席的形式或直观或抽象地表现出来，是对生活主动的思考、理解与艺术的诠释。这样的茶席设计贴近生活，会因为熟悉而有不一样的感染力。

4. 从茶人精神中获得灵感

人是风景中最伟大者，伟大之处在于人的美好情感与无限创造力。唐代茶圣陆羽《茶经》中言，茶宜精行俭德之人；当代茶文化学者庄晚芳先生提倡以"廉美和敬"为中国茶德。无数人从饮茶生活获得人生启发，践行着茶人精神，茶席设计可以从茶人精神获得灵感，讴歌有趣的灵魂。

5. 从中华文化中获得灵感

博大精深的中华文化是茶席创作取之不尽的灵感源泉。茶席设计涉及历史、哲学、宗教、文学、美学、书画、工艺、人体工学、色彩学、服饰、摄影、语言、礼仪等多门类的知识。这些文化知识既是茶席创作必需的储备，也是茶席设计的灵感来源。

（二）巧妙构思

茶席设计的构思是对所选取的题材进行提炼、加工，对主题进行酝酿、明确，对表达的内容进行结构布局，对表现形式和方法进行探索的思维活动。茶席设计的构思要有创新意识，要在掌握传统方式的基础上，跳出藩篱，让作品富有新意，打动人心。

1. 内容创新

茶席设计的内容包括题材选择、主题确定、茶与器具的搭配、背景处理、音乐选配、茶人服饰、泡茶、奉茶、品茶的程序等。要注意作品内容的原创性，在此基础上考虑创新。创作内容要深度挖掘茶知识，创作从未创作过的内容，同时也要结合人们对茶关注的热点、焦点内容，从关怀客人的角度进行茶席设计。还要多学习，多模仿好的作品，在学习中开阔自己的眼界，以创作出更好的作品。

2. 形式创新

在形式上创新是茶席设计是否成功的直观效果。要表现一种茶的特点，可以通过很多形式来表达。比如，可以通过所选用的茶具，来呈现这款茶的工艺与茶性；通过背景或音乐、服饰等来表述茶地域特色及其背后的历史人文。内容相同，形式有创新就有新意。

3. 丰富内涵

茶席作品内涵的丰富性是由作品的内容决定的，在同一主题下，内容所包含的信息量，以及观众理解的程度决定了作品的内涵。一个好的茶席设计作品往往从内容到形式都在为主题服务。物件组合的静态形式与茶人泡茶、奉茶、品茶的动态过程完美和谐统一，让观众从中感悟到的东西越深刻，作品的内涵就越丰富。

4. 注重美感

茶席设计要关照观众的美感体验。从心理感受上说，就是观众对茶席中的器物的造型及组合，茶汤的颜色、温度、香气、滋味，茶席铺垫的色彩、色度，插花、焚香、挂画及相关工艺品，茶点茶果以及泡茶人的行为动作礼仪等诸多方面的审美产生的独特的生命体验状态。

5. 张扬个性

要使茶席具有个性特征，首先要有个性鲜明的思想，从布席到泡茶、奉茶、饮茶，每一件器物的拿起放下，都是审美对象，都是表现个性的节点。有个性的茶席，让人像观赏一件动静结合的艺术作品，行云流水，环环相扣，立意与表达和谐统一。

其次在外部形式上着手。茶席上的器物都是茶席外部形式的组成部分，无论是造型、色彩、数量、组合搭配方式，都可以有自己的个性审美风格。

此外，可以选择茶席设计主题的表现角度，即着眼点。可以通过独具特色的茶具来表现，也可以通过风格独特的茶品来表现。一个茶席上还可以有一件与这个茶席至关重要的关联物，我们称之为"席眼"，可令茶席成为与众不同、有个性的茶席。

（三）精准命名

茶席的命名要求主题鲜明，文字精炼、简洁，立意表达含蓄、耐人寻味，创新情境、富有韵味。

1. 主题鲜明

命名反映茶席主题，是对主题高度鲜明的概括。因此命名必须具有三个特性：

（1）概括性

命题对茶席内容有涵盖范围，超出或不到，则需要通过调整主题或内容来实现。比如，命题是表现"春日"主题的茶席，那么，让人联想到夏、秋、冬的元素都不宜在茶席中出现。

（2）鲜明性

即反映内容的明确程度。同是"春日"主题的茶席，表现的主题要与春天有关，如"生命""一年之际在于春"等。所传递的思想要直接、明了、一以贯之。

（3）准确性

要求表现主题的内容与形式统一。仍是"春日"主题的茶席，所选用的茶与茶具，席布的颜色、音乐的风格等要符合春天的特色。

2. 文字精炼

茶席命名的文字要求精炼简洁，以最少的文字表达茶席的主题思想和最多的信息。

（1）删缩

就是删繁就简，删长就短，删空就实。在命题明确、生动的基础上，去掉多余、空泛的、粗浅的文字，达到字少意多。

（2）博采

通过对茶席相关事物的广泛了解，掌握茶席的概貌和相关因素之间的关系，提炼共性，把握个性，抽象规律，从而用精炼、简洁的文字，准确地概括命题。

（3）斟酌

精炼文字要做到精心推敲，字斟句酌。通过选择，从若干个意思相同或相近的语句和字词中选择出最精炼、最合适的词语。

3. 表达含蓄

中国人自古就崇尚含蓄。在表达茶席命题的立意时可以委婉含蓄的表达，留下更多想象的空间。含蓄的表达手法有以下几种：

（1）隐喻

用喻体掩盖本体，从而起到委婉表达的目的。比如一席西湖龙井茶，可隐喻一位江南杏花雨巷丁香一般的女子。

（2）借代

指用一个事物代替另一个事物。比如在茶席上茶果用桃李，借代学生，是含蓄表达尊师重教，桃李满天下的用意。

（3）双关

一个器物或场景兼顾表层和内里的两种意思，表层意思直接显现，深层含义内敛委婉。比如苏轼有《叶嘉传》，塑造了一个胸怀大志、威武不屈、敢于直谏、忠心报国的叶嘉形象，叶嘉即嘉叶、茶叶，也是叶家，指茶人茶家，一语双关，委婉含蓄。

（4）反意

从内容相反的一面进行概念、思想、情感表达，从而使正面立意、思想更为鲜明，体现一种机智的人生态度。比如黑釉盏衬托白色的沫浮使其更加显白，安静中的流水声使环境更加静谧。

（5）象征

通过特定的具体形象，表现与立意相似或相近的概念、思想及情感。比如茶在民间婚俗中历来是纯洁、坚定的象征，通过茶席表现美好的爱情与婚姻。

（四）富有韵味

茶席设计是人们践行诗意栖居的一种尝试，在叙述方式上可以有以下几种方式：

① 采用第二人称叙述，更加直接、自然、亲切、生动。如题为《你的天空》的茶席。

② 以事中人的身份直抒胸臆比以旁观者身份客观描述更能引起情感共鸣。如题为《片片枫叶情》的茶席。

好的茶席命题语言往往是含蓄的，充满诗意的表达，体现人文关怀，蕴含真挚的情感，并指导人们从茶席的内容中获得感动与生命智慧的启迪。

二、程序

茶席设计是为饮茶营造一个物质空间，也是一次艺术创造活动，其魅力在于不同的审美观念与技巧手法呈现出不同风格的茶席，展现创作者不同的个性理念与审美表现力。

茶席设计离不开各种造型语言，如结构原理、线条运用、色彩搭配和材料、造型、光影、时空等要素的运用。各种物态艺术组合的过程有其普遍适用的程序：确定茶席的命题和内容；选择茶品和器具与用水；选择铺垫和背景（茶挂）布置；确定服装、音乐及其他；准备茶席的席签、会记本（相当于茶席物帐目录，供宾客阅读、收藏）；在一定的空间内对茶席基本要素进行艺术审美，呈现设计目的。

（一）构图简洁

在茶席设计中，要注意点、线、面、体诸形态要素的结构之美与层次之美。

1. 点

就"点"而言，可以是茶壶、茶杯、茶宠，甚至是插在瓶中的一朵茶花。根据席面的需要，合理布局，点的组合既要考虑数量，又要符合审美感知心理。点过小，则茶席过于平淡，无亮点，有压抑感；过多，则分散注意力。其次，要根据茶席的主题，合理安排点的集合方式，或疏松、或紧凑，或突显，要符合茶席的性格特征。最后，要考虑上"点"与底布的关系，即器物与铺垫构建的性格画面。

2. 线

线的艺术表现力更丰富且更具感情性格。面由线移动的轨迹或点密集而形成，点、线、面三者相互依存，共同营造一个大的集合，点、线决定了面的形态与性格。

3. 面

一般规则形态的"面"构成庄重、理性、规矩、稳定的性格；不规则的几何形态的"面"则具有多变、无规律的性格，给人带来随性、善变的心理感受；自然形态构成的"面"具有随和之感，带来舒适、天然的心理感受；偶然形态形成的"面"则有随机、不造作的特性，往往有意料之外、新奇特的感受。一个茶席若全部运用对称的设计，易产生呆板、缺乏活力之感。轻松的茶席不过于对称，庄重的茶事活动则要求茶席倾向稳定的静态美。

（二）空间合理

在茶席设计中，空间要疏密合理，每一件器物都需要有独立的美感，又能融入整体，不显突兀。光是营造环境不可或缺的手段，它能增强器物的立体感，增强空间的层次感，丰富视觉感受，延伸想象空间。影子是虚的存在，却能展现事物的微妙与难以捉摸的神秘之美。同时，自然光还受时间要素影响，随着时间的推移，空间也会呈现不同的个性特色。

（三）色彩丰富

在茶席设计中，色彩的表现主要有三种基本特质，即明度、纯度以及色相。色彩具有较强的视觉冲击力，能够第一时间吸引人的眼球，快而有效地传达特定信息，是一般美感中，最大众化的形式。人们在日常生活中积累了色彩的感知与联想，将色彩与特定的事物、意义结合起来。如红色象征热情，绿色象征自然生机，蓝色是天空和海洋的颜色等，这些色彩信息传达到人的大脑，大脑会结合自身的经验积累，进行识别、联想。在传统文化中，色彩具有象征意义，简素、静雅柔和的色彩较符合茶席的审美情趣。

第四节　茶席文本的撰写

设计茶席需要撰写文本，将茶席的设计理念、内容、结构、背景等作文本阐述。这份茶席设计文本既是一份有资料价值的文档可作留存参考，也是茶艺师考评程序中必须呈交的一份卷面材料。

一、茶席文本的概念

茶席文本是指设计者对所设计的茶席作品以图、文结合的形式，进行阐述的一种文本材料。

二、茶席文本的内容

茶席文本一般由以下部分构成。

① 茶席名称。

② 摘要。用于茶席的标牌，是文本的概括。

③ 作品主题。即对茶席主题的阐述。以鲜明、概括、准确、简短的文字将茶席设计的主题思想表达清楚。

④ 创新点。在形式和内容，茶与茶具的组合，色彩的搭配，构图等设计思路与方法上有什么创新点。

⑤ 思想表达。主要表述什么样的思想与情感。

三、茶席文本撰写要求

1. 准确规范

茶席设计文案的准确规范是最基本的要求。文字上表述规范完整，准确无误。如茶类及器物的表述，要符合大众的表达习惯，不宜用过于冷僻的词语。另外，文本的字体、格式也要规范。

2. 言简意赅

语言要简明扼要，精炼概括，以尽量少的文字表达茶席的精髓，还要通过关键词引起阅读者的注意力，并沉浸于茶席所营造的饮茶空间氛围中。

3. 表明创意

采用生动活泼、新颖独特的语言表明创意，在文字表述的基础上可以辅助图形、图像、照片，加以形象说明。

4. 内容完整

茶席设计文本既是茶艺师实践能力的印证，也是一次设计艺术创作的档案资料，因此要求整体构思表述完整，各项内容没有缺失，以便后续查阅借鉴。

5. 优美流畅

设计文案也是茶席设计创作的一部分，要将茶席的内容通过优美流畅的文字同步表达出来，同样具有艺术审美的价值（图17-1）。

图17-1　文本示例

（文本内容）我在山中等你来

我的家乡是在一个小县城，这里有名山有好水有好茶，这里有欢快的笑声，有别具特色的民族风俗文化。在这里，我们可以放下心中烦忧，抛下所有繁华，尽情地享受宁静。在这里，我们可以什么都不做，就这样静静地把灵魂安放在天地间，把心儿晾晒在暖阳下，让每一个毛孔都自由呼吸，让每一根神经都浅笑安然。在我的家乡还有一片野生茶树林，感谢这片茶树林给我一个机会，一个能带着我的家乡文化来到茶世界的机会。我的家乡在山中，我在山中等你来，等你来感受这片美好。

第五节　茶席赏析

茶席设计作为一门新兴的技能与艺术，需要许多学科知识和综合审美能力的支撑。我们既要从历代茶人遗留下来的宝贵财富中学习茶文化精髓，也要学习少数民族多姿多彩的饮茶习俗理念，更要学习现当代茶人探索发展的优秀作品，在借鉴的基础上，创新思维，不断提高审美能力，在茶席设计中找到创作的乐趣，为当代茶文化再添新色彩。

一、历代茶席赏析

中国古代虽不称茶席，但茶宴较早出现。唐代吕温的《三月三日茶宴序》里有："三月三日，上巳禊饮之日也。诸子议以茶酌而代焉。乃拨花砌，憩庭阴，清风逐人，日色留兴。卧指青霭，坐攀香枝。闲莺近席而未飞，红蕊拂衣而不散。乃命酌香沫，浮素杯，殷凝琥珀之色，不令人醉，微觉清思。虽五云仙浆，无复加也。座右才子南阳邹子、高阳许侯，与二三子顷为尘外之赏，而曷不言诗矣。"这篇关于上巳饮事的记录，对茶境、茶盏、汤色有了直接的描写。

1. 晚唐至五代的《宫乐图》中的茶席

晚唐至五代的《宫乐图》（图17-2），图上后宫佳丽围坐在茶桌前，一边品茗，一边雅乐，幽娴自得。从《宫乐图》可以看出，茶汤是煮好后放到桌上的，之前备茶、炙茶、碾茶、煎水、投茶、煮茶等程序在另外场所完成。饮茶时用长柄茶勺将茶汤从茶釜盛出，舀入茶盏饮用。茶盏为碗状，有圈足，便于把持。这是唐代"煎茶法"场景。

图17-2　唐《宫乐图》

2. 赵佶《文会图》中的茶席

《文会图》（图17-3）中茶席宽大，臣僚众多，席上摆置丰富，更表现了皇家茶宴盛大景象。茶席上除典型的"汤提点"、带托茶盏、银制茶则、银箸及大量的茶碟外，所置茶点茶果也盘大果硕。

图17-3　宋 赵佶《文会图》（局部）

3. 元壁画《童子侍茶图》中的茶席

山西大同市西郊宋家庄冯道真（1189—1265）墓的墓室有壁画《童子侍茶图》，茶席置于室外几株新竹前，茶席上茶具摆放有致，洗净的茶碗扣在一起，贮茶的瓷瓶上贴着写有"茶末"二字的纸条。茶果茶点制作精美，装盘考究。茶笕、茶则、茶盏、茶炉、茶釜等配置齐全，且茶桌也很精美。

4. 明代文徵明《品茶图》中的茶席

明代，茶人独创幽静清雅的茶寮，是文人生活的重要场所。在这里读书看画、品茗独坐、接友待客、长日清谈，也是小型雅集的聚会所。明代文震亨《长物志》中道："茶寮：构一斗室相傍山斋，内设茶具，教一童专主茶役，以供长日清谈，寒宵兀坐。幽人首务，不可少废者。"

文徵明有一幅作于嘉靖辛卯年（1531）的《品茶图》（图17-4），茶寮在园林中的设置和陈设相当清晰。是年文徵明六十二岁，自绘与友人于林中茶舍品茗的场景。

图17-4　明 文徵明《品茶图》（局部）

堂内二人对坐品茗清谈，几上置茶壶、茗碗；茶寮内炉火正炽，一童扇火煮茶，准备茶事，茶童身后几上摆有茶叶罐及茗碗，一场小型的文人茶会即将展开。画上作者的题诗也点明了此层意旨："碧山深处绝纤埃，面面轩窗对水开。穀雨乍过茶事好，鼎汤初沸有朋来。"诗后跋文："嘉靖辛卯，山中茶事方盛，陆子传过访，遂汲泉煮而品之，真一段佳话也。"

5. 清代钱慧安《烹茶洗砚图》中的茶席

明清时期的茶席较唐宋时期有发展，出现了专门的茶室，茶席除实用性之外，也注重艺术性，与插花、古玩、文房清供等结合，起到承前启后的作用。清代钱慧安《烹茶洗砚图》（图17-5），亭榭傍山临溪，掩映在古松之下。亭中一文士手扶竹栏，斜依榻上。一童子在溪边洗砚，引来金鱼。一童子在石上挥扇煮水，望向避烟而飞的仙鹤，红泥火炉上置提梁紫砂壶。

图17-5　清 钱慧安《煮茶洗砚图轴》（局部）

6. 民国时期丰子恺茶漫画《人散后，一钩新月天如水》中的茶席

民国时期的茶席如周作人《喝茶》所述："喝茶当于瓦屋纸窗之下，清泉绿茶，用素雅的陶瓷茶具，同二三人共饮，得半日之闲，可以抵十年尘梦。喝茶之后，再去继续修各人的胜业，无论为名为利，都无不可，但偶然的片刻优游乃断不可少。"丰子恺茶漫画《人散后，一钩新月天如水》（图17-6）清雅的茶席画面，一种宁静致远的心境，让人联想到，君子之交其淡如茶。

图17-6　丰子恺《人散后，一钩新月天如水》

二、当代茶席赏析

1. 中国茶·茶世界

图17-7　中国茶·茶世界

中国茶的对外传播主要分为陆路与海路两个途径。茶席由两部分组成，即背景和席面。背景为中国茶陆路传播的重要线路，起点为武夷山。席面右侧，黑色铺垫代表干茶色泽，红色铺垫代表茶汤色泽；蓝色铺垫代表河流，其最终汇入大海；席面左侧，以世界地图为蓝本，蓝色代表浩瀚的海洋；以干茶铺成五洲大陆，体现茶传五洲的寓意。茶盏、茶杯、茶壶好似海中航行的一只只舟船，承载着茶，从中国走向全球。左侧干茶铺成的世界地图上，十杯红茶标示出全球茶叶消费量最大的十个国家的位置。茶席"中国茶·茶世界"（图17-7）充分利用空间，立体呈现茶席主题，以直观的形式展现中国茶对外传播的路径，契合"一带一路"倡议思想，彰显茶传五洲的重要作用。

2. 无尘

茶席"无尘"（图17-8）采用铺地式。在中间放一条无脚旧条凳，上铺竹席，简约、古朴。木条凳犹如古老的普洱茶树枝杈，托起尘心，向天地要自然之态。木色清汤，油灯一盏，映照光阴，旁置一枝青竹，扫涤心尘。老缸放置右侧，盛无根无尘之水，用质朴竹勺舀一勺清水，明火慢煮，水一沸注入壶中，看茶叶舒展，吱呀作响，香醇入鼻，甘甜入喉，滋润凡心。普洱茶的醇厚，正是其集天地山水之灵，使其从一至终，如历经风雨成大智慧者，让人面对它时心静、平和，万丈繁华，不若无尘。

图17-8　无尘

3. 石榴熟了

以石榴贯彻始终，利用石榴树枝做插花，选用手绘石榴花图案的素瓷茶器，石榴子做点缀。整颗的果子代表了辛勤付出的老师们，也代表了同学们学茶的起点——中国农业科学院茶叶研究所；散落在整个茶席上的石榴子红红火火，代表茶艺师资班每一位同学，将带着老师教授的茶文化知识和理念向全国传播。以陈年熟普感谢师恩，也记录了同学们相聚的时刻（图17-9）。

图17-9　石榴熟了

三、少数民族茶席赏析

我国少数民族在特定的地理环境下，一直坚守自己的饮茶习俗，形成了独具特色的少数民族茶文化。

图17-10　傣族茶席（舒梅提供）

创作少数民族茶席，必须了解少数民族文化背景，熟悉他们的习俗与禁忌，懂得他们奉茶的礼仪等，只有真正感同身受，设计的茶席才能形神兼备。如，傣族竹筒茶茶席。

傣族茶席（图17-10）就地取材，以傣族人民生活环境中最常见植物作为茶席的元素，如用芭蕉叶或竹帘铺席，布设云南的陶茶具。背景音乐为孔雀舞配乐，席上以傣族人民喜爱的莲花、刺绣、绘画装点，点染出浓郁的傣族风情。

服务篇

绿茶 Green tea	
龙井茶	Longjing tea
碧螺春	Biluochun / Pilo Chuw
径山茶	Jingshan tea
竹叶青	Zhuyeqing
绿牡丹	Lvmudan
安吉白茶	Anji Baicha
六安瓜片	Lu'an Guapian
太平猴魁	Taiping Houkui

第十八章
茶艺专业英语基础

本章介绍茶艺专业英语基础知识，包括茶叶的英文名称的翻译方法、常见茶具等的专业词汇，以及茶艺馆交流常用英语词汇。

第一节　茶叶英文名称的翻译方法

我国制茶历史悠久，产地分布广、品类多。古今茶名通常兼具实用性和美学性，融合茶叶的产地、色香味形等特点，彰显了中国传统的审美观点、风土习俗等文化魅力，是中国茶文化的重要组成部分。

一、茶名英译方法

在对茶名进行英译时，需注意东西方文化差异，在传达茶名中文内涵的同时，应符合国外消费者的文化习惯和审美心理，达到简洁凝练、通俗易懂的效果。茶名英译的常见方法包括音译法、直译法、意译法、音意结合法等。

1. 音译法

对于具有较高知名度的茶叶，我们可采用汉语拼音名表示。通常拼音的第一个字母大写，2、3个汉字的特定词组拼音（地名、品种名等）组合在一起，4个以上汉字按词组分开。例如，西湖龙井 Xihu Longjing，大红袍 Dahongpao，黄山毛峰 Huangshan Maofeng。如果英语中已有习惯用法，可按约定俗成的方式表示，例如，珍眉 Chunmee，碧螺春 Pilo Chuw，祁门红茶 Keemun black tea，大红袍 Red Robe tea。

2. 直译法

对于一些以形态、色泽、香味命名的茶叶，直译法可以保持茶叶原名的精髓。例如，砖茶 Brick tea，银针 Silver Needle，雀舌 Sparrow Tongue。直译法既直接描绘出茶叶特点，又生动形象地展现了中国茶文化独特的审美情趣。

3. 意译法

意译法比较灵活，一些音译或直译不易理解接受的茶名，可采用意译的方式翻译。例如：茉莉香片 Jasmine scented tea，毛茶 Rough tea，珠茶 Gunpowder，头采茶 Spring tea made of the very first sprouts。

4. 音意结合法

音意结合法将英文含义和中文读音巧妙结合，容易吸引受众的注意力和提高传播力，例如香槟乌龙

Champagne Oolong。此外，翻译时使用注释的方法，可以更加准确地表达茶名的内涵意义。例如，明前龙井 Mingqian (literally "pre-Qingming") Longjing, which are made of sprouts harvested ahead of the Qingming Festival.

二、主要茶叶的英文名称

根据加工工艺，我国茶叶可以分为绿茶 Green tea、红茶 Black tea、青茶/乌龙茶 Oolong tea、黑茶 Dark tea、白茶 White tea、黄茶 Yellow tea。六大茶类经再加工后称为再加工茶 Reprocessed tea，包括紧压茶 Compressed tea、花茶 Scented tea、果味茶 Fruit flavored tea等。除此之外，还有一些非茶之茶，例如花草茶 Herbal tea。

1. 绿茶 Green tea

龙井茶 Longjing tea / Dragon Well tea 　　庐山云雾 Lushan Yunwu

碧螺春 Pilo Chuw / Biluochun 　　都匀毛尖 Duyun Maojian

径山茶 Jingshan tea 　　狗牯脑茶 Gougunao tea

竹叶青 Zhuyeqing 　　老竹大方 Laozhu Dafang

绿牡丹 Lvmudan 　　舒城兰花 Shucheng Lanhua

安吉白茶 Anji Baicha 　　涌溪火青 Yongxi Huoqing

六安瓜片 Lu'an Guapian 　　珠茶 Gunpowder

太平猴魁 Taiping Houkui 　　珍眉 Chunmee

恩施玉露 Enshi Yulu 　　秀眉 Sowmee

信阳毛尖 Xinyang Maojian 　　贡熙 Hyson

黄山毛峰 Huangshan Maofeng 　　雨茶 Young Hyson

峨眉毛峰 Emei Maofeng 　　屯溪绿茶 Tuankay tea

蒙顶甘露 Mengding Ganlu 　　玉露 Gyokuro

平水珠茶 Pingshui Gunpowder 　　煎茶 Sencha

羊岩勾青 Yangyan Gouqing 　　茎茶 Kukicha

顾渚紫笋 Guzhu Zisun 　　焙茶 Houjicha

开化龙顶 Kaihua Longding

2. 红茶 Black tea

祁门红茶 Qimen black tea / Keemun black tea 　　九曲红梅 Jiuqu Hongmei

正山小种 Lapsang Souchong 　　英德红茶 Yingde black tea

滇红工夫 Yunnan Congou 　　金骏眉 Jinjunmei

政和工夫 Zhenghe Congou 　　大吉岭红茶 Darjeeling black tea

坦洋工夫 Tanyang Congou / Panyang Congou 　　阿萨姆红茶 Assam black tea

川红工夫 Chuanhong Congou 　　尼尔吉里红茶 Nilgiri black tea

宜红工夫 Yihong Congou 　　锡兰红茶 Ceylon black tea

白琳工夫 Bailin Congou 　　伊拉姆红茶 Ilam black tea

3. 乌龙茶 Oolong tea

铁观音 Tiguanyin

武夷岩茶 Bohea tea / Wuyi Rock tea

大红袍 Dahongpao / Red Robe tea

肉桂 Rougui

铁罗汉 Tieluohan

黄金桂 Huangjingui

水金龟 Shuijingui

白鸡冠 Baijiguan

凤凰单丛 Fenghuang Dancong / Phoenix Oolong

东方美人茶 Oriental Beauty / White Tip Oolong / Champagne Oolong

冻顶乌龙 Tungting Oolong

阿里山乌龙 Alishan Oolong

奶香金宣乌龙 Milk Jinxuan Oolong

4. 黑茶 Dark tea

普洱茶 Pu'er tea

七子饼茶 Qizibing tea / Chi Tse Beeng Cha

下关沱茶 Xiaguan Tuocha

陈年普洱 Aged Pu'er tea

茯砖茶 Fuzhuan brick tea

5. 白茶 White tea

白毫银针 Baihao Yinzhen / Silver Needle

白牡丹 Baimudan / White Peony

贡眉 Gongmei

寿眉 Shoumei

6. 黄茶 Yellow tea

君山银针 Junshan Yinzhen

蒙顶黄芽 Mengding Huangya

莫干黄芽 Mogan Huangya

霍山黄芽 Huoshan Huangya

7. 再加工茶 Reprocessed tea

紧压茶 Compressed tea

花茶 Scented tea

茉莉花茶 Jasmine tea

玫瑰花茶 Rose scented tea

桂花茶 Osmanthus scented tea

果味茶 Fruit flavored tea

荔枝红茶 Litchi black tea

伯爵茶 Earl Grey tea

香兰红茶 Vanilla black tea

薄荷锡兰茶 Mint Ceylon tea

人参乌龙/兰贵人 Ginseng Oolong / Lady Orchid

玄米茶 Genmaicha

酥油茶 Butter tea / Po Cha

奶茶 Milk tea

末茶 Matcha

绿茶粉 Green tea powder

速溶茶 Instant tea

柠檬冰红茶 Lemon iced tea

袋泡茶 Tea bag

8. 花草茶 Herbal tea

金花茶 Golden Camellia tea

金银花茶 Honeysuckle tea

菊花茶 Chrysanthemum tea

甘菊茶 Chamomile tea

苦丁茶 Kuding tea

绞股蓝茶 Gynostemma tea

桑叶茶 Mulberry leaves tea

杜仲茶 Eucommia tea

枸杞茶 Wolfberry tea

红枣龙眼茶 Jujube longan tea

大麦茶 Barley tea

荞麦茶 Buckwheat tea

第二节　茶具的英文名称表述

茶具亦称茶器（Tea utensils/sets），是指茶壶、茶杯、茶盘等饮茶用具，广义的茶具泛指与饮茶相关的各种器具。我国饮茶历史悠久，发展出各式材质和工艺的精美茶具，除实用价值外，也具有深厚的文化内涵和民族特色。

一、茶具的材质类型

根据制作的材料，茶具可分为陶瓷（Ceramic）茶具、金属（Metal）茶具、玻璃（Glass）茶具、漆器（Lacquerware）茶具、竹木（Wood and bamboo）茶具、玉石（Jade）茶具等。不同材质的茶具风格各异，使用时可根据茶叶类型和个人喜好进行选择。

陶器（Pottery）是用黏土或陶土造型后烧制而成的器具。陶器历史悠久，据考古发现，我国在14000年前的新石器时代就出现了粗糙的陶器。随着制陶技术的发展，逐渐形成灰陶（Grey pottery）、黑陶（Black pottery）、红陶（Red pottery）、彩陶（Painted pottery）、白陶（White pottery）以及带釉的原始瓷器。宜兴紫砂陶（Yixing pottery）是采用质地细腻、含铁量高的特殊陶土制成的无釉陶器。紫砂器呈色丰富、形制新颖，以紫砂壶泡茶能尽得茶之色、香、味，因此，受到历代茶人的喜爱。

瓷器（Porcelain）是从陶器发展演变而成，使用高岭土为材料，烧成的温度高于陶器。原始瓷器起源于3000多年前，我国真正意义上的瓷器出现在东汉时期，到唐代制作技术已高度成熟，以浙江越窑（Yue kiln）的青瓷（Celadon）和河北邢窑（Xing kiln）的白瓷（White porcelain）最为出名。宋代时名瓷名窑遍及全国，汝窑（Ru kiln）、官窑（Guan kiln）、哥窑（Ge kiln）、钧窑（Jun kiln）和定窑（Ding kiln）并称为宋代五大名窑，其中定窑为白瓷，汝、官、哥窑三者为青瓷，钧窑属青瓷，但并不是以青色为主的瓷器（钧瓷，Jun porcelain）。明清时代在技术上又有超越，江西景德镇出产的青花瓷（Blue-and-white porcelain）成为瓷器的代表，与青花玲珑瓷（Blue-and-white Rice-pattern porcelain）、粉彩瓷（Famille-rose porcelain）和颜色釉瓷（Color-glazed porcelain）并称四大名瓷，此外还有薄胎瓷（Eggshell Porcelain）、五彩胎瓷（Wucai porcelain）等，都各具特色。

金属茶具是指由金（Gold）、银（Silver）、铜（Copper）、铁（Iron）、锡（Tin）等金属材料制作而成的茶具。自秦汉以来，饮茶渐成风尚，茶具也逐渐从饮具中分离出来，大约至南北朝时，我国出现了金银茶具，到隋唐时，制作工艺达到高峰。1980年从西安法门寺地宫出土的一套鎏金（Gilding）茶具，展现了隋唐时期工艺之精湛。从明代开始，随着茶叶加工和饮茶方法的改变，以及陶瓷茶具的兴起，金属茶具逐渐减少。

二、主要茶具的英文名称

按其用途茶具主要包括：备水器具、泡茶器具、品茶器具和辅助用具。在茶艺活动中常用茶具包括：

茶壶 Teapot　　　　　　　　　　　　公道杯 Fair cup

壶承 Teapot saucer　　　　　　　　　杯垫 Cup saucer

盖置 Lid saucer　　　　　　　　　　茶滤 Tea filter

盖碗 Gaiwan / Lidded bowl / Covered bowl　　茶盘 Tea tray

品茗杯/茶杯 Tea cup　　　　　　　　烧水壶 Tea kettle

闻香杯 Fragrance smelling cup　　　　电磁炉 Induction cooker

酒精炉 Alcohol stove

茶罐 Tea canister / Tea caddy / Tea jar

茶荷 Tea receptacle / Tea holder

茶巾 Tea towel

茶宠 Tea pet / Tea curio

茶筅 Tea whisk

茶碗 Tea bowl

茶道六君子 Tea ceremony sets

茶针 Tea pin

茶夹 Tea tongs

茶匙/茶则 Tea scoop

茶漏 Tea funnel

茶筒 Tea container

第三节　茶艺馆常用交流英语

随着对外交流的扩展，涉外茶事活动越来越频繁。了解和掌握常用接待英语的重要性日益凸显。以下是茶艺馆中常用的英语。

一、问候 Greetings

早上好。Good morning.

下午好。Good afternoon.

晚上好。Good evening.

女士/先生日安。Good day，madam / sir.

你好。How do you do?

见到你很高兴。It's a pleasure seeing you.

二、接待 Reception

欢迎到我们的茶馆。Welcome to our tea house.

请问您有预约吗？Do you have a reservation?

请问您想预约吗？Would you like to make a reservation?

请问您有几位？How many people do you have?

请随我这边走。Please follow me this way. / Please come this way.

抱歉，所有的座位都订满。Sorry, we are fully booked.

您能稍后再来吗？Could you come back later?

您能稍等片刻吗？Would you like to wait a moment?

您请坐。Please take a seat.

服务员马上来为您服务。The waiter / waitress will come right now.

非常感谢。Thank you very much / Thank you so much.

不客气。You are welcome.

乐意效劳。It's my pleasure.

三、点茶 Ordering

打扰一下，您现在要点茶了吗？Excuse me. May I have your order, please?

您现在需要点茶了吗？Are you ready to order?

这是我们的茶单。This is our tea menu.

我们不知道怎么选，你有什么推荐？We have no idea. What would you recommend?

我们有来自世界各地的好茶。We have precious tea from all over the world.

我们有绿茶、红茶、乌龙茶、黑茶、白茶、花茶等各类茶叶。We have several kinds of tea, including green tea, black tea, oolong tea, dark tea, white tea and scented tea.

绿茶非常受欢迎，其中最著名的是西湖龙井。Green tea is very popular, and the most famous is West Lake Longjing.

乌龙茶是中国特产，以丰富的香气闻名，代表性的有铁观音、大红袍、凤凰单丛。

Oolong tea is produced only in China. They are well known for elegant aroma, such as Tieguanyin, Dahongpao, and Phoenix Oolong.

这是您点的茶，请您慢用。This is the tea you ordered, please enjoy yourself.

如果有什么需要，请尽管吩咐。If you need something, just let me know.

四、处理问题 Dealing with problems

您能帮个忙吗？Could you do me a favor?

我能帮您做点什么吗？What can I do for you?

我点的茶能更换一下吗？Could I change my order please?

好的，我马上给您更换。Yes, let me change it for you right now.

当然可以。Of course. / Sure.

非常抱歉。I'm so sorry.

抱歉，恐怕不行。Sorry, I'm afraid not.

您的订单已确定，现在不能更换了。Your order is confirmed and can't be changed now.

没关系。That is all right. / It doesn't matter.

五、结账 Billing

这个茶怎么样？How about the tea?

您喜欢这个茶吗？How do you like the tea?

谢谢！很高兴您喜欢这个茶。Thank you! I'm so glad you enjoyed it.

请把账单给我好吗？Can we have the bill please?

给您。Here you are.

总共多少钱？How much is it?

这是发票。This is your receipt.

六、送客 Saying goodbye

感谢您的光临。Thank you for coming.

欢迎您下次光临。Welcome next time.

整天都有个好心情。Have a great day.

再见。Goodbye.

第十九章
茶艺馆外宾接待礼仪

中国素有"礼仪之邦"的美誉，中国人民一向以讲究礼貌为美德。了解外宾接待的原则、基本礼仪、服务流程对于我们增进与世界各国之间的互相了解与友谊，都有着积极的意义。

第一节　外宾接待的原则

外事活动一定程度上反映了一个国家和民族的文明程度和文化、社会面貌。茶艺师在接待外宾时要遵循国家不分大小贫富一律平等对待的原则，特别要注意维护国格和人格，并尊重各国风俗习惯，做到热情周到、待人友善。

一、外宾接待礼仪

外宾接待礼仪是指在对外交往、接待工作中所必须遵守的行为规范。作为代表国家形象的每一位接待者，在接待外宾时，言谈举止、仪表形象，都要合乎国际礼节，不卑不亢，维护国格、人格和民族尊严。

二、外宾接待的原则

每个负责外宾接待工作的人员都必须遵守以下原则。

1. 平等友好的原则

无论外宾来自哪个国家和地区，不分大小和贫富，一律平等对待，切实做到一视同仁，并且尊重他们的风俗习惯，不把自己的观念和思想强加于人。在接待工作中，举止要文明礼貌、不卑不亢、热情友好。

2. 内外有别的原则

接待外宾时，必须注意内外有别的原则，严格执行有关保密规定，不得在对外交往中泄露国家机密。

3. 不谋私利的原则

在接待外宾的过程中，不允许背着组织与外宾私自交往、收受礼品，不允许利用职权营私谋利。要坚决维护国家利益和主权，维护国家的尊严，严格按国家的法规法令办事，不做任何有损国格人格的事。

4. 文明礼貌的原则

仪表整洁，仪容端庄，仪态大方，精神饱满，精力集中，注意自己的立、行姿态。热情主动接待外宾，微笑问候，敬语当先。用语要文明礼貌，耐心倾听客人的问询，回答要简练明确。

总之，接待外宾时，要尊重各国的风俗习惯。外宾接待工作要做到：既坚持原则、严守纪律、平等相待，又热情友好、文明礼貌、不卑不亢。

第二节　外宾接待的礼仪要点

茶艺师在接待外宾时应高度重视自己留给外宾的良好印象，维护国家和个人形象。

一、接待外宾的礼仪要求

接待外宾服务应注重国家和个人形象，守时守约，举止大方，端庄稳重，注意自己的一言一行。茶艺师接待外宾时应做到以下几点。

1. 注重形象

涉外活动中要注重自身形象，仪表优美、庄重，大方得体；注意修饰仪表，仪容整洁，态度诚恳，待人亲切，打扮得体，彬彬有礼；佩戴首饰，应遵守以适度为佳，服饰颜色、风格、质地得体庄重，符合身份，注意形象和风度。接待人员如遇到身体不适，尤其当患有易传染的疾病，如感冒、咳嗽、打喷嚏和发烧等，不可带病进场，以免引起外宾反感。

2. 守时守约

国际社会十分重视交往对象的信誉，讲究"言必信，行必果"，严守约定。在国际交往中，信用就是形象，信用就是生命，一定要努力恪守约定。严格守时，不爽约。要慎重许诺，慎之又慎，切勿信口开河，草率许诺，允诺别人的事必须按时做好。失信或失约有损于自己的人格。

3. 尊重女士

"女士优先"是国际礼仪中重要的原则。女士优先，男士和接待人员要处处照顾女士、帮助女士。入室要让女士先行；行走让女士走右侧或内侧；让女士先上车；上楼请女士走在前，下楼请女士走在后。

4. 举止端庄，注意言行

茶艺服务人员的举止是否优雅、规范，不仅反映了其本人的修养和文化素质，也反映了一个茶馆的管理水平，更体现了我们国民的整体素质。茶艺师应做到举止大方，行为得体，面带微笑，情绪饱满，亲和友善，干练敏捷，给外宾以敬业、庄重的良好印象。

（1）站立

站立时，身体要端正。保持头正、目平视、胸挺、腹收。女服务员站成丁字步或两脚并拢，右手握左手放在腹前；男服务员两脚开立20厘米左右，或脚后跟靠拢，脚尖打开60°，右手半握拳，左手握右手的手腕、或搭手腕、或搭手背。

（2）行走

行走时上身正，保持协调稳健、轻松敏捷的步态。面带笑容，挺胸收腹，女士踩一条直线，男士两条平行线，女士步幅35厘米左右为宜，男士40厘米左右为宜。一般靠右行，与宾客同走让宾客先行，礼让不抢行。

（3）坐姿

坐姿要轻、稳、直，切忌摇腿跷脚、弓腰驼背、前俯后仰等。入座时，一般左入左出，走到座位前面转身，右脚后撤半步，女士拢一下裙子，轻稳坐下，坐满凳面的2/3。坐下后上身要正直，头正目平，女士膝盖夹紧，两腿并拢、或丁字、或斜式，手合拢右上左下叠放在腿上；男士两脚分开20厘米左右，双手五指并拢，分放在腿上。

（4）守礼

茶艺师在接待外宾时应主动问好，但不要问"您到哪儿去"和"吃过饭没有"等。尊重外宾的生活、风俗习惯，对外宾的服饰打扮、形貌、动作、表情等不要评头论足。遇到熟悉的外宾应主动友好地招呼致意。不准靠拢宾客，不倾听或询问其谈话内容。宾客低声交谈时，应注意回避。

二、接待外宾的服务流程

茶馆服务人员在国际交往活动前应了解、熟悉国际礼仪基本知识，并掌握丰富的业务知识，做到规范化的服务，为圆满完成每一项接待任务奠定坚实的基础。

1. 详细了解来宾的基本情况

为了做好接待工作，接待人员事先应了解接待对象的有关情况：来宾抵达、离开的具体时间与地点，其乘坐的交通工具和行进路线，来宾的姓名、身份、性别、年龄、生活习惯、饮食爱好与禁忌等。

2. 拟定周密的接待计划

为圆满完成接待任务，接待人员应拟定出周密的接待计划，如接待规格和主要活动安排的日程。接待规格的高低按照国际惯例和本国的具体情况，通常是根据来访者的身份、愿望、两国关系等来决定的，并由此来安排礼仪活动多少、规模大小、隆重程度以及由哪些人出席等。接待计划要完整周密，目的与要求、时间与地点、内容与分工，责任要明确。接待计划在经外事主管部门的认可后方可实施。

3. 充分做好具体接待准备

按照拟定的接待计划，接待人员要具体落实和检查。

对参加接待服务的人员要进行必要的培训。如介绍来宾所在国简况、生活习俗与禁忌，强化业务知识，强调服务规范与技巧，安全保密等。

根据已确定的礼宾规格，备齐接待物品。茶会上使用的茶食、饮料等要严把质量关，确保卫生和安全。

场所布置应庄重大方，可适当点缀鲜花，设立欢迎指示牌。

4. 做好接待中的服务工作

接待中的服务工作是外宾接待过程中的中心环节，是直接面对面的服务接待过程。在这个过程中，要按照接待方案的要求组织实施，认真负责，一丝不苟，完成每个接待服务事项。同时，要根据实际情况随机应变，适时修正原方案，完成好接待任务。

5. 做好经验总结

接待任务完成后，要及时、认真进行总结，对活动流程进行改进和完善，促进接待水平的不断提高。

参考文献

敖其，2017．蒙古族传统物质文化（汉文版）[M]．内蒙古：内蒙古大学出版社．

毕坚，2004．云南民族风情志[M]．芒市：德宏民族出版社．

曹渝晗，2019．震泽熏豆茶文化探究[J]．传媒论坛，2(22)：153+155．

蔡泉宝，1995．熏豆茶的考证[J]．农业考古，(04)：172-174．

蔡荣章，2011．茶席．茶会[M]．安徽：安徽教育出版社．

蔡世保，2016．壮族及傣族饮茶习俗探讨[J]．湖北函授大学学报，(01)：177-178，192．

陈彬藩，余悦，关博文，1999．中国茶文化经典[M]．北京：光明日报出版社．

陈珲，吕国利，2000．中国茶文化寻踪[M]．北京：中国城市出版社．

陈珲，吕国利，2000．中国茶文化寻踪[M]．北京：中国城市出版社．

陈文华，2000．中国茶文化学[M]，北京：中国农业出版社．

陈文华，2000．中国茶文化学[M]．北京：中国农业出版社．

陈文华，2004．长江流域茶文化[M]．武汉：湖北教育出版社．

陈宗懋，2000．中国茶叶大辞典[M]．北京：中国轻工业出版社．

陈志达，陈玉琼，2015．插花艺术在茶艺表演中的运用[J]．茶叶通讯，(03)：44-47．

丁世良，1995．中国地方志民俗资料汇编．西北卷 [M]．北京：书目文献出版社年版．

豆晓荣，2010．拉祜族[M]．新疆：新疆美术摄影出版社．

范建文，2016．花非花——范建文中国传统插花作品集[M]．杭州：浙江古籍出版社．

葛公尚，2002．澜沧县:拉祜族卷[M]．昆明：民族出版社．

龚淑英，赵玉香，鲁成银，等，2018．GB/T 23776—2018 茶叶感官审评方法．

关彤，1996．接待礼仪[M]．海南：南海出版公司．

郭雅玲，2009．饮茶方式的演变[J]．福建茶叶，(01)：44-45．

郝铭鉴，孙为，1991．中国应用礼仪大全[M]．上海：上海文化出版社．

黄慧君，2017．明后期江南的文人茶空间解读及当代价值[D]．苏州大学．

黄永川，1999．中国茶花之道[M]．台湾：中华花艺基金会出版．

季铁，陈俊材，郭寅曼，2019．侗族油茶饮食文化的产品服务系统设计[J]．包装工程，40(12)：42-48．

江用文，童启庆，2014．茶艺师培训教材[M]．北京：金盾出版社．

金开诚，2010．拉祜族[M]．吉林：吉林文史出版社．《拉祜族简史》编写组，2008．拉祜族简史[M]．昆明：民族出版社．

李方，2001．插花制作与欣赏[M]．杭州：浙江电子音像出版社．

李方，1999．插花与花艺[M]．杭州：浙江大学出版社．

李亚辉，2020．浅谈新式茶饮产业的行业现状与未来发展趋势[J]．福建茶叶，42(10)：62-63．

李云，2007．茶屋谈花——茶道插花的风格特点[J]．安徽农学通报，（08）：80-81．

廖宝秀，2006．也可以清心——茶器、茶事、茶画[M]．台北：国立故宫博物院．

林正秋，徐海荣，1991．中国饮食大词典[M]．杭州:浙江大学出版社．

林智，尹军峰，吕海鹏，等，2020．茶叶深加工技术[M]．北京：科学出版社．

刘明华，高华，2017．禅意插花[M]．上海：文汇出版社．

刘勤晋，2014．茶文化学[M]．北京:中国农业出版社．

刘伟华，2011．且品诗文将饮茶[M]．昆明：云南人民出版社．

刘毅政，2000．实用礼仪大全[M]．内蒙古：内蒙古人民出版社．

马大勇，2019．瓶花清味：中国传统插花艺术史[M]．北京：化学工业出版社．

敏塔敏吉，2009．普洱市少数民族茶文化浅析[J]．中国茶叶，31（05）：36-37．

乔木森，2005．茶席设计[M]．上海：上海文化出版社．

钱时霖，1989．中国古代茶诗选[M]．杭州：浙江古籍出版社．

邱尚周，2007．中国茶文化空间形态研究初探[D]．中南林业科技大学．

阮浩耕，沈冬梅，于良子，1999．中国古代茶叶全书[M]．浙江：浙江摄影出版社．

宋梦娇，2016．太湖之滨的熏豆茶[J]．科教文汇(中旬刊)，(03)：191-192．

石干成，2003．我的一生之瘾[J]．民族论坛，（01）：7-8．

舒玉杰，1996．中国茶文化今古大观[M]．北京：北京出版社．

双江拉祜族佤族布朗族傣族自治县旅游局，2007．茶乡之韵——走近勐库大叶茶[M]．昆明：云南出版集团 云南美术出版社．

《思想战线》编辑部，1981．西南少数民族风俗志[M]．北京：中国民间艺术出版社．

吴桂贞，2019．侗族油茶滋味长[J]．特别健康，(01)：64-65．

吴棠，2007．大理文史拾遗[M]．昆明:云南民族出版社．

夏仁虎，1992．清宫词[M]．北京：北京古籍出版社．

夏征农，2009．大辞海[M]．上海:上海辞书出版社．

徐承炎，2016．新疆哈萨克族饮茶文化初探[J]．兰台世界，(01)：157-158．

谢艳，徐仲溪，2014．浅谈茶席插花[J]．茶叶通讯，（03）：40-44．

徐珂，1986．清类稗抄[M]．北京：中华书局．

徐建融，1992．中国美术史标准教程[M]．上海：上海书画出版社．

姚国坤，王存礼，程启坤，1991．中国茶文化[M]．上海：上海文化出版社．

杨亚军，2014．评茶员培训教材[M]．北京：金盾出版社．

叶汉钟，2017．中国（潮州）工夫茶艺师[M]．北京：中国人事出版社．

尹军峰，2021．新式茶饮业现状与发展趋势[J]．中国茶叶，43(08)：1-6．

尹军峰，2015．水质对龙井茶风味品质的影响及其机制[D]．杭州：浙江工商大学．

尹军峰，许勇泉，陈根生，等，2018．不同类型饮用水对西湖龙井茶风味及主要品质成分的影响[J]．中国茶叶，（05）：21-26．

尹军峰，许勇泉，陈根生，等，2018．日常泡茶用水的选择与处理[J]．中国茶叶，（07）：12-15．

尹军峰，许勇泉，陈根生，等，2018．影响龙井茶汤品质的主要水质因素分析[J]．中国茶叶，（06）：20-23．

于良子，2011．茶经（注释）[M]．浙江：浙江古籍出版社．

于良子，2006．谈艺[M]．浙江：浙江摄影出版社．

于良子，2003．翰墨茗香[M]．浙江：浙江摄影出版社．

[元]忽思慧，2014．饮膳正要[M]．上海：上海古籍出版社．

扎格尔，2015．蒙古学百科全书．民俗（汉文版）[M]．内蒙古：内蒙古人民出版社．

曾楚楠，叶汉钟，2011．潮州工夫茶话[M]．广州：暨南大学出版社．

赵宇翔，杨秀芳，龚淑英，等，2017．GB/T 14487-2017茶叶感官审评术语．

昭梿，1980．啸亭杂录[M]．北京：中华书局．

詹英佩，2010．茶祖居住的地方——云南双江[M]．昆明：云南科技出版社．

张四成，1996．现代饭店礼貌礼仪[M]．广东：广东旅游出版社．

张文浩，孙华娟，2012．瓶花谱 瓶史/（明）张谦德，（明）袁宏道[M]．北京：中华书局．

政协临沧市委员会，2007．中国临沧茶文化[M]．昆明：云南出版集团 云南人民出版社．

郑培凯，朱自振，2007．中国历代茶书汇编校注本[M]．香港：商务印书馆．

正新，2012．大理白族茶文化研究[D]．云南农业大学．

中国茶叶学会，2019.T/CTSS 5-2019潮州工夫茶艺技术规程．

周红杰，李亚莉，2017．民族茶艺学[M]．中国农业出版社．

周智修，2021．茶席美学探索[M]．北京：中国农业出版社．

Afterword

后记

经过近四年的筹备，由中国茶叶学会、中国农业科学院茶叶研究所联合组织编写的新版"茶艺培训教材"（Ⅰ~Ⅴ册）终于与大家见面了。本书从2018年开始策划、组织编写人员，到确定写作提纲，落实编写任务，历经专家百余次修改完善，终于在2021—2022年顺利出版。

我们十分荣幸能够将诸多专家学者的智慧结晶凝结、汇聚于本套教材中。在越来越快的社会节奏里，完成一套真正"有价值、有分量"的书并非易事，而我们很高兴，这一路上有这么多"大家"的指导、支持与陪伴。在此，特别感谢浙江省政协原主席、中国国际茶文化研究会会长周国富先生，陈宗懋院士、刘仲华院士对本书的指导与帮助，并为本书撰写珍贵的序言；同时，我们郑重感谢台北故宫博物院廖宝秀研究员，远在海峡对岸不辞辛苦地为我们收集资料、撰写稿件、选配图片；感谢浙江农林大学关剑平教授，在受疫情影响无法回国的情况下仍然克服重重困难，按时将珍贵的书稿交予我们；感谢知名茶文化学者阮浩耕先生，他的书稿是一字一句手写完成的，在初稿完成后，又承担了全书的编审任务；感谢中国社会科学院古代史研究所沈冬梅首席研究员、西泠印社社员于良子副研究员，他们为本书查阅了大量的文献古籍，伏案着墨整理出一手的宝贵资料，为本套教材增添了厚重的文化底蕴；感谢俞永明研究员、鲁成银研究员、陈亮研究员、朱家骥编审、周星娣副编审、李溪副教授、梁国彪研究员等老师非常严谨、细致的审稿和统校工作，帮助我们查漏修正，保障了本书的出版质量。

本书从组织策划到出版问世，还要特别感谢中国茶叶学会秘书处、中国农业科学院茶叶研究所培训中心团队薛晨、潘蓉、陈钰、李菊萍、段文华、马秀芬、刘畅、梁超杰、司智敏、袁碧枫、邓林华、刘栩等同仁的倾力付出与支持。他们先后承担了大量的具体工作，包括丛书的策划与组织、提纲的拟定、作者的联络、材料的收集、书稿的校对、出版社的对接等。同样要感谢中国农业出版社李梅老师对本书的组编给予了热心的指导，帮助解决了众多编辑中的实际问题。此外，还要特别感谢为本书提供图片作品的专家学者，由于图片量大，若有作者姓名疏漏，请与我们联系，将予酬谢。

"一词片语皆细琢，不辞艰辛为精品。"值此"茶艺培训教材"（Ⅰ～Ⅴ册）出版之际，我们向所有参与文字编写、提供翔实图片的单位和个人表示衷心感谢！

中国茶叶学会、中国农业科学院茶叶研究所在过去陆续编写出版了《中国茶叶大辞典》《中国茶经》《中国茶树品种志》《品茶图鉴》《一杯茶中的科学》《大家说茶艺》《习茶精要详解》《茶席美学探索》《中国茶产业发展40年》等书籍，坚持以科学性、权威性、实用性为原则，促进茶叶科学与茶文化的普及和推广。"日夜四年终合页，愿以此记承育人。"我们希望，"茶艺培训教材"（Ⅰ～Ⅴ册）的出版，能够为国内外茶叶从业人员和爱好者学习中国茶和茶文化提供良好的参考，促进茶叶技能人才的成长和提高，更好地引领茶艺事业的科学健康发展。今后，我们还会将本书翻译成英文（简版），进一步推进中国茶文化的国际传播，促进全世界茶文化的交流与融合。

茶艺培训教材编委会
2021年6月